KB233693

나보나
광장에서
베르니니와
만나다

로마가 사랑한
다섯 미술가

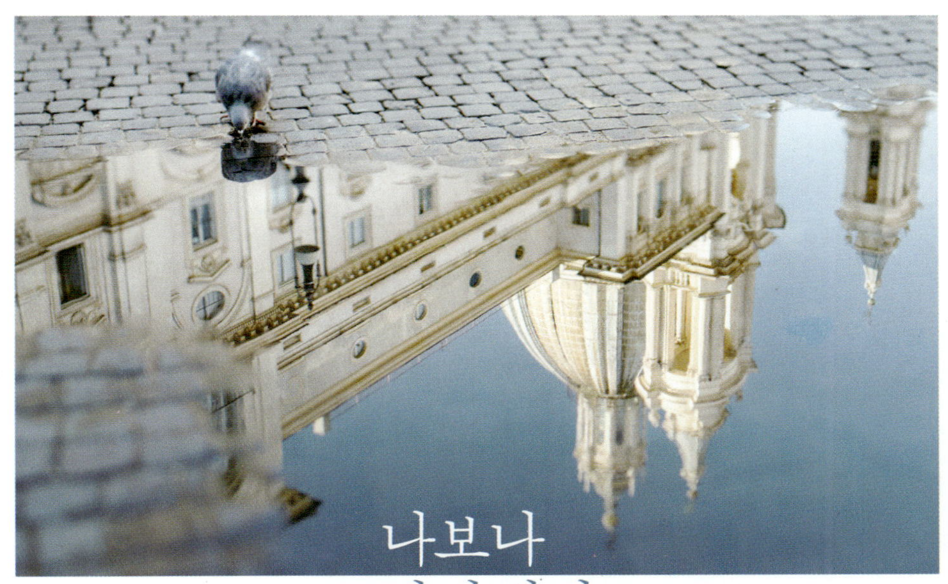

나보나 광장에서 베르니니와 만나다

로마가 사랑한 다섯 미술가

나윤덕 지음

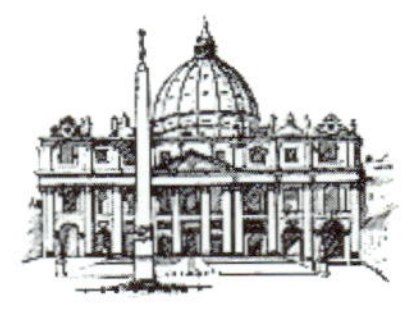

을유문화사

나보나
광장에서
베르니니와
만나다

로마가 사랑한
다섯 미술가

발행일
초판 1쇄 발행 2014년 8월 25일

지은이 | 나윤덕
펴낸이 | 정무영
펴낸곳 | (주)을유문화사

창립일 | 1945년 12월 1일
주 소 | 서울시 종로구 우정국로 51-4
전 화 | 734-3515, 733-8153
팩 스 | 732-9154
홈페이지 | www.eulyoo.co.kr
ISBN 978-89-324-7241-6 13980

* 값은 뒤표지에 표시되어 있습니다.
* 지은이와 협의하여 인지를 붙이지 않습니다.

최고의 시대이자 최악의 시대였다.
무엇이든 가능해 보였지만 정말로 가능한 것은 아무 것도 없었다.
혼란과 무질서, 빛과 어둠이 공존하는 시대였다.
- 찰스 디킨스 『두 도시 이야기』 중 -

머리말

책 속에 넣을 사진들을 준비하기 위해 얼마 전 로마를 다시 찾았습니다.

오래전 헤어진 연인을 다시 만나러 가는 심정이랄까요? 오래간만의 재회에 비행기를 타고 가는 내내 가슴이 적잖이 두근거렸습니다. 레오나르도 다 빈치 공항에 내려 기차를 타고 시내로 접어들 때까지만 해도 설레던 마음은 그러나 로마의 중앙역 테르미니Termini 역에 내리자마자 게 눈 감추듯 사라져 버렸습니다.

어쩌면 그리도 한결같은지요. 십 수 년이 하루 같다고나 할까요?

5월의 따사로운 햇살 아래 빛나는 로마는 눈부시게 아름다운 동시에 정신을 쏙 빼놓을 정도로 어수선했습니다. 주머니가 가벼웠던 로마에서의 학창 시절 단골 빵 가게에 찾아가 시금치와 치즈를 넣어 만든 샌드위치로 점심을 때우고, 판테온 옆 카페에 들러 에스프레소 커피도 한 잔 마셨습니다. 사람들도 여전했습니다. 관광객들과 로마 사람들이 한데 뒤섞인 거리는 활기차다 못해 어딜 가나 시끌벅적했습니다. 본격적인 휴가철도 아닌데 어찌나 사람들로 붐비던지 성 베드로 성당과 바티칸 박물관에 들어가기 위해 뙤약볕 아래 긴 줄을 서야만 했습니다.

참, 그러고 보니 눈에 띄게 달라진 것도 있었습니다.

A와 B, 두 개의 노선만으로 운행되어 온 로마의 지하철에 드디어 C선이 도

입될 거라는 반가운 소식이었습니다. 십 수 년 전부터 논의되어 왔던 지하철 C선의 공사가 이제야 시작된 모양입니다. 지하철 공사에 들어가는 비용보다 땅을 파는 족족 쏟아져 나올 유적 발굴비가 더 들어가게 될 거라며 미루고 미뤄 왔던 공사였습니다. 콜로세움 옆을 지나다 우연히 마주친 공사 현장 현수막을 바라보며 가슴이 벅차올라 나도 모르게 발걸음을 멈췄습니다. 콩깍지가 씌어도 단단히 씐 게지요.

누군가 혹은 어딘가를 가슴 속에 품고 그리워하며 산다는 것은 커다란 축복이자 풀리지 않는 저주입니다. 돌이켜 생각해 보니 할머니께서 벽장 속에 몰래 감춰 두셨던 곶감처럼 마음속 한 귀퉁이에 꼭꼭 숨겨 놓은 로마에서의 추억들을 하나둘씩 꺼내 먹는 재미로 살아왔던 것 같습니다. 그동안 야금야금 꺼내 먹은 추억의 씨앗들이 어느새 싹을 틔우고 꽃을 피워 비로소 한 권의 책으로 열매를 맺게 되었습니다.

땅에 떨어진 줄로만 알았던 보잘 것 없는 씨앗에서 새싹이 돋아나기까지 든든한 밑거름이 되어 준 이는 다름 아닌 열 살배기 딸아이였습니다. 로마를 떠나올 때만 해도 뱃속에서 꼬물거리던 아가였지요. 세월이 흘러 어엿한 숙녀로 자라날 딸아이가 어느 날 문득 로마에 다녀오겠다며 배낭을 둘러메고 집을 나설 생각을 하니 가슴이 덜컥 내려앉더군요.

꽃다운 청춘을 로마에서 보낸 엄마로서 행여 아이가 관광 정보지에 실린 이름난 장소들만 콕콕 집어 기념사진만 잔뜩 남겨 오는 건 아닐는지 걱정이 먼저 앞섰습니다. 변변찮은 엄마가 줄 수 있는 선물은 면세점에서 마음껏 긁을 수 있는 카드 한 장이 아닌 추억을 길어 담은 한 권의 책이라 생각했기에 망설이다가 연필을 집어 들게 되었습니다.

책 속에 등장하는 그림과 조각, 건축물들 대부분은 로마에 살던 시절, 틈틈이 즐겨 보며 마음에 새겨 두었던 작품들입니다. 미켈란젤로에서 라파엘로, 카라바조, 베르니니와 보로미니에 이르기까지 다섯 명의 주인공들은 이방인으로 로마에 머물며 겪었던 온갖 기쁨과 슬픔을 작품으로 만들어 낸 이들입니다. 예술가란 본디 작품이라는 미명하에 자신의 내면을 송두리째 끄집어내 남들에게 보여 주는 사람들이기에 예술 작품을 감상하는 일은 결국 한 사람의 영혼을 이해하는 것으로부터 비롯되는 게 아닐까 싶습니다. 그들이 로마에 남긴 영혼의 발자취를 더듬어 가는 여정을 통해 작품을 이해하는 데 조금이나마 길잡이가 되었으면 합니다.

부족한 글을 책으로 엮어 주신 을유문화사 여러분들, 풋내기 작가에게 과분한 기회를 선사해 주신 류현수 편집장님, 밋밋한 글 곳곳마다 아름다움으로 채워 주신 디자이너 김경민 님 그리고 책이 만들어지기까지 늘 한결같은 마음으로 다듬어 가며 정성을 쏟아 주신 편집자 김경민 님께 깊은 감사를 드리며 끝으로 나의 영웅 아빠에게 이 책을 바칩니다.

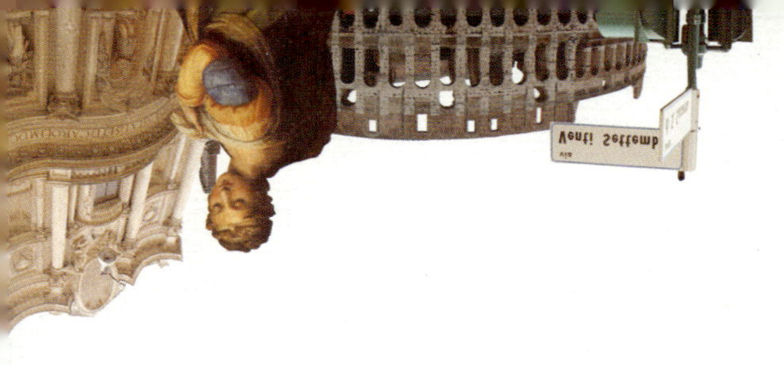

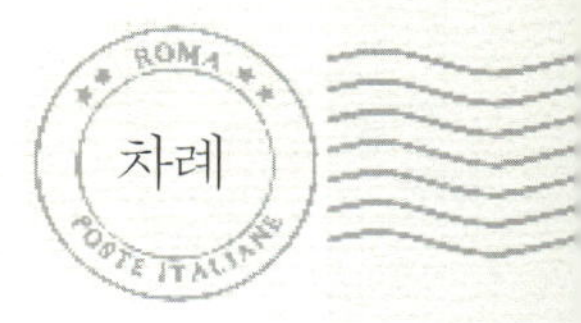

차례

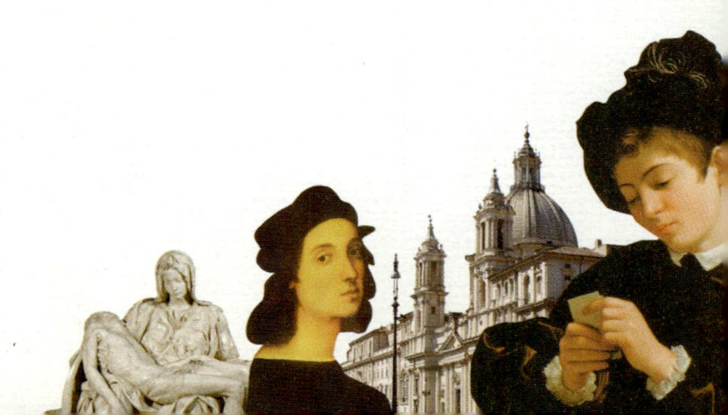

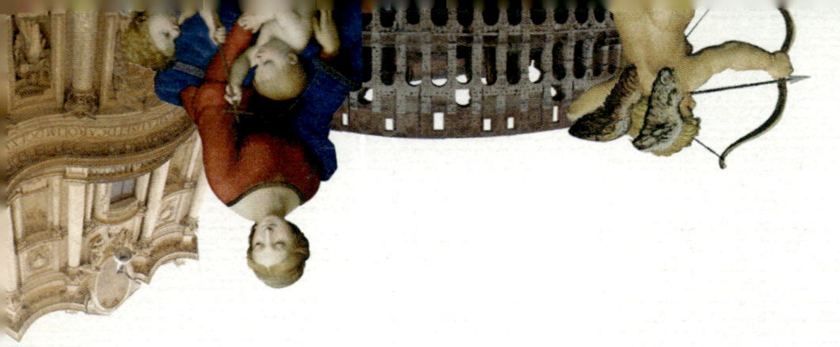

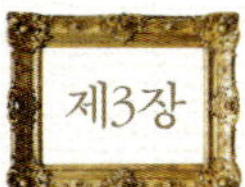

제3장 콘타렐리 예배당에 미친 존재감을 남긴 카라바조

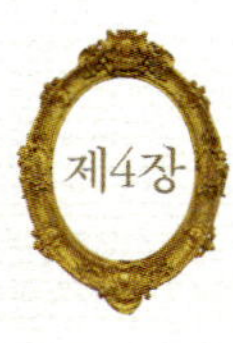

제4장 나보나 광장에서 만난 베르니니와 보로미니

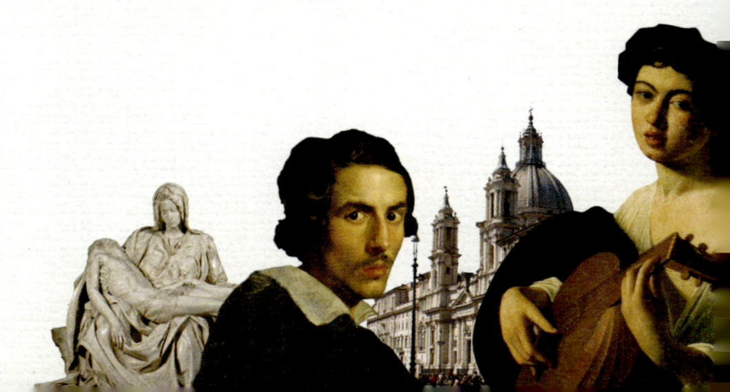

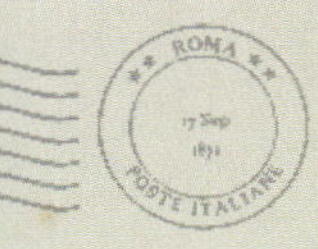

제1장

성 베드로 성당의 지붕을 얹은 미켈란젤로

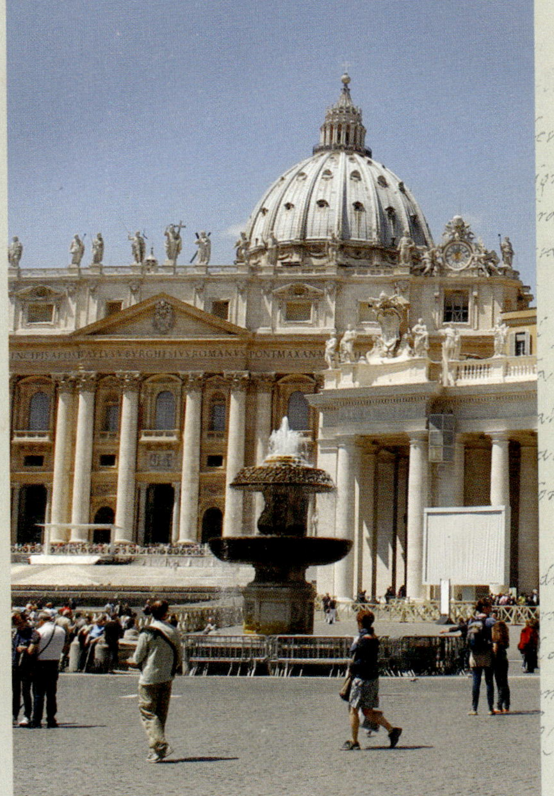

피에타

1.

세월이 흘러도 잊히지 않는 장소들이 있다.

크고 작은 추억의 탑들이 쌓여 있는 기억의 창고 한구석, 먼지 쌓인 탑들 사이로 유독 선명한 빛을 발하며 서 있는 탑이 있다.

〈산 피에트로 역 53번지/ 우편번호 00165/ 로마/ 이탈리아〉

17년 전 신혼살림을 시작했던 그 집의 주소이다. 남편은 학생으로서는 고령인 20대 후반에 로마 국립 미술 아카데미에서 그림 공부를 막 시작한 새내기 미술 학도였다. 우리는 결혼식이라는 말이 무색할 정도로 간소한 예식을 치른 뒤 부부가 되었다. 살림이랄 것도 없이 옷가지를 꾸역꾸역 쑤셔 넣은 검정색 이민 가방 하나 달랑 들고 남편이 살고 있던 그 집으로 거처를 옮긴 것이 전부였다. 5층짜리 연립주택 앞 작은 광장에는 62번 버스 종점과 시골 간이역 수준에도 못 미치는 산 피에트로 기차역이 있었다. 2층에 있던 집은 밖에서 바라보면 멀쩡하다 못해 근사하기까지 했으나, 실상은 제대로 보살핌을 받지 못해 꼬질꼬질해진 애완동물처럼 생겨 먹은 곳이었다. 묵직한 나무로 만들어진 현관문에 열쇠를 넣어 돌리면 오랫동안 기름칠을 해 주지 않았음을 원망이라도 하듯 '끼이익' 소리를 내며 아주 천천히 열렸다. 무더위가 제 아무리 기승을 부릴지라도 한 발짝만 집 안으로 들여놓으면 오싹한 기운이 느껴지는 서늘한 집이었다. 좁고 긴 복도 양편으로는 세입자들이 사용하는 네 개의 방들과 주방, 화장실이 다닥다닥 붙어 있었다.

매달 말일이면 이탈리아 남부 출신 집주인이 월세를 받기 위해 집에 들렀다. 돈과 영수증이 오가는 어색한 시간이 흐르는 동안 샛노란 곱슬머리를 길게 풀어 헤친 그의 여자 친구는 열 개는 족히 됨직한 팔찌들을 찰랑거리며 끊임없이 담배를 피워 댔다. 젊은 시절 제법 큰 식당을 운영하며 그림 그리기와 여행을 즐겼다는 초로의 집주인은 간간히 들려주는 무용담이 믿기지 않을 만큼 빛바랜 노인네로 늙어 가고 있는 기색이 역력했다. 어두운 복도 한구석, 뽀얗게 먼지를 뒤집어쓴 이국적인 목각 인형들처럼 그 역시 오래 전 자신의 삶을 장식장 안에 가두어 버린 듯 했다.

한 번은 밀라노에서 사진을 공부하던 남편의 옛 친구들이 로마에 놀러 와 하룻밤을 묵게 되었다. 저녁을 먹고 포도주도 한잔씩 걸친 뒤 다들 기분 좋게 잠자리에 들었는데 한밤중에 복도로 뛰쳐나와 이 집에 귀신이 산다며 고래고래 소리를 지르는 바람에 한바탕 소동이 벌어진 적이 있었다. 멀쩡한 남자 둘이 그 난리법석을 떨었던 걸 보면 괜한 소란은 아닌 듯싶다. 더군다나 남편과 결혼해 그 집에 살게 된 뒤로 별의별 사람들이 들어와 함께 살았지만 모두들 얼마 지나지 않아 다른 집을 찾아 떠났고 더 이상 들어와 살겠다는 사람이 나타나지 않았던 걸 보면 말이다. 꿈에 그리던 신혼집이라고는 할 수 없는 장소였으나 덕분에 남편과 단 둘이 드넓은 집에서 달콤한 신혼을 보낼 수 있었으니 귀신이든 뭐든 간에 그 시절에는 그저 고마울 따름이었다. 그리고 결혼생활이 이어짐에 따라 결코 이상적이라고 할 수 없는 일들이 끊임없이 벌어졌지만 그럴 적마다 나도 모르게 그 집을 떠올리곤 했다.

신혼집에 대해 다소 긴 이야기를 늘어놓은 이유는 그 집이 바티칸 시국Città del Vaticano에서 엎어지면 코가 닿을 만큼 가까운 거리에 있었기 때문이다. 집 앞 광장에서 저만치 내려다보이던 언덕, '바티칸'이라 불리는 그 곳에서 이야기를 시작해 보려 한다.

2.

귀신이 출몰하는 신혼집도 그렇지만 바티칸을 떠도는 심상치 않은 기운은 예로부터 내려오는 전통이었다. 아주 먼 옛날, 테베레 강 서편 언덕 부근은 비가 오기만 하면 물에 잠기는 상습적인 침수 지역이었다. 테베레 강이 수시로 범람하는 통에 사람들이 거의 살지 않는 지역이었으나 바티칸이라 불리는 언덕을 중심으로 소수의 사람들이 모여 살고 있었다. 한 해에도 몇 차례씩 집이 물에 잠기는 우울한 현실을 극복하며 살아가려면 현실보다 이상을 동경하는 몽상가가 되는 수밖에 없었다. 바티칸의 어원인 바티스vatis는 먼 옛날 언덕 위에 모여 살았던 사람들, 예언자나 시인 같은 부류의 사람들을 뜻하는 말이다. 그들은 빵만으로 살아가는 강 건너 편 인간들의 안락한 삶을 조금은 경멸했을 것이며 테베레 강의 잦은 범람이라는 기구한 운명을 순순히 받아들이는 자유로운 영혼의 소유자들이었을 것이다. 혹 그들 중 용한 예언자가 있었다면 바티칸이라는 축축하고 별 볼 일 없는 언덕 위에 먼 훗날 지상에서 가장 거대한 성당이 들어설 것이고 전 세계에서 사람들이 모여 들게 되리라는 장밋빛 미래를 예측했을지도 모르겠다.

로마인들이 제국을 건설하기 이전부터 바티칸 언덕에는 에트루리아인들의 거대한 공동묘지가 자리 잡고 있었다. '바티카'는 공동묘지를 지키는 여신의 이름이자 언덕의 포도밭에서 자라던 환각 작용을 일으키는 풀의 이름이기도 했다.

바티칸 언덕은 처형장으로도 적합한 장소였다. 로마 시대 죄인들의 처형은 주로 시내에서 멀리 떨어진 외곽에서 이루어졌다. 처형된 죄수들의 시체를 묻는 문제 때문이었다. 황제가 아니면 성벽 안에 무덤을 만들 수 없다는 법에 따라 로마의 무덤들은 모두 성 밖에 만들어졌다. 처형을 당했던 죄수들 대부분은 묻어 줄 사람 하나 없는 가련한 사람들이었기에 무거운 시체를 먼 곳까지 운반해야 하는 성가신 일을 피하기 위해서라도 시내로부터 멀리 떨어진 바티칸 언덕은 매우 이상적인 처형지였다.

기원후 64년경, 베드로라는 이름을 가진 한 사내가 기독교인이라는 죄명으로 바티칸 언덕 부근에서 처형당했다. 한 가지 특이한 점이라면 그가 다른 죄인들처럼 십자가에 못 박혀 죽기를 극구 거부했다는 사실이다. 자신의 스승이자 구주인 예수 그리스도처럼 십자가에 못 박혀 죽을 수는 없다며 십자가에 거꾸로 못 박혀 죽게 해 달라고 간청한 것이다. 그의 마지막 소원대로 베드로는 거꾸로 십자가에 못 박혀 처형을 당했고 별 미친 사람 다 보겠다며 혀를 끌끌 차던 사람들에게조차 그는 깊은 인상을 남겼다. 당시 가장 참혹한 방식이었던 십자가형보다 더 참혹한 처형을 고집했던 베드로라는 이름은 그가 죽은 뒤 수백 년이 지나도록 입에서 입으로 전해져 내려왔다. 기독교의 싹을 잘라 없애려 했던 로마 제국의 서슬 시퍼런 칼날에도 불구하고 기독교인들의 숫자는 점점 늘어만 갔고 기원후 313년 콘스탄티누스 황제는 밀라노 칙령을

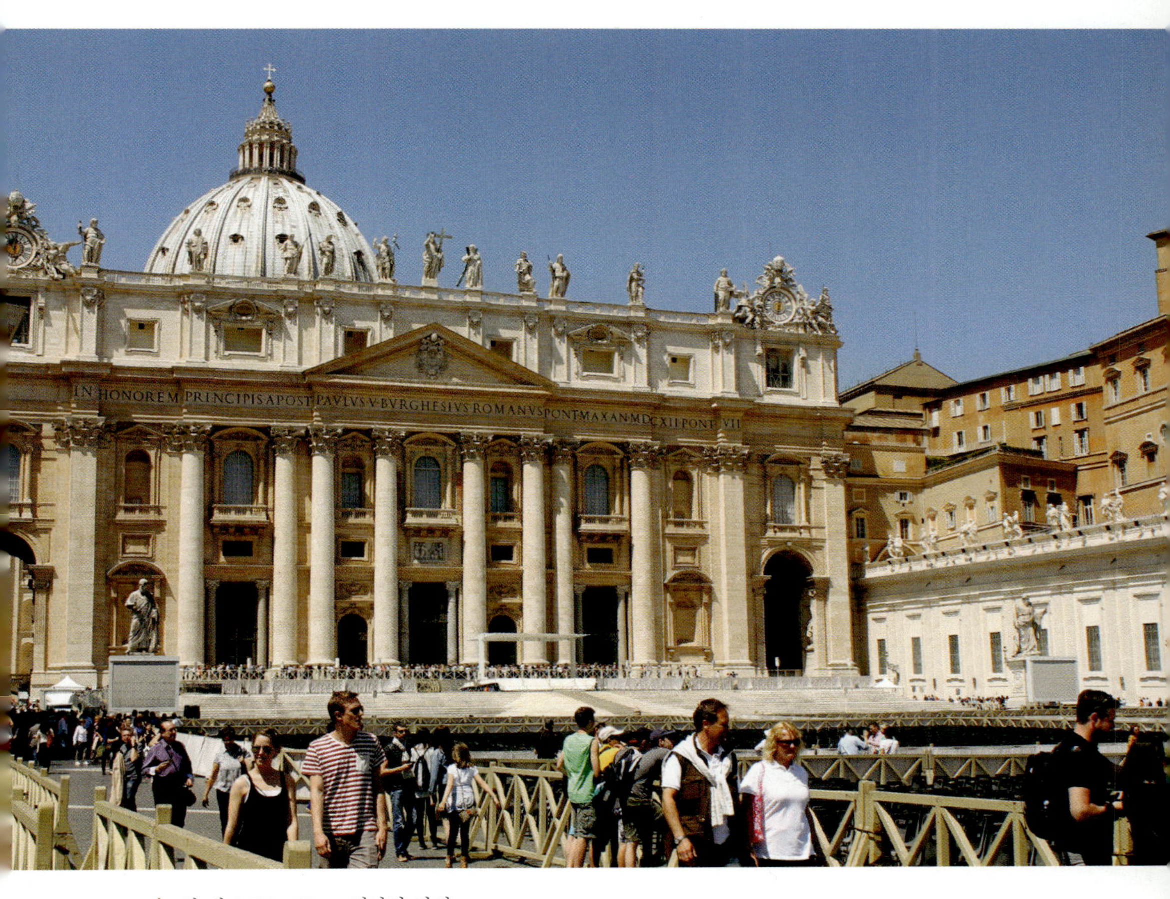

† 성 베드로San Pietro 성당과 광장

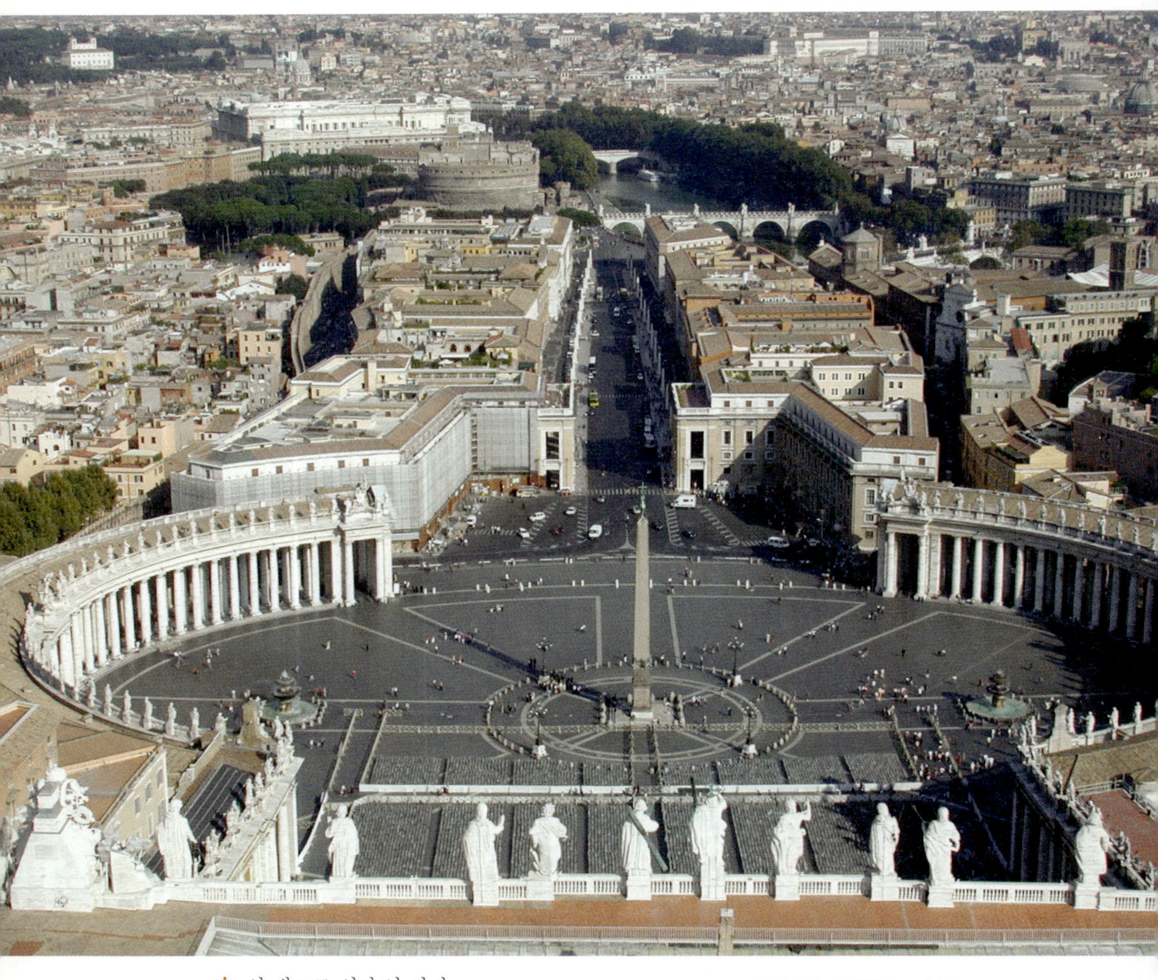

† 성 베드로 성당 앞 광장

출처: Lukask/WikimediaCommons.

발표해 기독교 신앙을 공식적으로 인정하기에 이르렀다.

베드로의 무덤에 경의를 표하고자 바티칸 언덕까지 찾아드는 사람들을 위해 콘스탄티누스 황제는 작은 성당을 세웠고 고심 끝에 그 곳을 '신전'이라는 호칭 대신 '바실리카'라 부르기로 결심했다. 바실리카Basilica는 로마 시대 공공 건축의 대표적인 양식 중 하나이다. 열주*를 세워 복도를 나누고 지붕을 얹어 비를 피할 수 있도록 만들어진 공간을 바실리카라고 부른다. 바실리카에 모인 시민들은 열띤 토론을 벌이기도 했고 정치가들의 장황한 연설을 듣기도 했으며 종종 시장이나 재판이 열리기도 했다. 정치와 경제, 문화를 아우르는 일종의 복합 공간이었던 셈이다.

그리하여 바티칸 언덕 위에는 '바실리카 디 산 피에트로Basilica di S. Pietro'라는 긴 이름의 성당, 즉 성 베드로 성당이 자리 잡게 되었다.

3.

성 베드로 성당 앞, 겹겹의 원주들로 둘러싸인 드넓은 광장은 타원에 가까운 둥그스름한 모양을 하고 있다. 공중에서 내려다본 원주들은 실의에 빠진 누군가를 위로하며 두 팔을 벌려 꼭 안아 주고 있는 것처럼 보인다. 만일 광장이 똑 떨어지는 동그라미 형태로 만들어졌다면 어떤 느낌이었을까. 동그라미와 타원은 사촌 정도 되는 가까운 사이인 것 같지만 그 차이는 엄청나다. 만일 광장이 컴퍼스를 대고 그린 것처럼 반듯한 동그라미였다면, 웅장함에도 불구하고 군림하려 들지 않는 소탈함은 느껴지지 않았을 것이다.

---

* 줄지어 늘어선 기둥.

광장을 빙 둘러싸고 있는 거대한 원주들의 개수는 수백 개에 달한다는 것 정도만 어렴풋이 떠오를 뿐 정확한 숫자는 기억나지 않는다. 원주들의 개수를 달달 외워 여러 사람들 앞에서 자랑스럽게 말했던 적도 있지만 이제 와 기억해 내려니 머릿속이 영 캄캄하다. 책에 적혀 있는 대로 무작정 숫자를 외운 것은 정말이지 어리석은 발상이었다. 신혼 시절 내내 거의 매일 아침 성 베드로 광장 앞을 지나다녔건만 발걸음을 멈추고 원주들의 숫자를 세어 보려 했던 적은 없었다. 만일 단 한 번만이라도 광장 앞에 서서 차분하게 원주들의 수를 세어 보았더라면 그토록 쉽게 숫자를 잊어버리는 일은 없었을 것이다.

숫자라는 것은 삶을 상당히 편리하게 만들어 주기도 하지만 단순하게 치부하도록 이끌기도 한다. 우리의 삶은 점점 더 숫자에 의존하고 있으며, 숫자를 통해 신속하게 사물의 가치를 판단하는 것에 익숙해져 가고 있다. 얼마짜리 물건이라든가 연봉이 얼마라든가는 하는 말들은 종종 숫자 그 자체로 커다란 의미를 지니며 이면에 가려진 다른 모든 의미들을 한순간에 일축시켜 버린다. 무조건 달달 외워 버린 원주들의 숫자는 키, 몸무게, 생년월일, 연봉, 자동차 배기량, 아파트 평수 등등 한 사람을 평가하기 위해 사용되는 수많은 숫자들만큼이나 공허하고 씁쓸하다.

원주들의 숫자는 비록 지워졌으나 성 베드로 광장에 대한 다른 기억들은 고스란히 남아 있다. 세월이 얼룩진 원주들 틈 사이를 스쳐 가던 수많은 사람들. 검은 옷을 입은 수녀님과 신부님, 커다란 배낭을 짊어진 꾀죄죄한 젊은이들, 서로의 손을 꼭 붙잡고 느릿느릿 걷는 백발의 노인들, 깃발을 든 가이드의 꽁무니를 졸졸 따라 다니는 단체 관광객들, 조악한 기념품을 파는 사람들, 구걸하는 사람들, 비둘기들…….

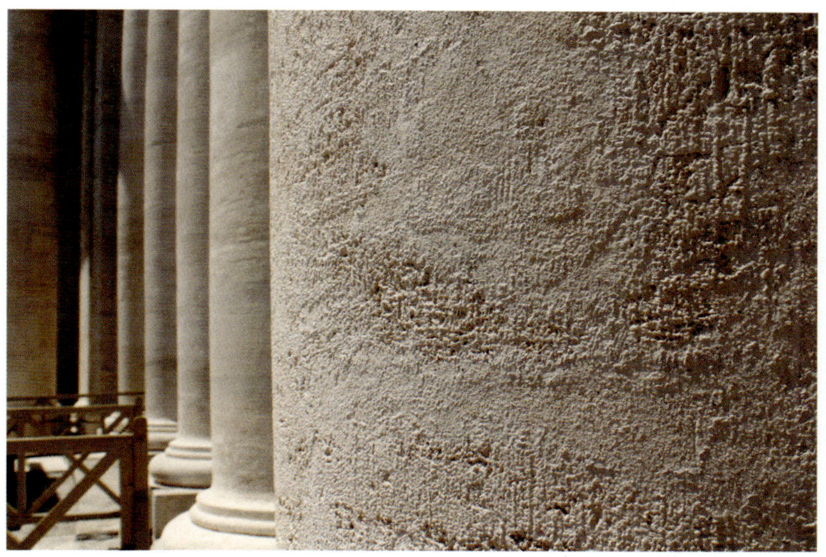

† 성 베드로광장 원주들의 거칠거칠한 표면

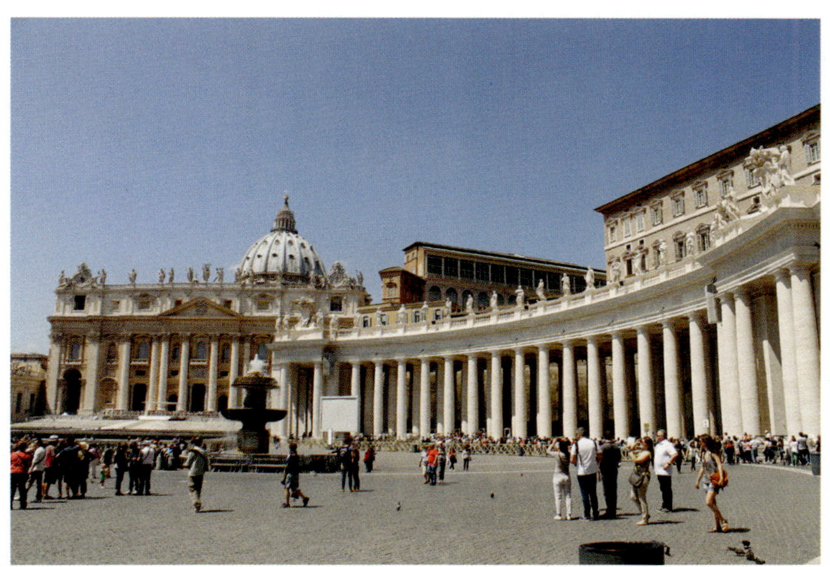

† 성 베드로 성당을 둘러싸고 있는 원주들

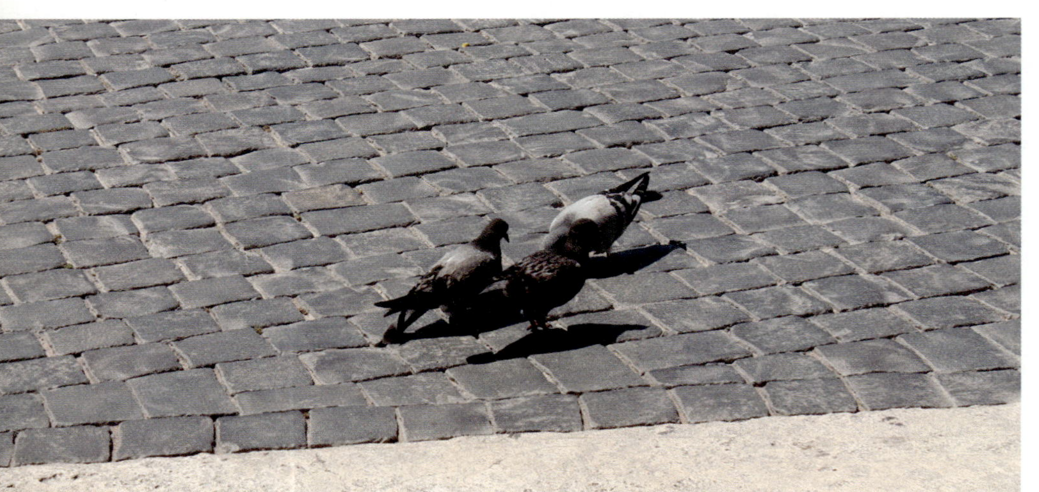

† 산 피에트리니 돌이 깔린 성 베드로 광장 바닥

세월이 지난 뒤 남아 있는 한 사람에 대한 기억 또한 결코 숫자만으로 이루어져 있지는 않을 것이다. 나의 이름을 부를 때 그 사람의 목소리, 어깨에 기댔을 때의 냄새, 손을 잡았을 때의 감촉, 귓볼의 생김새, 머리숱, 뒷모습, 속삭임……. 삶의 많은 것들이 그들의 자리를 숫자에게 내어 주었을지라도 감히 숫자로 표현할 수 없는 것들은 아직 많이 남아 있다.

무더운 여름이면 원주 숲은 더위에 지친 모두를 위해 기꺼이 그늘을 마련해 주었다. 수많은 사람들의 손길에도 싫은 내색 한 번 없이 수백 년의 거센 비바람을 견디며 한자리를 지켜 온 원주들의 거칠거칠한 표면은 돌이라기보다는 차라리 나무에 가깝다.

성 베드로 광장을 둘러싸고 있는 원주들은 아름드리나무들로 이루어진 거대한 숲과도 같다.

삶은 여전히 둥그스름한 광장처럼 불규칙하고도 애매모호하게 흘러간다. 성 베드로 광장 바닥을 검은 빛으로 수놓고 있는 돌들 역시 베드로Pietro라는 이름과 무관하지 않다. 베드로라는 이름은 '돌'이라는 말에서 나왔다. 시몬이라는 이름의 고기잡이였던 그에게 예수께서는 장차 교회의 반석이 될 것이라 말씀하셨다. 굳이 우리나라식 이름과 연관시키자면 '돌'이라는 글자가 들어 있으니 '석이', 좀 더 격의 없는 이름으로 말하자면 '돌쇠' 정도 되는 이름이었을 것이다.

성 베드로 광장뿐 아니라 로마 시내의 오래 된 도로들은 지금까지도 '산 피에트리니San Pietrini'라는 검은 돌들로 촘촘히 수놓아져 있다. 어림잡아 사방 10센티미터 정도 되는 정육면체의 돌들은 색깔만 검을 뿐 생긴 게 두부를 꼭 빼 닮았다. 거무스름한 돌의 수수한 생김새는 과묵하면서도 우직했을 베드로 성인의 성격을 그대로 보여 주는 것 같다. 예수 그리스도가 잡히시던 날 밤, 스승의 예언대로 세 번씩이나 그를 알지 못한다고 부인한 뒤 닭이 울자 어린아이처럼 와락 울음을 터뜨렸던 베드로. 그날 이후 바티칸 언덕에서 십자가에 거꾸로 못 박혀 죽기까지 베드로는 예수라는 이름을 단 한 번도 부인하지 않았다.

4.

'피에타pietà'라는 말을 우리말로 옮기려다 보니 이만저만 고민이 아니다. 긍휼, 자비, 연민 혹은 좀 더 뜻을 풀어 '자비를 베풀어 주소서'라는 우리말

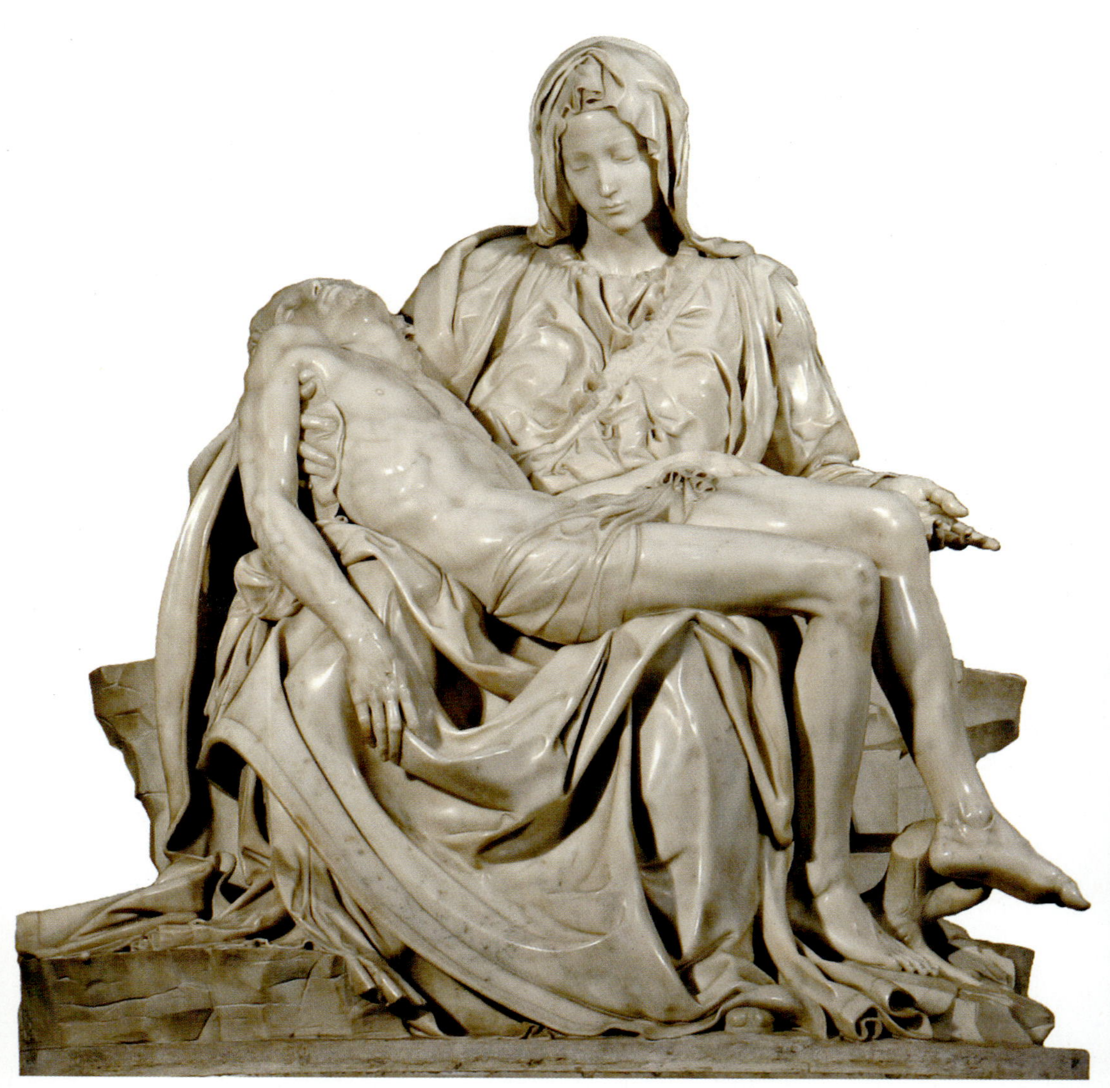

† 미켈란젤로의 「피에타」

로 번역되는 '피에타'는 자신의 힘으로 도저히 어찌할 수 없는 극한 상황에 부딪혔을 때 튀어나오는 외마디 울부짖음이다. 살다 보면 극한 상황으로 내몰리게 되는 일이야 수도 없이 많겠지만 자식의 시신을 거두는 어미만 한 이가 또 어디 있으랴. 피에타는 십자가에 못 박혀 죽은 아들 예수의 시신과 마주하고 있는 그의 어머니 마리아의 모습을 묘사한 예술 작품들을 일컫는 말이기도 하다.

부모가 죽으면 땅에 묻고 자식이 죽으면 가슴에 묻는다 했던가. 성 베드로 성당 안, 「피에타」상이 놓여 있는 유리로 만들어진 벽 앞은 작품을 감상하려는 사람들로 늘 붐빈다. 피에타를 바라보는 그들의 표정을 멀찌감치 서서 바라보면 모두들 한목소리로 '쯧쯧. 그것 참 안 되었군'이라고 속삭이고 있는 것 같다. 수백 년이 지난 지금까지도 여전히 보는 이들을 숙연하게 만드는 위대한 작품 「피에타」를 만들어 낸 주인공은 스물세 살의 젊은 조각가 미켈란젤로였다. 단단한 대리석을 부드러운 한 폭의 그림으로 바꾸어 놓은 조각가로서의 기술도 놀랍지만 슬픈 나머지 울음조차 터뜨리지 못하고 아들의 주검을 바라보는 망연자실한 성모 마리아의 표정을 겨우 스물셋 밖에 안 된 조각가가 표현해 냈다는 사실이 좀처럼 믿기지 않는다.

믿기지 않기는 예나 지금이나 마찬가지였던가 보다. 「피에타」가 미켈란젤로의 작품이 아닌 다른 조각가의 작품이라는 황당한 소문이 나돌자 격분한 미켈란젤로는 야심한 밤, 끌과 망치를 들고 성 베드로 성당 안에 잠입했다. 어두컴컴한 성당 안에 불을 밝힌 그는 성모 마리아의 옷을 가로지르는 띠 위에 글귀를 새겨 넣기 시작했다.

피에타가 누구의 작품인지 그 누구도 더 이상 왈가왈부할 수 없는 선명한

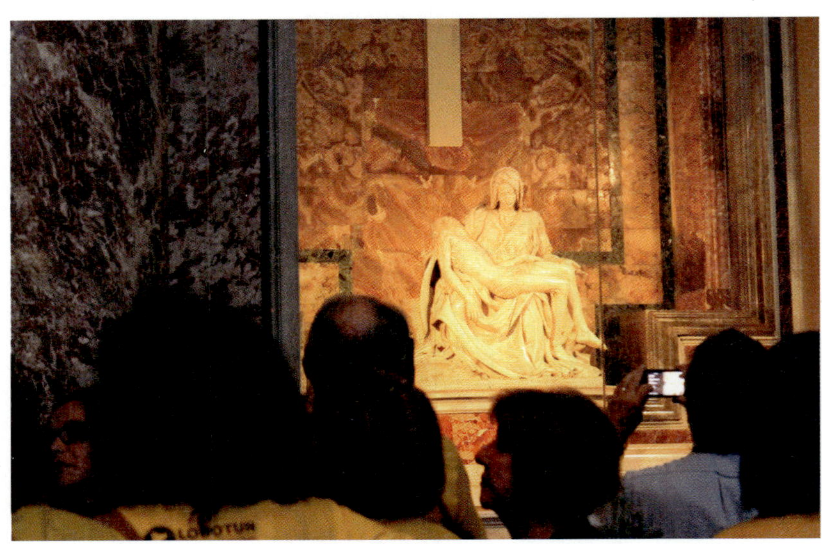

† 「피에타」를 바라보는 사람들

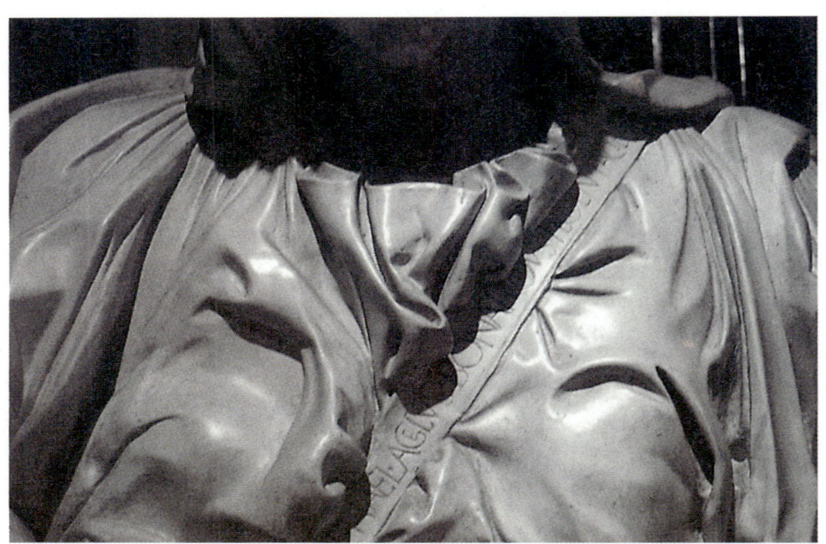

‡ '피렌체 사람 미켈란젤로의 작품'이라고 쓴, 피에타에 남긴 미켈란젤로의 서명

증거를 남겨 둔 것이다. 예술가가 자신의 작품에 서명을 남기는 것을 대수롭지 않은 일이라 여기겠지만 5백여 년 전만 해도 사정은 몹시 달랐다. 라틴어를 읽고 쓸 줄 알았던 미켈란젤로였지만 상황이 어찌나 급박했던지 피에타에 남긴 서명에 있어서 만큼은 여러 번의 오류를 남겼다. 미켈란젤로 시대의 예술가들이란 작품을 주문한 사람들의 비위를 살살 맞추어 가며 주문자들이 원하는 작품을 고분고분 만들어 주는 일종의 기술자들에 불과했다. 오늘날 몇몇 예술가들이 그러하듯 겉멋만 잔뜩 부리며 자신만의 예술 세계를 고집했다가는 밥줄이 끊어지는 것은 물론이거니와 미친 사람 취급을 받지 않으면 다행인 시절이었다. 그 와중에 자신의 작품에 그토록 선명한 서명을 남겼던 미켈란젤로는 실력도 실력이지만 배포 또한 남다른 당찬 젊은이였다.

5.

흥겨운 음악이 흘러나오면 어깨를 들썩이다 못해 한쪽 발을 움직이며 또박또박 박자를 맞추고 비가 오는 날이면 구슬픈 음악을 틀어 놓고 분위기에 한껏 젖어 들다가도 미술 작품 앞에만 서면 몸과 마음이 뻣뻣하게 굳어 버리는 마법과도 같은 반사작용을 누구나 한 번 쯤은 경험해 보았을 것이다.

미술관에서 작품을 감상하는 관람객들 대부분은 한쪽 다리를 약 45도 정도의 각도로 벌리고 상체는 15도에 가까운 각도로 유지하며 심각한 표정으로 작품 앞에 서 있다. 그들 중 일부는 팔짱을 낀다거나 한 손으로 턱을 문지르며 고개를 갸우뚱하기도 한다. 오디오 가이드에서는 일말의 감정도 용납하지 않으리라 단단히 결심한 성우가 비장한 어투로 읽어 내려가는 설명이 쉴 틈 없이 흘러나온다. 미간을 살짝 찌푸린 채 작품을 응시하는 사람들의 눈빛은 미궁에 빠진 살인 사건을 추적하는 셜록 홈즈의 눈빛보다 더 날카롭다. 오디오 가이드와 안내 책자, 각종 미술 서적의 협조를 통해 몇 가지 중요한 물증을 확보한 관람객들은 마침내 이렇게 외칠 것이다. "왓슨 군, 마침내 범인의 동기를 파악했네. 자네 앞에 놓인 작품이 어째서 명작인지 그 이유를 드디어 알아냈단 말일세!"

그토록 깔끔하게 사건을 마무리했음에도 채 가라앉지 않은 앙금은 마음속에 그대로 남아 있다. 악마와 거래라도 하고 싶어질 만큼 고뇌와 번민에 시달리던 예술가가 자신의 영혼을 모조리 쏟아 부은 작품과 마주하고 있음에도 관람객들의 마음속에는 작은 조약돌 하나만으로도 충분히 만들어지는 잔잔한 물결마저 일어나지 않는다.

6.

로마를 떠나 온 뒤로 까맣게 잊고 살았던 미켈란젤로의 「피에타」를 다시 떠올리게 된 것은 유난히 무더웠던 어느 해 여름밤이었다. 선풍기조차 없이 지내야만 했던 그 해 여름, 한 낮의 무더위가 채 가시지 않은 비좁은 방 안은 김이 모락모락 나는 찐빵을 막 끄집어 낸 찜통만큼이나 무더웠다. 품에 안겨 젖을 빨던 딸아이는 자장가 소리도 듣는 둥 마는 둥 더위에 지쳤는지 새근새근 숨소리를 내며 이내 곤한 잠 속으로 빠져 들었다. 아이의 이마 위에 송골송골 맺힌 땀방울을 바라보고 있노라니 불현듯 이유를 알 수 없는 슬픔이 파도처럼 밀려와 가슴 한구석이 먹먹해졌다. 문득 눈물 한 방울 흘리지 못한 채 멍하니 아들의 주검을 바라보고 있던 그녀의 모습이 떠올랐다. 「피에타」 속 그녀 역시 젖먹이 시절, 아들을 품에 안고 매일 밤 불러 주던 자장가의 슬픈 곡조를 나지막한 목소리로 읊조리고 있었는지도 모른다. 어느 시인의 말처럼 부모가 된다는 것은 죄인이 된다는 것이다.

7.

어린 시절 일찍이 어머니를 여읜 미켈란젤로는 유독 '피에타'라는 주제에 매달렸다. 성 베드로 성당의 「피에타」 외에도 미켈란젤로는 피에타를 주제로 한 여러 점의 습작과 조각들을 남겼다. 피에타 속에 등장하는 성모 마리아는 어린 시절 그가 마지막으로 보았던 어머니의 모습처럼 늘 젊고 아름답다.

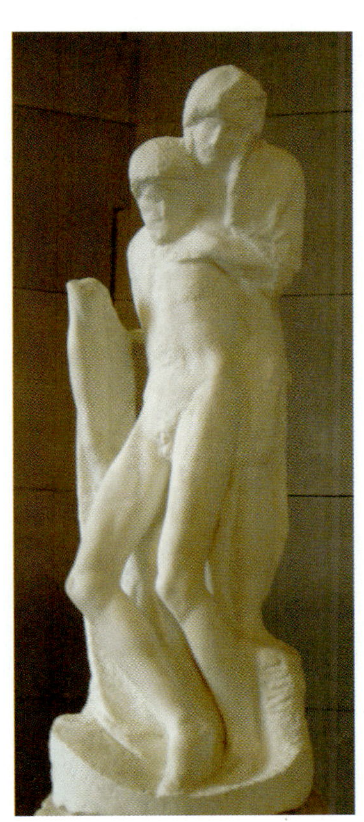

† 「론다니니의 피에타」

「론다니니의 피에타Pieta dei Rondanini」라 불리는 미켈란젤로의 마지막 피에타를 본 것은 밀라노에서였다. 어느덧 89세에 접어들었음에도 미켈란젤로는 여전히 또 하나의 피에타 조각에 매달려 있었다. 세상을 떠나기 직전, 노장이 마지막 선물로 남겨 놓은 피에타에서는 그가 이전에 보여 주었던 차분하면서도 절제된 아름다움은 찾아볼 수 없었다. 축 늘어진 아들의 주검을 부여잡고 다시 살려 보려는 듯 힘겹게 끌어 올리는 어머니의 처절한 몸부림만이 고스란히 다가올 뿐이었다. 르네상스의 대표작, 완벽한 균형미, 숭고한 비극 등 꼬리표처럼 붙어 다니던 번지르르한 칭송들도 그의 마지막 작품 앞에서는 한낱 허황된 단어들의 나열에 불과했다.

아들의 죽음 앞에서 어머니는 더 이상 우아하지도 냉철하지도 않다. 북받쳐 오르는 슬픔을 억누르지 못하고 아들의 주검 위로 금방이라도 쓰러져 버릴 것만 같은 부서지고 상처받은 어머니의 모습. 세상의 모든 어머니들을 위해 그가 마지막으로 남기고 간 피에타였다.

「피에타」를 조각하던 끌을 내려놓은 미켈란젤로는 그로부터 3일 뒤, 조용히 눈을 감았다.

모세

1.

한 사람의 어린 시절을 탐구하는 것은 상당히 흥미로운 일이다.

가정부에서부터 교황에 이르기까지 곁에 있는 사람들과 끊임없이 불화를 일으키는 인간이라는 표현이 있을 만큼 널리 알려진 미켈란젤로의 인간적 결함들을 거슬러 올라가면 그의 어린 시절과 깊은 연관을 맺고 있을 것이다.

어린 시절의 기억들은 늘 희미하다. 제 아무리 기억의 파편들을 끼워 맞춘다 한들 완벽한 모자이크는 만들어지지 않는다. 부모님들은 자신들의 관점을 철저히 고수하며 자식들의 어린 시절에 관해 이야기하길 좋아한다. 과장과 미화로 화려하게 포장된 어린 시절의 이야기들은 객관성이 결여된 경우가 대부분이다. 삶의 길목마다 버티고 서 있는 원인을 알 수 없는 심각한 문제들 - 분노, 질투, 욕망, 인간관계에 있어서의 어려움과 같은 수많은 문제들 - 의 대부분은 기억조차 할 수 없는 아득한 어린 시절에 벌어졌던 어떤 사건으로부터 비롯된 경우가 많다. 그러나 안타깝게도 어린 시절의 기억들을 되돌리기란 사실상 불가능한 일이며 딱히 이유를 알 수 없는 여러 가지 복잡한 문제들을 풀어 나가느라 우리는 언제나 지쳐 버린다.

미켈란젤로 부오나로티Michelangelo Buonarroti는 1475년 이탈리아 중부 피렌체 부근의 작은 마을 '카프레제'에서 태어났다. 태어난 지 얼마 되지 않아 가족들은 피렌체로 이사했고 어린 시절의 대부분을 보낸 피렌체라는 도시에 특별한 애착을 느꼈던 미켈란젤로는 평생 자신을 피렌체 사람이라 여기며 살았다. 여섯 살 되던 해, 미켈란젤로의 어머니가 돌아가신 지 얼마 지나지 않아 아버지는 재혼을 했다. 유난히 예민한 감수성을 지녔던 아이 미켈란젤로는 새어머니를 향해 좀처럼 마음의 문을 열지 않았고 돌아가신 어머니에 대한 기억의 끈을 놓으려 하지 않았다.

어린 미켈란젤로가 유일하게 마음의 위안을 얻을 수 있었던 시간은 그림을 그릴 때뿐이었다. 화가가 되려면 일찌감치 유명한 화가가 운영하는 공방에 도제로 들어가 그림을 공부해야만 했으나 그의 아버지는 아들이 화가의 길을 걷는 것을 원치 않았다. 장차 한 가정의 경제를 책임져야만 하는 남자에게 있어서 화가라는 직업은 예나 지금이나 성공의 가능성이 매우 희박한 비인기 직종이었다. 화가로서 웬만큼 성공한다 해도 기껏해야 성당 미사에 사용할 촛대를 장식한다든지 귀족들의 혼수품으로 쓰일 나무 상자에 그림을 그려주는 시시콜콜한 일들을 주문받는 것이 고작이었다. 사회적으로도 화가는 구두장이나 이발사와 같은 기술자들과 동등한 취급을 받던 시절이었다. 세상의 거의 모든 아버지들과 마찬가지로 미켈란젤로의 아버지 역시 아들이 타고난 재능에는 별 관심이 없었다. 아들의 재능이 장래의 수입과 직접적으로 연결될 가능성이 매우 희박하다고 판단한 아버지는 미켈란젤로가 공무원 같은 안정적인 직업을 갖길 원했다. 화가가 되겠다며 고집을 부리는 어린 미켈란젤로를 설득하기 위해 아버지는 온갖 수단과 방법을 동원했으나 결국 아들에게 지고 만다.

열세 살이 되던 해, 미켈란젤로는 피렌체에서 제법 이름난 화가였던 도메니코 기를란다요Domenico Ghirlandaio 선생이 운영하는 공방에 도제로 들어가게 되었다. 공방 내의 규율은 매우 엄격했다. 모든 작업은 서열에 의해 철저하게 구분되었다. 공방에 들어온 지 얼마 안 된 신참 도제들은 일정한 기간 동안 잔심부름이나 허드렛일을 도맡아 해야만 했다. 안료를 배합해 물감을 만들거나 붓을 세척하는 법을 배울 정도가 되면 그나마 어느 정도 계급이 오른 것을 의미했다. 길고 지루한 훈련 과정을 거친 뒤에야 도제들은 본격적인 그림 수업을 받을 수 있었다. 스케치와 모사 연습을 어느 정도 하고 나면 스승이 주문받은 그림의 아주 사소한 부분들, 주인공의 등 뒤로 보이는 배경에 등장하는 나무 위에 앉아 있는 새의 눈이라든가 그림 가장자리에 등장하는 인물의 치맛단에 붙은 파리와 같은 부분들을 그려 나가기 시작했다.

미술마저도 학문의 전당인 대학에 들어가야만 제대로 배울 수 있다고 여기는 지금의 현실에 비추어 공방에서의 미술 교육이 미개한 것이라는 섣부른 판단은 금물이다. 공방에서의 미술 교육 과정이야말로 오늘날 교육이 추구하는 온갖 유용한 사항들 - 차별화, 전문화, 실무 중심화 등등의 요소들 - 을 고루 갖추고 있었다.

수백 명의 미술 지망생들이 단 하나의 석고상을 뚫어져라 바라보며 정신없이 연필을 움직이는 장면을 연출하는 오늘날의 미술 교육이야말로 오히려 경악할 만한 것이다. '저 석고상은 누가 왜 만든 것인가?', '석고상의 주인공은 어떤 인물이었는가?', '나는 왜 저 석고상을 묘사하고 있는가?'라는 근본적인 사실들에 대한 아무런 의문조차 없이 그들은 단지 주어진 시간 내의 완성을 목표로 삼아 치밀하게 연필을 놀린다. 더욱이 놀라운 것은 그 누구도 그런 방식의 교육이 만들어 낼 치명적인 오류를 지적하지도 바꾸어 보려 하지도 않는다는 사실이다. 단순한 숫자로 이루어진 점수만을 평가 기준으로 삼는 무한

경쟁식의 교육 방식은 정작 예술이 추구해야만 하는 진정한 가치들 - 자유로움, 다양함, 절대적 가치, 느림의 미학 - 과는 정반대의 개념들로 가득 차 있다. 정해진 틀, 획일성, 상대적 평가, 속도전 등으로 점철된 잘못된 방식의 교육은 예술가를 길러 내는 것이 아니라 예술가가 되기 위해 태어난 사람마저도 급기야 예술로부터 등을 돌리도록 만들고야 만다.

2.

정작 미켈란젤로 자신은 기를란다요 공방에서의 도제 생활에 그리 만족하지 못했다. 그는 훗날 자신이 기를란다요 선생으로부터 배운 것은 눈곱만치도 없다고 말해 최초의 스승을 적잖이 곤경에 빠뜨렸다. 어느 순간부터 미켈란젤로는 자신을 더 이상 화가가 아닌, 조각을 하기 위해 태어난 사람이라 여기기 시작했다. 조각에 대한 그의 애정은 가히 숙명에 가까운 것이었다. "조각은 회화를 밝히는 횃불이요. 그 둘 사이에는 마치 해와 달 사이와 같은 차이가 있다."라고 그는 고백하고 있다. 조각이 손으로 만질 수 있는 실제라면 그림은 실제를 평면 위에 교묘하게 옮겨 놓은 일종의 착시라 여긴 것이다. 그의 선배 화가이기도 했던 레오나르도 다 빈치가 그림 그리는 일은 우아하고 고상한 일이며 조각은 먼지를 뒤집어쓰고 중노동을 해야 하는 천하고 고달픈 일이라며 무시했던 것과는 정반대의 생각이었다.

분야를 막론하고 위대한 인물이 되기 위해서는 실력과 운, 두 가지 조건이 동시에 충족되어야 한다. 실력은 있으나 운이 없는 경우 초야의 인물로 남게 되고 운은 따르되 실력이 없는 경우라면 얼굴에 먹칠을 할 수 밖에 없다.

미켈란젤로가 제 아무리 타고난 조각가였다 하더라도 메디치Medici 가문과 인연을 맺지 못했다면 어찌되었을까. 기를란다요 선생의 공방에서 탐탁지 않은 도제 생활을 마친 뒤 아버지가 우려했던 대로 겨우 입에 풀칠이나 할 정도의 보수를 받으며 시시콜콜한 그림들을 그리다가 생을 마감했을지도 모른다. 메디치 가문은 비단 미켈란젤로 한 사람의 인생만 바꾸어 놓은 것이 아니었다. 메디치 가문이 없었다면 세계사 책 속에 '르네상스'라는 단어조차 등장하지 않았을지도 모를 일이다.

중세의 인생관에 의하면 개천에서 용이 나는 경우는 매우 드물었다. 신이 주신 저마다의 운명에 순응하며 살아가는 것을 유일한 미덕이라 여기던 시대였기 때문이다. 상당히 불합리한 방식의 삶이라 느껴질지 모르겠지만 꼭 그렇지만은 않다. 인생을 살아가며 벌어지는 일련의 사건들에 대해 개인이 모든 책임을 떠안아야만 하는 사회는 구성원들을 엄청난 중압감 속으로 밀어 넣는다. 인생의 경주에서 조금이라도 뒤쳐진 사람들에게는 무능하다는 이유로 가차 없이 비난의 화살이 날아와 꽂힌다. 아마도 신이 주신 각자의 운명에 순응하며 살아가는 삶은 상당히 지루했을 수는 있지만 적어도 운명을 빌미로 마음의 평화를 얻을 수는 있었을 것이다. 그러나 세상이라는 거대한 바퀴가 언제까지나 같은 방향으로 굴러가는 것은 아니다. 신이 주신 운명을 대신할 만한 자신의 운명을 스스로 개척하고자 하는 무리들이 등장함과 동시에 사람들의 마음을 지배해 왔던 신성한 마음의 평화는 사라지고 말았다. 스스로를 '시민'이라 칭했던 그 무리들은 신으로부터 왕족이나 귀족의 운명을 선물로 받지는 못했으나 타고난 근면과 수완으로 부를 이룬 사람들이었다.

그 무렵, 피렌체에서는 북유럽에서 수입해 온 양털을 모직물로 가공해 역

수출하는 방식으로 큰돈을 벌게 된 모직물 제조업자들이 등장했다. 피렌체에서 생산된 모직물은 높은 가격에도 불구하고 품질과 색상이 뛰어나 날씨가 추운 북유럽의 왕과 귀족들에게 없어서는 안 될 필수품으로 자리 잡았다. 원자재 구입부터 생산·판매 과정에서 발생하는 복잡한 문제들을 보다 효율적으로 해결하고자 모직물 제조업자들은 한데 힘을 모아 조합을 결성했고, 얼마 지나지 않아 보수가 후하고 물량이 많은 모직물 조합으로부터 작품을 주문받는 것은 화가와 조각가들에게 최고의 소망으로 떠올랐다. 모직물 조합원들을 대하는 왕과 귀족들의 태도도 이전과는 다를 수밖에 없었다. 높은 자리에 앉아 있는 분들일수록 전쟁이니 피로연이니 돈 들어갈 일들이 워낙 많았던지라 아쉬운 경우에는 현금을 두둑이 보유하고 있는 시민들을 찾아가 손을 벌리지 않을 수 없었다. 악착같이 일을 해 차곡차곡 모아둔 돈을 빌려줄 때마다 시민들은 꼬박꼬박 차용증을 작성했고 그 대가로 자신들이 누리게 될 권리에 대한 요구 사항을 기재하는 것 또한 잊지 않았다. 그리하여 마침내 시민들은 '의회'라는 조직을 통해 정치에 관여할 수 있게 되었다.

이탈리아어로 '르네상스'를 뜻하는 리나쉔테Rinascente는 '다시'라는 뜻의 리(ri)와 '태어나다'라는 뜻의 나쉔테(nascente)가 합쳐진 말이다. 그러므로 '르네상스'란 다시 태어나는 것을 의미한다. 예전과는 다른 사회적 신분으로 다시 태어난 시민들은 학문과 예술에 있어서도 새롭게 태어나길 원했고 자신들의 꿈을 현실로 만들어 줄 시인과 학자들, 예술가들을 발굴하고 지원하는 일을 게을리 하지 않았다. 그중에서도 가장 대표적인 가문이 피렌체의 메디치Medici라는 가문이었다.

3.

이탈리아 이름들 중에는 유독 재미난 성씨들이 많다. 가문 대대로 종사해 온 직업이라든가 태어난 지역 혹은 조상의 특징을 따라 붙여진 성씨들 중 '마짜카네Mazzacane(개를 죽여라)'라든가 '베비아쿠아Beviacqua(물을 마셔라)' 같은 특이한 성씨들은 '늑대와 함께 춤을'이라는 인디언 이름을 방불케 한다. 메디치(Medici)라는 성씨만 보아도 알 수 있는 것처럼 메디치 가문의 먼 조상들은 의료업에 종사했던 것이 틀림없다. 그러나 메디치 가문을 그 누구도 넘볼 수 없는 피렌체 최고의 부호로 만들어 주었던 사업은 금융업이었다. 모직물 조합을 비롯해 사업을 통해 돈을 버는 사람들의 숫자가 점점 늘어나게 되자 여기저기서 돈을 끌어모은다거나 벌어 놓은 돈을 이리저리 굴리고 때로 콸콸 쏟아 붓기도 해야만 하는 골치 아픈 일들이 생겨나기 시작했다. 그로 인

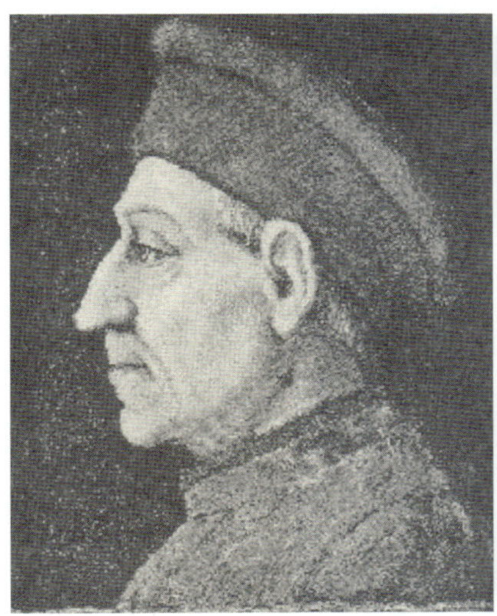
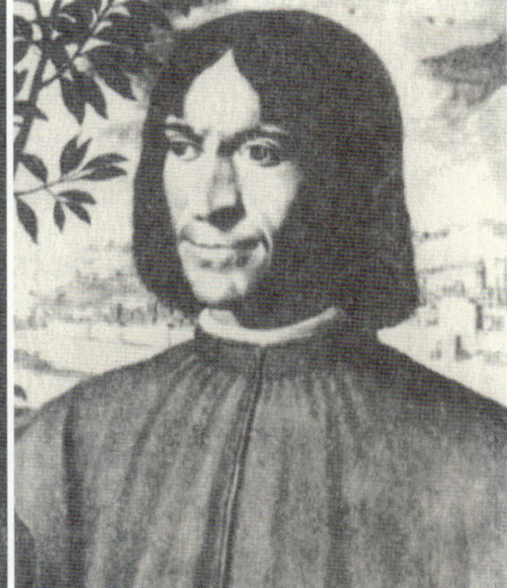

† 브론지노Bronzino가 그린 「코지모 메디치 초상화」(좌)
‡ 바사리Giorgio Vasari가 그린 「로렌조 메디치 초상화」(우)

해 돈을 버는 것만큼이나 결코 쉽지 않은 '돈을 관리하는 업무'를 도맡아 주는 은행업이라는 업종이 등장했다. 피렌체에 지점을 두고 있었던 메디치 은행은 교황청을 비롯한 전 유럽의 큰손들과 거래하는 국제적인 금융 기관이었다. 메디치 가문을 일군 사람들 중 코지모 메디치Cosimo Medici와 그의 손자였던 로렌조 메디치Lorenzo Medici는 거물 중에서도 거물이었다. 특히 예술가들에 대한 아낌없는 후원으로 유명했던 로렌조의 이름 뒤에는 일 마니피코Il Magnifico, 즉 위대한 분이라는 칭송이 붙는다.

예술을 후원하는 방법에는 대체적으로 두 가지가 있다. 열정은 없지만 돈을 이용해 후원하는 방법과 돈은 없으나 열정만으로 뛰어드는 방법이다. 위대한 로렌조는 돈과 열정, 두 가지 모두를 겸비한 보기 드문 후원자였다. 산 마르코의 정원이라 불리던 메디치 가문의 정원은 철학자와 시인, 예술가들로 늘 붐볐다. 그 무렵, 기를란다요 선생의 공방에서 부질없다 생각되는 일들을 하며 세월을 흘려보내고 있었던 소년 미켈란젤로의 재능을 눈여겨보고 산 마르코 정원으로 불러들인 이가 바로 그 로렌조였다. 만일 그가 예술적 소양과 안목 없이 금전적으로만 예술가를 후원했다면 산 마르코 정원에는 후원자의 비위를 맞추기에만 급급한 별 볼 일 없는 철학자와 예술가들만 득실거렸을지 모른다. 그러나 그는 후원자인 동시에 돈을 제대로 쓰는 법을 알았던 알짜배기 은행가이기도 했다. 그의 후원을 받은 사람들은 훗날 하나같이 자신의 분야에서 최고의 자리에 오르게 된다. 그리고 그들 중 이제 막 십 대 중반에 접어든 풋내기 조각가 지망생, 미켈란젤로가 있었다. 메디치의 정원에서 미켈란젤로는 그토록 바라마지 않던 조각 수업을 받을 수 있었다. 그러나 돌을 쪼는 조각의 기술을 터득하는 것보다 더 중요했던 것은 산 마르코 정원의 분위기와 그곳에서 만난 철학자, 시인들과의 교류였다. 저녁 식사를 마친 뒤 해가 뉘엿뉘엿 기울 때면 로렌조는 산 마르코 정원에 나와 포도주를 마시며 인간과 신, 삶과 예술에 대해 이야기하길 즐겼다. 철학자와 시인, 예술가들이 한데 어울려 나누는 진지한 대화는 종종 밤이 깊어 가는 줄 모르고 이어졌다. 누군가 자리에서 일어나 시 한 수를 읊기도 하고 조각이나 그림을 감상하며 이야기를 나누기도 했다. 당대 최고의 지성들과 함께 어울렸던 그 시절 자연스럽게 몸에 밴 인문학적 소양은 이후 미켈란젤로의 작품 활동에 쓰일 귀중한 밑거름이 되어 그의 내면에 차곡차곡 쌓여 갔다.

예술가들은 '어떻게 만들 것인가'라는 문제만큼이나 '무엇을 만들 것인가'라는 문제를 해결하고자 많은 시간을 소비한다. '무엇을'이라는 문제의 답을 찾기 위해서 길게는 수십 년 아니 평생을 바치기도 한다. '무엇을'이 아닌 '어떻게'에 관해서만 가르친다면 당장 눈에 보이는 결과물을 얻을 수 있을지는 몰라도 스스로 고기를 잡는 법은 결코 터득하게 할 수 없다. '무엇을'과 '어떻게'의 문제는 살아가는 데 있어서도 그대로 적용된다. '어떻게'라는 문제에만 매달려 살아가다 보면 '무엇을 위해 사는가?'라는 골치 아픈 문제 따위는 아예 눈에 띄지 않도록 저만치 뒷전으로 밀어 놓고 살아가기 일쑤다. '어떻게 하면 성적을 올릴 수 있을까?', '어떻게 하면 돈을 더 많이 벌 수 있을까?', '어떻게 하면 더 예뻐질 수 있을까?' 등등 '어떻게'로 시작되는 수많은 문제들을 해결하느라 우리는 종종 '무엇을'이라는 중대한 문제를 까맣게 잊고 살아간다. 성적이 오르고 돈이 모이고 누구나 부러워하는 아름다움을 지니게 되었다 할지라도 마음 한구석은 늘 허전하기만 하다. 텅 빈 마음을 채우려면 어떻게 해야 하나 또다시 '어떻게'에 매달려 보지만 늘 마찬가지다. 갈증은 좀처럼 채워지지 않는다.

4.

이념, 분쟁, 주가, 연봉 등 신문 1면에 자주 등장하는 단어들은 한 시대를 보여 주는 짤막한 단상들이다. 만일 중세에 일간신문이 발행되었더라면 다음과 같은 기사들이 단골로 등장했을 것이다. 종교재판, 영토 분쟁, 교황의 근황, 성당 건축, 면죄부 판매.

그런가 하면 르네상스 시기 신문 1면에는 하루가 멀다 하고 특종이 쏟아져 나왔을 것이다. 신대륙의 발견, 우리가 잊고 살았던 그리스 로마의 재미난 이야기들, 어쩌면 당신도 하늘을 날 수 있다 등등.

바야흐로 세상은 변해 가고 있었다.

새로운 세상의 도래를 모두가 반긴 것은 아니었다. 급격한 변화에 놀란 나머지 오히려 몸이 움츠러든 사람들도 있었다. 그들 중 대부분은 메디치 가문의 산 마르코 정원 바로 옆, 산 마르코 성당의 수사였던 사보나롤라를 추종하는 사람들이었다. 사보나롤라는 엄격한 규율과 종교재판으로 이름을 떨치던 도미니크 수도회에 속한 신실한 수사였다. 산 마르코 성당 안에 울려 퍼지던 그의 설교는 불을 뿜는 것과도 같아서 한 번 들으면 절대 잊을 수 없을 만큼 강렬했다. 물질주의로 범벅이 된 새로운 세상과 그 한가운데 있는 메디치 가문을 강력히 비판하며 다시금 신앙으로 돌아가 사치와 향락을 버리고 금

욕적인 삶을 살아야 마지막 날에 구원을 얻을 수 있다는 그의 설교를 듣기 위해 점점 더 많은 사람들이 모여 들었다. 무시무시한 지옥의 불구덩이에 떨어지게 될 것이라 부르짖는 벼락과도 같은 그의 호통 소리에 사람들은 사시나무 떨 듯 부들부들 몸을 떨었다. 설교를 듣기 위해 모여든 사람들 중에는 미켈란젤로도 있었다. 예민했던 십 대 시절에 들었던 사보나롤라의 설교는 미켈란젤로가 살아가는 방식에 오래도록 영향을 미쳤다. 그는 인생의 말년에 접어들어서까지도 자신의 귓가에 사보나롤라의 설교가 들려온다는 고백을 했다.

선배였던 레오나르도 다 빈치를 비롯해 예술계의 선후배들이 근사한 옷을 입고 연회를 즐기며 이제 막 피어나기 시작한 예술가로서의 지위를 마음껏 누렸던 반면 미켈란젤로는 평생 지나칠 정도로 소박한 방식의 삶을 추구했다. 자신이 직접 디자인한 옷을 입고 피렌체 시내를 거니는 레오나르도 다 빈치는 누구나 한 번쯤 뒤돌아볼 만큼 멋쟁이였던 반면 미켈란젤로의 모습은 평범하다 못해 초라하기까지 했다. 외모에 관한 한 그는 모든 것을 체념한 초인처럼 보였다. 155센티미터의 작은 키에 아무리 좋게 보아 주려 해도 결코 호남이라 할 수 없는 생김새. 동료와의 시비 끝에 벌어진 싸움으로 폭 주저앉아 버린 코뼈는 가뜩이나 추한 그의 외모를 나락으로 실추시켜 버렸다. 옷차림은 또 어떤가. 거친 대리석 작업에도 헤지지 않는다는 이유만으로 고약한 냄새가 풀풀 나는 가죽 바지만을 즐겨 입었던 미켈란젤로의 모습은 예술가는 고사하고 막노동꾼에 가까웠다. 아버지와 동생들을 부양하고 가문을 일으키겠다는 일념으로 평생 악착같이 돈을 모았던 그는 애초부터 인생의 즐거움 따위에는 도통 관심이 없는 사람처럼 보였다.

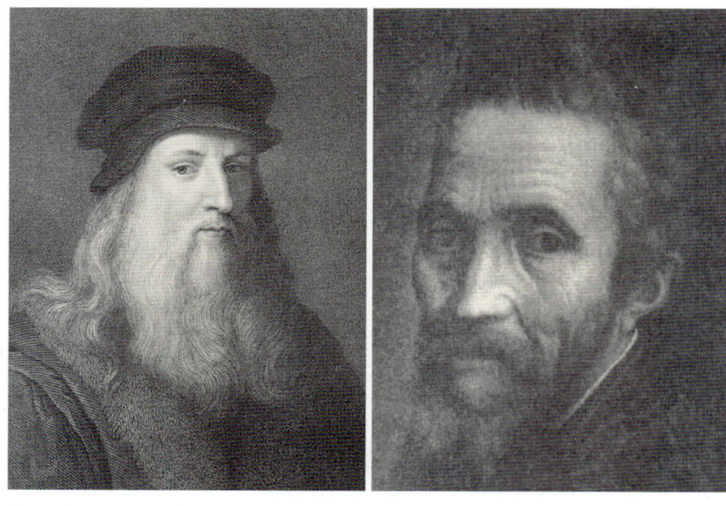

† 크리스토파노 델 알티시모Cristofano dell' Altissimo의 「레오나르도 다 빈치 초상화」
‡ 야코피노 델 콘테Jacopino dell' Conte의 「미켈란젤로 초상화」

친자식에 버금갈 정도로 물심양면 그를 후원해 주었던 위대한 로렌조가 급작스레 세상을 떠나게 되면서 미켈란젤로는 젊은 나이에 일찌감치 인생의 덧없음을 깨닫게 되었는지도 모른다. 한때 피렌체의 실질적인 지배자이자 최고의 부귀영화를 누렸던 메디치 가문이 위대한 로렌조의 죽음 이후 급격히 몰락해 가는 과정을 낱낱이 지켜보며 눈에 보이는 것들은 언제가 사라질 수밖에 없음을 뼈저리게 느꼈을 것이다.

메디치 가문의 세력이 약해진 틈을 타 피렌체 최고의 권력자로 군림한 이는 사보나롤라였다. 수많은 추종자들을 이끌고 교황청에 대한 비판까지도 서슴지 않자 위협을 느낀 교황청에서는 사보나롤라에 대한 유화책으로 그에게 추기경의 직분을 제의했다. 자신에게 주어진 사명은 다른 데 있다며 추기경의 자리를 거절한 사보나롤라는 피렌체의 실질적인 통치자로 군림한 뒤 급기야 사치의 산물이라는 이유로 책과 예술품들을 모아 광장에서 불태우기에 이르렀다. 그러나 권력이야말로 세상에 존재하는 무상한 것들 중에서도 가장 무상한 것이 아니던가. 사보나롤라의 지나치게 급진적인 정책에 겁을 집어먹은 시민들은 얼마 지나지 않아 그에게서 등을 돌렸고 교황청의 종교재판관은 때를 놓칠세라 사보나롤라가 이단임을 공포했다. 얼마 뒤, 책과 예술 작품들이 불타오르던 그 광장에서는 교수형에 처해진 사보나롤라의 시신을 불태우는 연기가 피어올랐다.

로렌조 메디치의 죽음 이후 불과 2년 만에 메디치 가문은 피렌체에서 축출당하게 되었다. 북쪽에서 프랑스 군대가 밀려 내려오고 있다는 흉흉한 소문이 떠돌자 그동안 메디치 가문의 후원을 받아 왔던 미켈란젤로 역시 성난 군

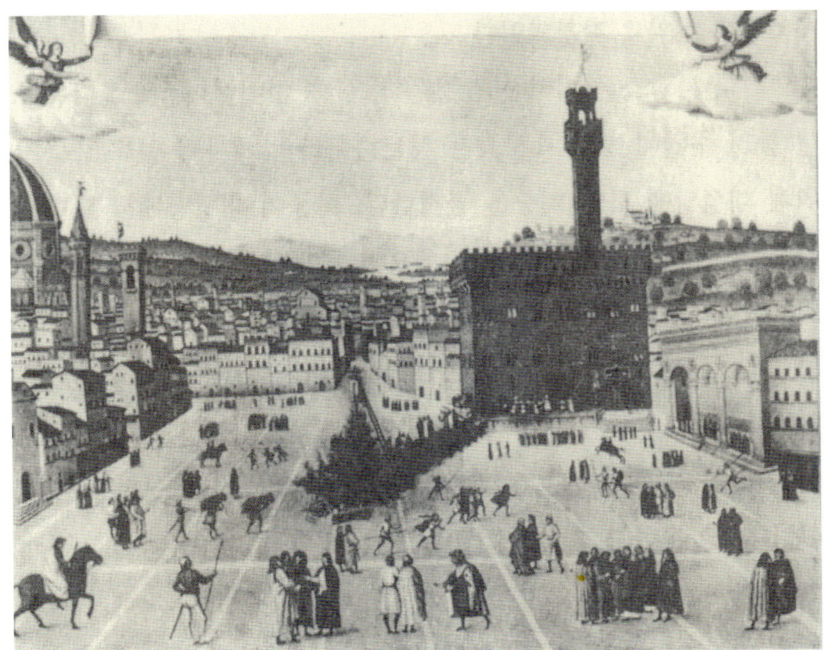

「사보나롤라의 처형」

중들의 변덕스러운 성미로 인해 신변의 위협을 느끼지 않을 수 없었다. 고래 싸움에 새우등이 터져 버린 입장에 놓이게 된 미켈란젤로는 정든 고향 피렌체를 떠나야만 하는 쉽지 않은 결정을 내린다. 시에나Siena와 볼로냐Bologna, 베네치아Venezia에 이르기까지 피렌체 북쪽에 위치한 도시들로 향했던 미켈란젤로의 발걸음은 어느 순간 방향을 돌려 피렌체 남쪽의 도시, 로마에 다다른다.

우연이란 장난꾸러기 어린아이와도 같다. 삶의 중대한 기회는 아주 사소한 우연에서 비롯되기도 한다. 미켈란젤로가 피렌체에 머물렀던 시절 조각했던 「잠든 큐피드」라는 작품이 그랬다. 학문은 물론 예술에 있어서도 그리스 로마 시대로 되돌아가고자 했던 르네상스의 분위기를 타고 유적을 발굴하는 일이 유행처럼 번져 나가고 있었다. 그렇게 발굴된 조각품들은 부르는 게 값일 정도로 어마어마한 가격에도 불구하고 없어서 팔지 못할 지경이었다. 마침 한 약삭빠른 골동품 거래상이 미켈란젤로의 조각을 헐값에 사들여 고대 조각품이라며 로마의 한 추기경에게 팔아넘겼고 얼마 지나지 않아 조각이 위조품이었다는 사실이 밝혀진다. 사실을 알게 된 추기경은 노발대발했으나 로마시대 조각의 진품이라 해도 손색이 없을 정도로 감쪽같은 위조품을 만들어 낸 조각가의 이름 석 자만은 잊지 않고 새겨 두었다. 그로부터 몇 년 뒤 「피에타」라는 작품으로 무명의 설움을 벗은 미켈란젤로는 로마 조각계의 화려한 샛별로 떠오르게 된다. 열세 살의 나이로 망치와 끌을 손에 잡은 지 꼭 10년째 되던 해였다.

5.

오래 전부터 은행업이 번창했던 도시였기 때문인지 몰라도 피렌체 사람들은 자린고비 기질이 다분하다. 빵 부스러기 하나라도 함부로 버리는 법이 없다. '리볼리타ribolita'라는 그럴싸한 이름을 지닌 피렌체 전통 요리의 실상은 딱딱하게 굳어 못 먹게 된 빵과 먹다 남은 야채들을 함께 넣어 푹 끓인 스프이다. 볼품은 없지만 걸쭉한 국물 맛이 제법이다.

피렌체 두오모Duomo*, 본당 주임 신부가 있는 도시의 가장 큰 성당 지하 작업실에는 먼지를 뒤집어쓴 채 무려 25년 동안이나 방치된 대리석 덩어리가 있었다. 두오모 성당을 장식하고자 모직물 조합에서 야심차게 주문했던 4미터 이상의 거대한 대리석은 시간이 지남에 따라 자리만 차지하는 애꿎은 애물단지로 전락해 가고 있었다. 애초에 조각가 두치오Duccio에게 작업을 의뢰했던 대리석에는 옷 주름 몇 가닥만 희미하게 잡혀 있는 게 전부였다. 요리조리 핑계를 대며 차일피일 일을 미루던 두치오는 스승이었던 도나텔로Donatello가 세상을 떠나자마자 기다렸다는 듯 대리석에서 아예 손을 놓아 버렸다. 두치오 이후 또 다른 조각가가 손을 대기도 했으나 솜씨를 보아 하니 차라리 그냥 놓아두는 편이 더 나을 것 같다는 냉정한 판단을 내린 모직물 조합에서는 그와의 계약을 즉시 중단했다. 모직물 조합 입장에서 보면 대리석을 그대로 방치하는 것은 엄청난 손실이었다. 대리석 자체의 가격도 어마어마했을 뿐더러 피렌체에서 110킬로미터나 떨어진 카라라의 채석장으로부터 수십 명의 인부들을 동원해 피렌체까지 운반해 오느라 들어간 운송비만 따져도 배보다

* 이탈리아에서는 주교 신부가 미사를 집전하는 성당을 말함. 두오모는 단순한 종교적 장소뿐 아니라 지역민에게 가장 중심적인 장소로, 과거 도시계획자들은 한 도시를 건설할 때 가장 핵심적인 위치에 두오모를 배치했다.

배꼽이 더 클 지경이었다.

문제의 대리석은 조각가들에게도 골칫덩어리이긴 마찬가지였다. 길이만 길 뿐 두께가 터무니없이 얇아 아무리 조각을 잘한다 해도 젓가락처럼 길쭉하니 볼품없는 형상이 나올 게 뻔했고 단 한 번이라도 끌을 잘못 놀렸다가는 여유분이 전혀 없는 두께로 인해 돌이킬 수 없는 상황으로 이어질 게 뻔했다. 조각가로서 사활을 걸어야만 하는 이런 위험천만한 작업에 선불리 뛰어들 간이 큰 조각가는 드물었다. 한동안 어수선했던 피렌체의 정치 상황도 공화정이라는 체제로 슬슬 자리가 잡혀 가고 있을 무렵, 시에서는 피렌체라는 도시의 상징물이 되어 줄 만한 거대한 조각상을 제작하기로 결정했다. 무엇 하나 버리는 법이 없었던 피렌체인들은 그토록 중요한 조각에 쓰일 대리석으로 25년 동안이나 두오모 성당 작업실 안에 썩혀 두었던 바로 그 대리석을 떠올렸다.

1501년, 미켈란젤로는 피렌체 시로부터 다비드Davide상의 조각을 의뢰받고 고향 피렌체로 돌아왔다. 애초에 레오나르도 다 빈치의 이름이 거론되기도 했던 다비드의 제작이 결국 미켈란젤로에게 돌아갔던 이유는 「피에타」를 통해 얻은 조각가로서의 명성도 있었겠지만 아무런 추가 비용 없이 문제의 대리석만으로 작업한다는 조건을 그대로 수락했던 다른 조각가가 없었기 때문이라 보는 것이 더 정확하다.

우리말로 다윗이라 불리는 다비드는 구약성서에 등장하는 인물로, 소년 시절 물맷돌 하나로 적장 골리앗을 쓰러뜨린 영웅이자 훗날 이스라엘의 왕위에 오른 인물이다. 지금까지도 이스라엘 국기에는 다윗의 별이 그려져 있을 만큼 다윗은 유대인들에게 칭송받는 왕이었다. 형제들 중 막내였던 소년 다윗에게

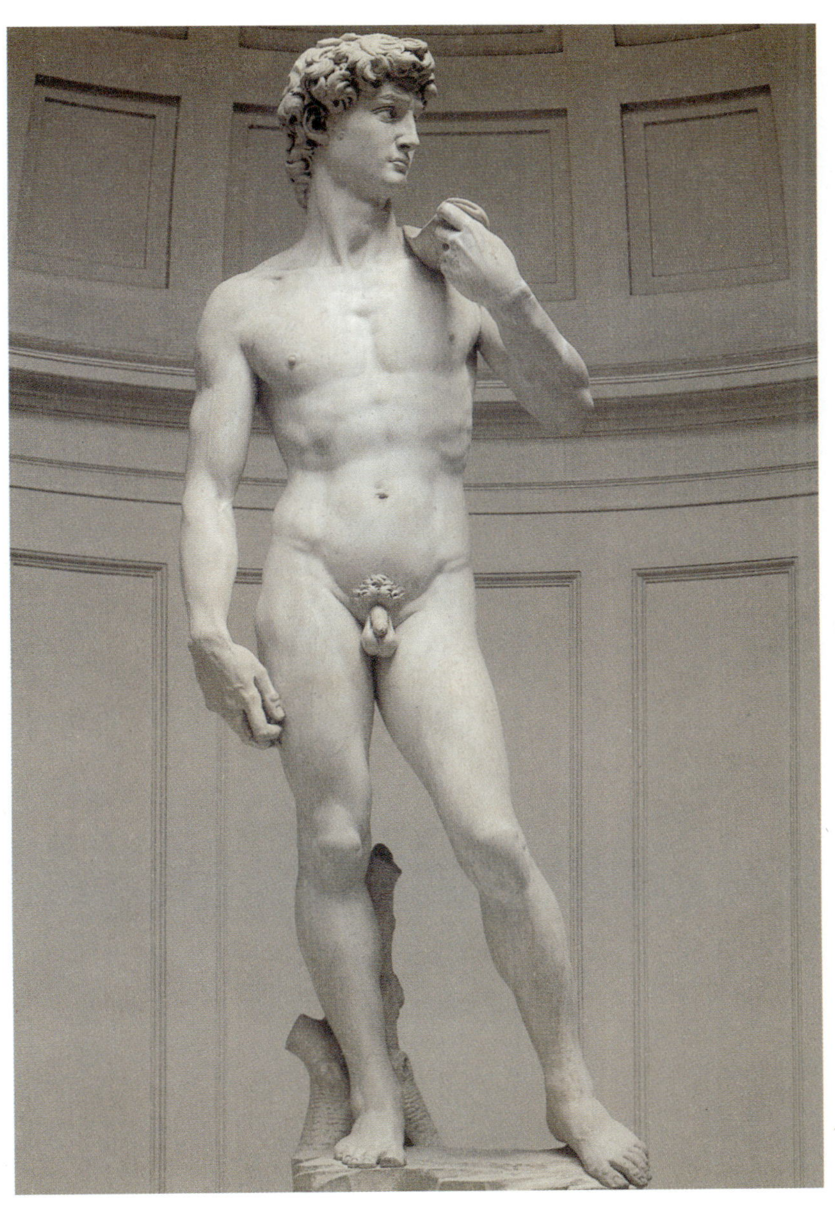

† 미켈란젤로의 「다비드」

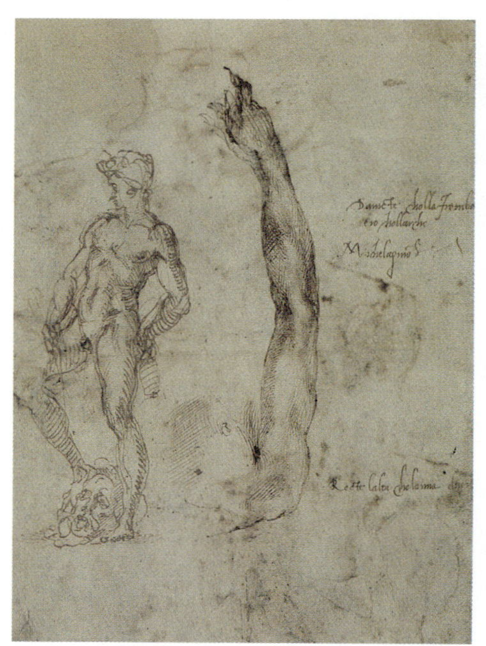

† 도나텔로의 「다비드」

아버지는 전쟁터에 나가 있는 형들에게 먹을 것을 전해 주고 오라며 심부름을 보낸다. 형들을 찾아 나선 벌판에서 이스라엘과 이스라엘의 신 여호와를 저주하는 말을 퍼붓는 어마어마한 체구의 골리앗과 마주친 다윗은 분통을 터뜨렸고 주머니 속에 들어 있던 물맷돌을 꺼내 그의 이마를 향해 던진다. 물맷돌은 적장의 이마에 명중했고 골리앗은 그 자리에 쓰러져 숨을 거두었다.

도나텔로의 「다비드」에서 볼 수 있는 것처럼 전통적인 「다비드」 조각은 마른 체구의 소년이 자신의 머리보다 두 배는 더 커 보이는 골리앗의 머리를 발로 짓밟고 있는 형상으로 표현되어 왔다. 피렌체 시로부터 「다비드」를 의뢰받았던 조각가들은 하나같이 골리앗의 머리를 만들기 위한 대리석을 구입한다는 명목으로 추가 비용을 요구했고, 재료비로 단 한 푼의 돈도 더 쓸 의향이 없었던 피렌체 시에서는 제시한 조건을 그대로 수락한다는 미켈란젤로야말로 「다비드」 조각의 적임자라 여겼다. 미켈란젤로는 애초에 골리앗의 머리를 만들 의도가 전혀 없었다. 그가 상상했던 다윗은 이전에 보아 왔던 비쩍 마른

다윗과는 전혀 다른 '작은 거인'이었다.

1504년, 마침내 완성된 4미터가 넘는 거대한 다비드상을 작업실로부터 피렌체 시내 한복판 시뇨리아 광장Piazza Signoria까지 운반하기 위해 특수한 수레가 만들어졌다. 작업실의 문을 통과하지 못해 벽의 일부를 허물고서야 겨우 밖으로 나온 다비드상을 40여 명의 장정들이 달라붙어 광장까지 옮기는 일에만 족히 나흘이 걸렸다. 드디어 다비드상이 시뇨리아 광장에 우뚝 섰을 당시 피렌체 시민들의 환호성은 가히 짐작하고도 남을 만하다.

늠름한 자세로 땅을 디디고 서서 고개를 휙 돌려 적을 쏘아보는 다윗의 매몰찬 눈매.

작지만 다른 어떤 나라도 감히 넘볼 수 없는 피렌체 공화국만의 상징물 「다비드」를 갖게 된 시민들의 자긍심은 이루 말할 수 없었다.

훗날 미켈란젤로의 「다비드」는 비바람과 먼지를 피해 피렌체의 아카데미아 미술관Accademia di Belle Arti di Firenze 안으로 옮겨졌으며 현재 시뇨리아 광장에는 「다비드」의 복제품이 놓여 있다.

6.

「다비드」의 성공에 힘입은 미켈란젤로는 피렌체 시로부터 또 하나의 작품을 의뢰받게 된다. 시의 청사로 쓰이고 있었던 팔라조 베키오Palazzo Vecchio 대회의실의 벽화를 그려 달라는 주문이었다. 주문이라기보다 일종의 경합에 가까웠던 벽화 제작의 내용은 다음과 같았다. 대회의실 내부에 마주보고 있는 기다란 벽면 두 개를 장식하기 위해 시에서는 두 사람의 화가를 선정하여

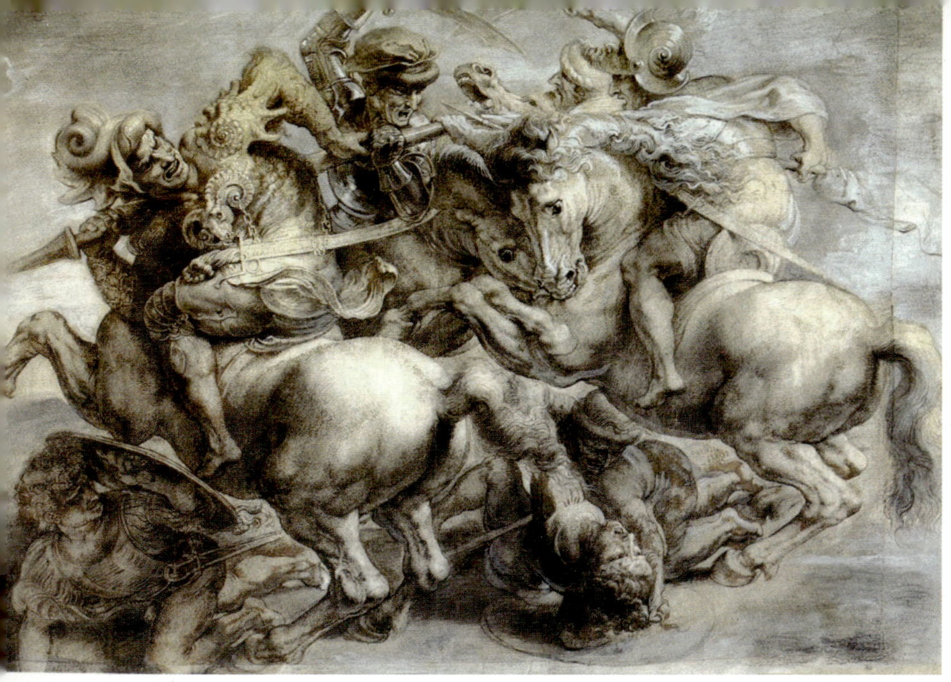

† 「앙기아리 전투」, 루벤스의 모작

각각 하나의 벽에 해당하는 벽화를 맡기기로 결정했다. 선정된 두 명의 화가 중 한 사람은 미켈란젤로였고 다른 한 사람은 레오나르도 다 빈치였다. 피렌체의 승리라는 벽화의 주제에 따라 레오나르도 다 빈치는 '앙기아리 전투', 미켈란젤로는 '카시나 전투'의 한 장면을 선택했다.

당시 레오나르도 다 빈치는 쉰둘의 거장이었고 미켈란젤로는 이제 막 이십 대 중반에 접어든 신참에 불과했으나 결코 만만히 볼 상대는 아니었다. 모두가 그토록 기대했고 지금까지도 크나큰 아쉬움으로 남아 있는 두 거장의 흥미로운 경합은 안타깝게도 결말을 보지 못했고 스케치의 모작만이 남아 있을 뿐이다.

실험을 즐겼던 레오나르도 다 빈치는 벽화 제작의 대표적인 기법이었던 프레스코를 대신해 계란과 아마기름, 밀랍 등을 이용한 새로운 기법을 시도했으

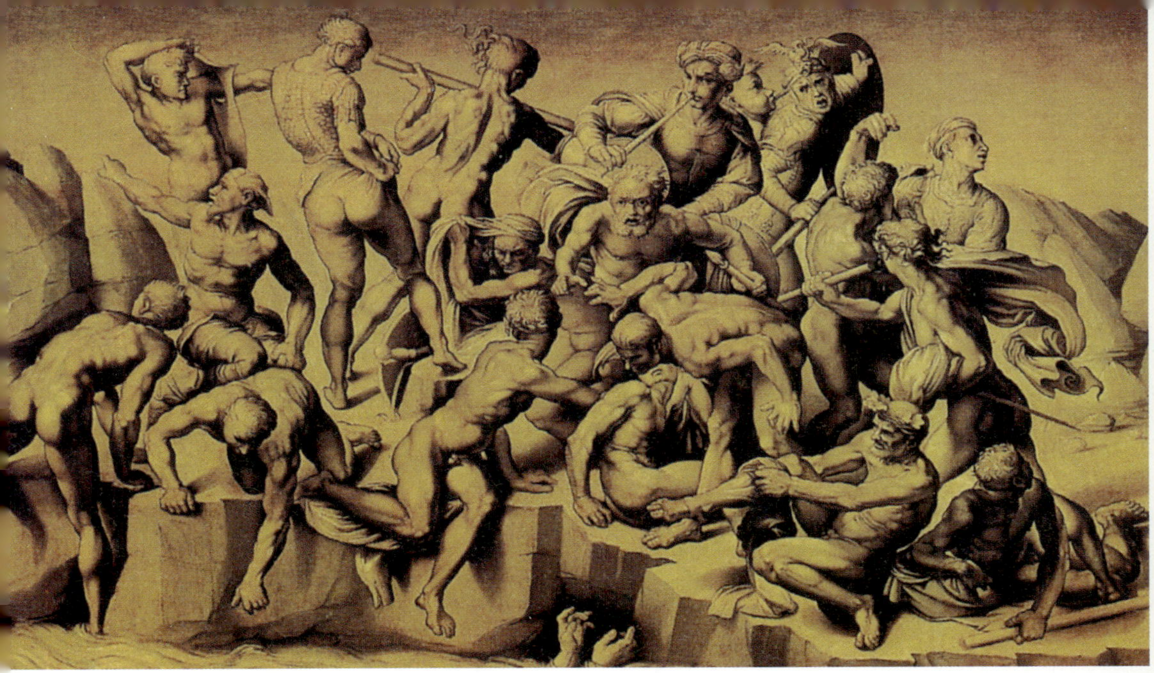

「카시나 전투」. 상갈로의 모작

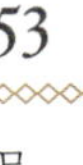

나 결과는 참담한 실패로 이어졌다. 벽으로부터 분리되어 흐물흐물 녹아내리는 그림 앞에서 그의 자존심 또한 함께 녹아 버렸고 실의에 빠진 레오나르도는 한동안 수리학에 전념하다가 홀연히 밀라노Milano를 향해 떠났다.

미켈란젤로의 경우는 달랐다. 벽화의 습작에 몰두해 있던 중 시청사 대회의실의 벽화 따위와는 감히 비교조차 할 수 없는 거대한 작품에 관한 제의를 받은 그는 그 길로 붓을 내던지고 로마를 향해 떠날 채비를 했다. 그를 로마로 불러들인 이는 다름 아닌 교황 율리우스 2세였다.

7.

교황이라는 인물을 인자하고 부드러운 성품을 지닌 나이가 지긋한 어르신 정도로 생각한다면 큰 오산이다. 그 당시 교황의 자리에 오른 이는 가톨릭의 수장이었을 뿐만 아니라 로마라는 도시국가의 안녕을 책임져야만 했기 때문에 과거 교황들의 역할은 지금과는 몹시 달랐다. 아무리 그렇다 해도 율리우스 2세는 교황에 대해 일반적으로 지니고 있는 숱한 고정관념들을 훌쩍 뛰어넘고도 남을 만한 독특한 인물이었다. 우선 입이 상당히 거칠었다. 교황은 참을성이 많고 온유한 분일 것이라는 막연한 추측에 사로잡혀 조금이라도 그의 심기를 건드렸다가는 불호령과 동시에 폭탄처럼 터져 나오는 그의 막말을 견뎌 내야만 했다. 폭력적인 성향도 다소 강한 편이었다. 좋지 않은 순간 곁에 있었다는 이유만으로 지팡이 찜질을 당한 사람들이 한둘이 아니었다.

율리우스 2세가 미켈란젤로를 로마로 불러들였던 이유는 장차 자신이 묻힐 영묘에 대해 논의하기 위해서였다. 율리우스 2세와 미켈란젤로, 두 사람 다 남다른 배포를 지닌 대장부들이었던 만큼 대화를 나누면 나눌수록 실체를 알 수 없었던 영묘의 규모는 점점 더 커져만 갔다. 마침내 장식으로 쓰일 조각상의 개수만 40여 개에 달하는 이전에도 없었고 이후로도 없을 초대형 영묘의 밑그림이 완성되었다. 화가가 아닌 조각가이길 간절히 원했던 미켈란젤로에게 율리우스 2세의 영묘야말로 평생을 걸고 도전해 볼 만한 일이었다. 영묘 자체의 건축은 뒤로 미루어 놓고서라도 실물 크기를 능가하는 대리석 조각들을 40여 개나 만들어 내려면 1년에 하나씩 완성한다 해도 꼬박 40년이 걸리는 어마어마한 작업량이었다. 도중에 아무런 차질 없이 작업이 진행될 것이라는 불가능에 가까운 가정하에 숨만 쉬며 일을 한다 해도 죽기 전에 완성이 될까 말까한 그야말로 뜬구름 잡는 계획이었다.

잠시도 지체할 시간이 없다고 판단한 미켈란젤로는 서둘러 대리석의 도시 카라라Carrara를 향해 출발했다. 영묘 작업에 쓸 대리석들을 직접 고르기 위해서였다. 그의 말에 따르면 조각이란 돌 속에 숨겨져 있는 누군가를 밖으로 끄집어내는 행위라 한다. 훌륭한 요리사가 조리법만큼이나 재료 자체에 집착하듯 미켈란젤로 역시 자신이 조각할 대리석을 고르는 데 매우 깐깐하게 굴었다. 대리석을 납품해 줄 상인들은 얼마든지 많았다. 돈만 지불하면 카라라에서 대리석을 채취하는 일에서부터 운송과 통관에 걸친 복잡한 절차들을 로마에 앉아서도 얼마든지 힘들이지 않고 해치울 수 있었다. 그럼에도 불구하고 미켈란젤로는 자신이 쓸 대리석을 직접 고르기 위해 로마에서 2백 킬로미터 이상 떨어진 카라라까지 가는 수고를 마다하지 않았을 뿐 아니라 대리석을 고르느라 채석장에 머무르며 8개월이라는 긴 시간을 보냈다.

미켈란젤로가 먼지를 뒤집어쓰고 거대한 돌덩어리들과 씨름하고 있는 동안 로마에서는 전혀 예상치 못했던 일이 벌어지고 있었다. 율리우스 2세의 영묘는 본래 그가 추기경으로 있었던 산 피에트로 인 빈콜리San Pietro in Vincoli 성당에 안치될 예정이었다. 그러나 영묘에 비해 성당의 규모가 지나치게 작다는 문제가 제기되었고 결국 영묘는 빈콜리 성당이 아닌 바티칸에 있는 성 베드로 성당에 들어서야 한다는 방향으로 의견이 모아졌다. 대규모 영묘를 안치하기 위해서라도 기존의 낡은 성 베드로 성당을 하루 빨리 철거하고 재건축을 서둘러야만 한다는 최종적인 결론에 도달하기까지 한 번 물살을 타기 시작한 새로운 계획은 걷잡을 수 없이 확대되어 가고 있었다.

콘스탄티누스 황제의 명으로 324년에 세워진 뒤 한 번도 제대로 손을 보지 않았던 성 베드로 성당을 되살릴 수 있는 유일한 길은 재건축 밖에 없기도 하였으나 새로운 계획의 배후에는 성당 재건축의 총 감독직을 맡게 된 건축가 브라만테Donato Bramante라는 인물이 있었을 것이라고 역사가들은 입을 모은다. 미켈란젤로가 율리우스 2세의 부름을 받고 로마에 당도했을 무렵, 브라만테는 이미 로마의 건축계는 물론 예술계에 있어서도 터줏대감 같은 인물이었다. 「피에타」와 「다비드」를 통해 천재적인 실력을 인정받고 교황의 영묘라는 비중 있는 임무까지 도맡게 된 새파랗게 젊은 조각가 미켈란젤로를 브라만테는 눈엣가시처럼 여겼을 것이다. 율리우스 2세는 즉흥적이긴 하나 대의를 중시하는 인물이기도 했다. 그의 원대한 꿈은 로마를 그 누구도 감히 넘볼 수 없는 강대한 도시로 만들고 침략의 기회를 호시탐탐 노리는 외세로부터 이탈리아 반도를 지켜 내는 것이었다. 성 베드로 성당 재건축이라는 역사적인 계획으로 인해 마음이 들뜬 그에게 이제 자신의 영묘라는 개인적인 계획 따위는 순식간에 저만치 뒷전으로 밀려나 버렸다.

아무런 영문도 모르는 미켈란젤로가 부푼 마음으로 배에 실어 보낸 대리석들이 카라라를 출발해 하나둘씩 로마의 테베레 항구에 도착하고 있었지만 갈대와도 같은 율리우스 2세의 마음은 이미 다른 곳으로 기울어 있었다. 몇 번이나 찾아가 간청해 보았으나 대리석 구매 및 운송 비용에 대한 지불이 차일피일 미루어졌고 업자들의 독촉에 못 이긴 미켈란젤로는 결국 그의 주머니에서 비용을 지불해야 할 지경에까지 이르렀다. 당시 미켈란젤로에게 그럴 만한 금전적인 여유가 없었음은 물론이다.

더군다나 율리우스 2세는 미켈란젤로와의 만남조차 의도적으로 피하고 있었다. 화가 머리끝까지 치밀어 오른 미켈란젤로는 약속도 잡지 않고 무조건 교황의 집무실로 찾아 갔다. 율리우스 2세를 만나 담판을 짓고 돈을 받아 내려는 심산이었다. 그러나 율리우스 2세는 끝내 모습을 드러내지 않았고, 대신 나온 마부가 협박에 가까운 막말을 퍼부으며 미켈란젤로의 등을 거칠게 떠밀었다. 작업실로 돌아온 미켈란젤로는 짐을 챙겨 그 길로 고향 피렌체로 되돌아갔고 인생의 전부를 걸고자 했던 율리우스 2세의 영묘 작업은 비극으로 막을 내렸다.

그토록 수모를 겪었음에도 영묘에 대한 미켈란젤로의 집착은 쉽사리 사라지지 않았다. 율리우스 2세의 영묘 계획이 흐지부지되어 버린 이후 쉴 새 없이 밀려드는 다른 작업들에 매여 있으면서도 언젠가 최초의 계획대로 거대한 영묘를 만들게 되리라는 야무진 꿈을 미켈란젤로는 좀처럼 버리려 하지 않았다. 그러나 그의 간절한 소망과 달리 율리우스 2세가 세상을 떠날 때까지도 영묘는 만들어지지 않았고 그 뒤로도 후손들과의 재계약과 계약 변경, 축소 등으로 이어지며 끈질기게 그를 괴롭혔다. 미켈란젤로 스스로 '영묘의 비극'이라 표현했을 만큼 율리우스 2세의 영묘는 무려 반생애에 걸친 골칫덩어리였다. 최초의 계획이 무너지고 십여 년이 지난 뒤 갖은 우여곡절 끝에 영묘를 장식하기로 했던 40여 개의 조각상들 중 하나, 「모세Mosè」가 비로소 세상에 모습을 드러냈다.

8.

모세, 물에서 건진 아이. 심상치 않은 이름이다. 그의 이야기는 어느 화창한 오후 나일 강의 잔잔한 물살을 따라 흘러가던 작은 갈대 상자에서 시작된다. 4백여 년 전 이집트 땅으로 이주해 온 이스라엘 민족의 숫자는 해를 거듭할수록 늘어나고 있었다. 이민자들의 숫자가 지나치게 많다고 판단한 이집트의

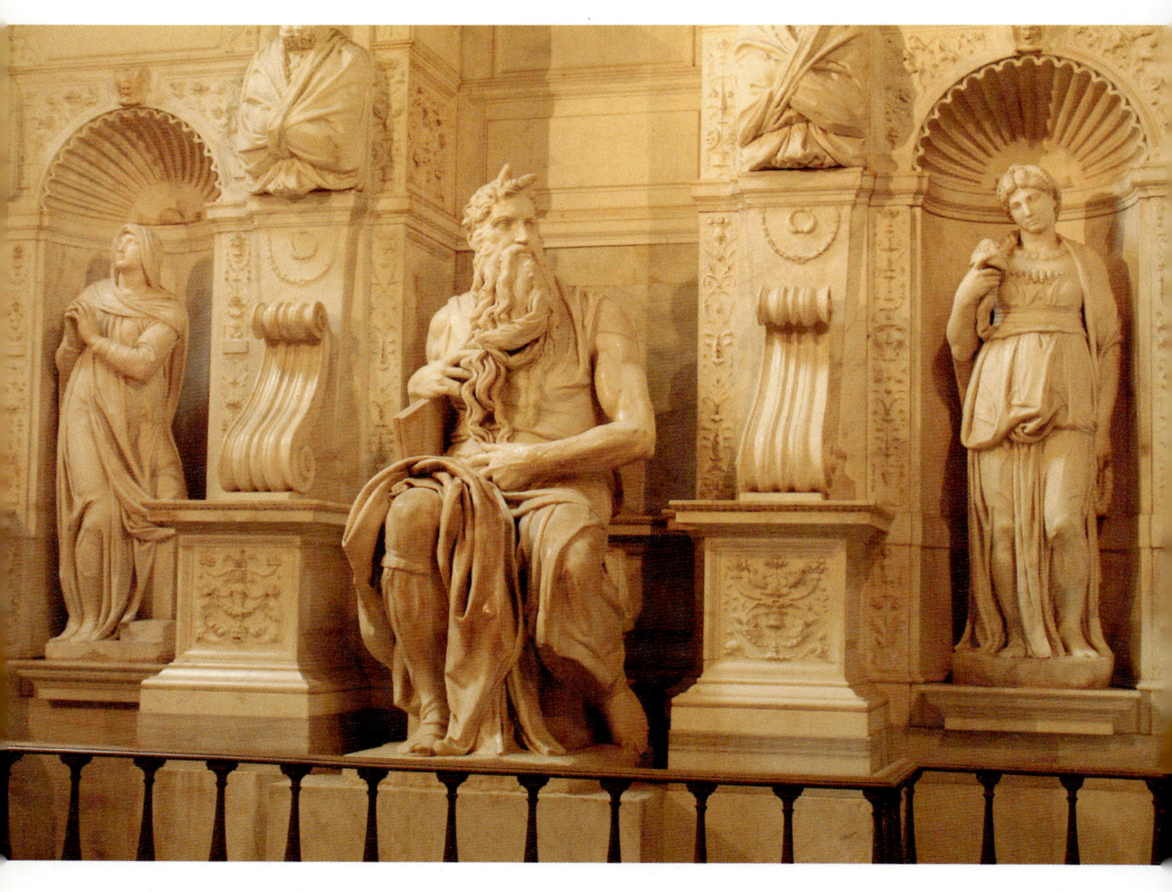

† 미켈란젤로의 「모세」(중앙)

왕 파라오는 자국민 보호라는 명목을 내세워 강경책을 내놓았다. 이스라엘 사람들을 노예로 삼아 부역에 동원하는 한편 이스라엘 부모에게서 태어난 남자 아이는 모두 살해한다는 법이었다. 그런데 사내아이를 낳아 몰래 키운 지 3개월이 지났지만 차마 아기를 죽일 수 없었던 한 어머니가 있었다. 오랜 고심 끝에 그녀는 갈대 상자를 만들어 아기를 눕힌 뒤 나일 강물에 상자를 흘려보내기로 결심했다. 사건의 결말을 지켜보기 위해 뒤따라 보낸 아이의 누이가 눈물을 훔치며 상자가 떠내려가는 강변을 따라 종종걸음으로 달려가고 있었다. 이윽고 상자가 도달한 강변 하구에서는 마침 이집트의 공주가 시종들을 거느리고 목욕을 하고 있었다. 아기의 울음소리를 듣고 상자를 가져 오라 이른 공주는 상자 안에 누워 자신을 향해 방긋 웃는 아기를 궁전으로 데려가 기르기로 한다. 영특한 누이는 그 순간을 놓치지 않았고 공주에게 쪼르르 달려가 이스라엘 여자들 중 아이에게 젖을 먹여 줄 만한 유모를 알고 있다고 고했다. 파라오의 궁전에서 매일 밤 친어머니의 젖을 먹으며 어머니가 들려주는 이스라엘 자장가 소리에 잠이 들었을 모세는 성장하는 동안 엄청난 정체성의 혼란을 겪었을 것이다.

공주가 지어 준 그의 이름, 물에서 건진 아이라는 이름만으로도 사람들은 누구나 모세가 이스라엘 태생이라는 사실을 짐작할 수 있었을 테고 모세는 자신의 등 뒤에서 수군거리는 사람들에게 일찌감치 익숙해져야만 했을 것이다. 이집트의 왕자와 같은 옷을 입고 같은 음식을 먹고 동등한 교육을 받으며 성장했지만 그 어떤 호사도 모세의 마음 한구석으로부터 끊임없이 들려오는 '나는 누구일까?'라는 근본적인 물음에 대한 해답을 줄 수는 없었다. 마음속 깊은 곳에 남몰래 숨겨둔 상처는 차츰 덧나기 시작했고, 곪아서 터져 버릴 지경에 이르렀다.

어느덧 청년으로 성장한 모세는 길을 가다 이집트인에게 사정없이 매를 맞고 있는 이스라엘 사람을 우연히 보게 된다. 상처를 감추고 살아온 가슴속에서 오래 전부터 끓어오르던 이유를 알 수 없는 분노는 생각보다 강렬했다. 모세는 그 자리에서 이집트인을 살해한 뒤 모래 속에 파묻어 버렸다. 소식을 전해들은 파라오는 당장 모세를 찾아내 죽이라 명한다. 이때 동족이라 굳게 믿었던 이스라엘 사람들마저도 모세에게서 등을 돌렸다. 그들은 네가 이집트 사람을 죽이더니 이제 우리들까지 죽일 작정이냐며 모세를 비난하기 시작했다. 이편에도 저편에도 설 자리가 없었던 모세는 결국 목숨을 부지하기 위해 미디안이라 불리는 척박한 광야로 도망친다.

광야에서 만난 한 여인과 가정을 이룬 모세는 이후 40년 동안 장인의 양떼를 돌보며 살아간다. 어느덧 그는 과묵한 노인으로 늙어 가고 있었다. 그가 어디서 무엇을 하다 온 사람인지 궁금해 했던 사람들의 입방아도 40년이라는 세월이 흐른 뒤로는 잠잠해졌다. 우수에 젖은 그의 눈빛만이 이따금 도무지 알 수 없는 사람이라는 인상을 풍길 뿐이었다. 코끼리를 냉장고 속에 집어넣듯 본래의 자신을 상자 안에 꾹꾹 눌러 담은 모세는 양치기로서의 소박한 삶을 그럭저럭 성공적으로 살아가고 있었다. 그리 나쁘지만은 않은 평범한 삶이었다. 그러던 어느 날 이른 아침, 여느 때처럼 양떼를 몰고 나와 산중턱을 향해 올라가고 있을 무렵, 먼발치에서 불이 붙은 떨기나무를 본 모세는 나무를 향해 가까이 다가갔다. 활활 타오르는 불 속에서도 타지 않고 그대로 있는 떨기나무 사이로 누군가의 목소리가 들려 왔다. 어린 시절 친어머니가 들려주었던 이야기의 주인공, 이스라엘의 신 여호와였다. 신을 벗고 그 자리에 엎드

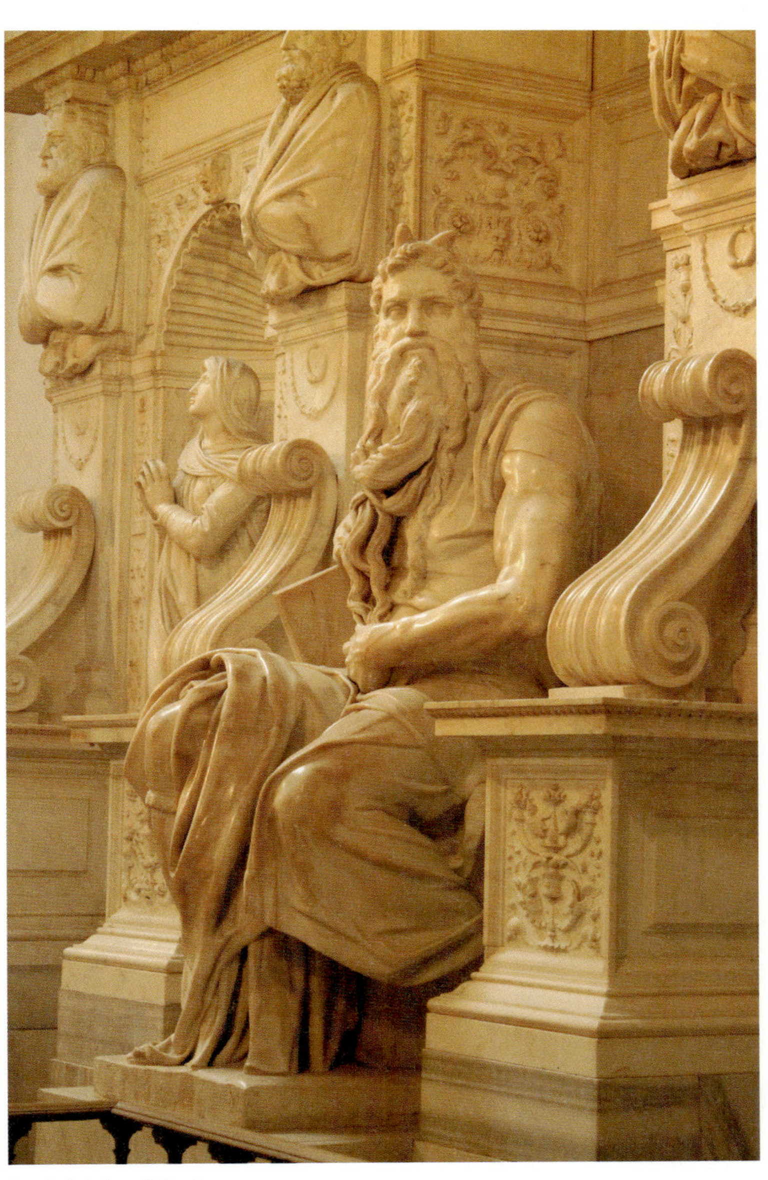

† 미켈란젤로의 「모세」

린 모세를 향해 여호와께서는 이집트로 돌아가 고통받는 동족들을 구해 내라 명한다.

9.

미켈란젤로의 조각 「모세」는 어찌된 일인지 영 심기가 불편해 보인다. 부리부리한 두 눈을 부릅뜨고 어딘가를 응시하며 앉아 있는 그는 당장이라도 자리를 박차고 일어나 꾹 다문 입을 열고 호통을 칠 것만 같다. 모세는 대체 왜 저리도 화가 나 있는 것일까. 파란만장했던 인생을 살다 간 모세의 이야기 중 미켈란젤로는 과연 어떤 장면에서 영감을 얻어 「모세」를 조각했던 것일까. 이집트로 돌아간 모세가 이스라엘 민족을 구해 내기까지 그리고 그 이후로도 여호와께서는 약속대로 그와 동행하며 수많은 기적들을 베풀어 주셨다. 그 중 모세가 주인공으로 나오는 영화 속에 단골로 등장하는 바로 그 장면, 지팡이를 높이 쳐든 모세가 홍해의 거센 파도를 가르며 육지를 만들어 내는 장면은 대표적이다. 이렇게 「모세」라는 작품의 주제로 전혀 손색이 없는 근사한 장면들을 다 제쳐 두고 미켈란젤로는 의외의 장면을 택했다. 그가 조각한 「모세」는 시내 산에 올라갔던 모세가 여호와께서 주신 십계명을 받아 산에서 내려왔을 당시의 모습을 묘사하고 있다. 시내 산에서 내려온 모세는 이스라엘 백성들이 금으로 송아지를 만들어 숭배하는 장면을 바라보며 분노에 휩싸였고 들고 내려온 십계명이 적힌 돌판을 땅바닥에 내동댕이쳐 버렸다.

미켈란젤로가 왜 하필 그 순간을 작품의 주제로 삼았는가에 대해서는 추측만 무성할 뿐 미켈란젤로 씨를 찾아가 직접 인터뷰하지 않는 이상 그 누구

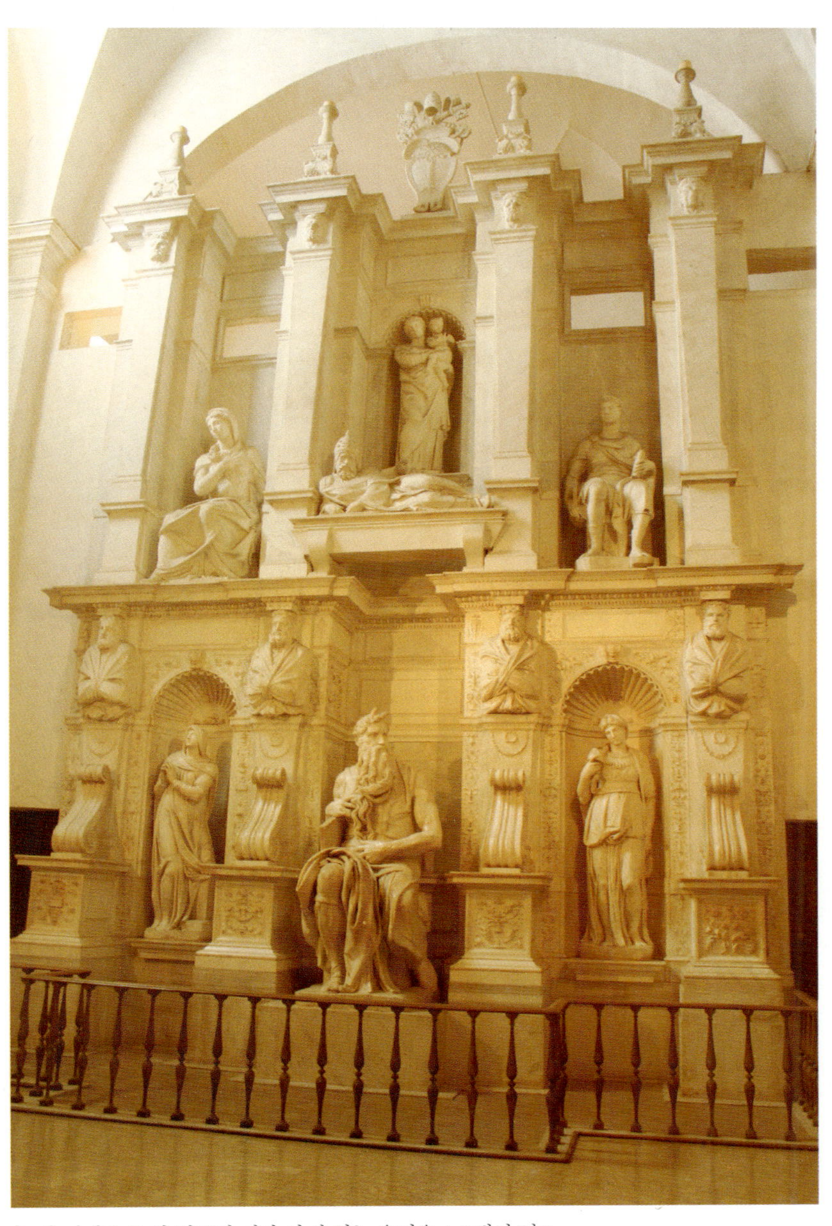

† 산 피에트로 인 빈콜리 성당 안에 있는 율리우스 2세의 영묘

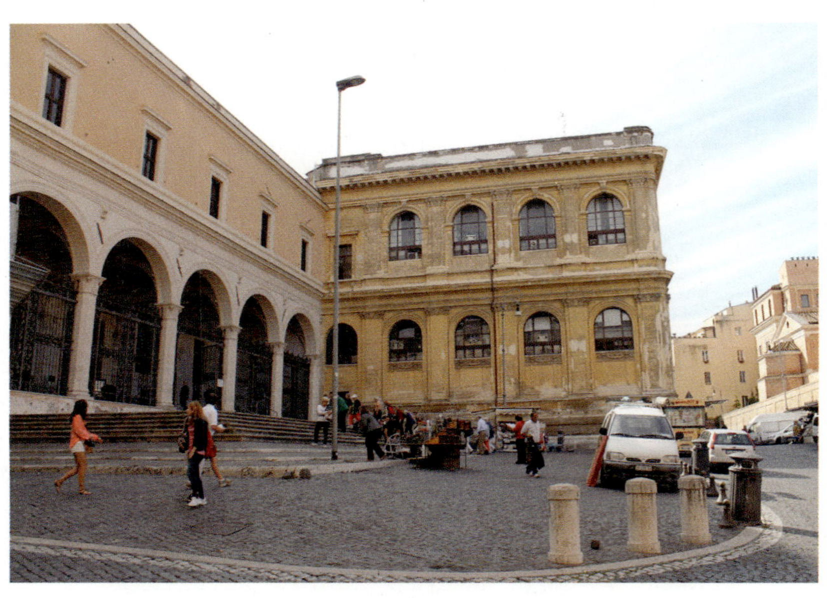

† 산 피에트로 인 빈콜리 성당

도 알 수 없을 것이다. 까칠한 성미의 미켈란젤로 씨는 인터뷰 따위로 사람 귀찮게 하지 말라며 천국에서도 고래고래 소리 지를 것이 뻔하다. 행여 잘못 걸렸다가는 인터뷰는 고사하고 코가 삐뚤어지는 낭패를 당할 수도 있다. 미켈란젤로가 율리우스 2세를 추억하며 「모세」를 조각했을 것이라 생각하는 사람들도 있다. 「모세」는 율리우스 2세의 영묘를 위해 만들어진 작품이며, 작품 속에 표현된 모세의 불같은 성격 역시 율리우스 2세를 떠오르게 하기 때문이다. 그러나 성격으로 따지자면 미켈란젤로 역시 만만치 않았다. 그는 율리우스 2세의 영묘 계획이 틀어져 버린 뒤 한마디 말도 없이 고향 피렌체로 떠나 버린 위인이었다. 더구나 상대는 신의 대리인이자 지상의 통치자였던 교황이었으니 당시의 관례로 보아 밥줄이 끊어지는 것은 고사하고 자칫하다가는 목숨까지도 위태로워질 수 있는 상황이었다. 최초의 계획으로부터 40년이라는 세월이 흐른 뒤 미켈란젤로가 만들고자 했던 거대한 영묘의 발뒤꿈치에도 못 미치는 율리우스 2세의 소박한 영묘가 만들어졌다. 1545년 2월, 미켈란젤로는 로마의 산 피에트로 인 빈콜리San Pietro in Vincoli 성당에 마련된 율리우스 2세의 영묘를 위해 「모세」를 비롯한 세 점의 작품을 양도했다. 갓난아이 때부터 죽기까지 객지를 떠돌며 살아야만 했던 모세의 기구한 운명만큼이나 파란만장했던 미켈란젤로의 「모세」 역시 그제야 안식처를 찾게 되었다.

베드로가 묶여 있던 쇠사슬을 보관하고 있다 하여 '쇠사슬Vincoli 성당'이라 불리는 산 피에트로 인 빈콜리 성당은 콜로세움 건너편에 있는 오피오 언덕Colle Oppio에 자리 잡고 있다. 그리 높은 곳은 아니지만 무더운 날씨에 무거운 배낭을 짊어지고 올라간다면 등줄기를 타고 땀이 제법 흘러내릴 것이다. 그러나 아무리 더위에 지쳤다 하더라도 미켈란젤로의 「모세」 앞에서는 입을 꾹 다물기 바란다. 조금이라도 구시렁거렸다가는 욱하기로 둘째가라면 서러운 남정네들인 모세, 율리우스 2세, 미켈란젤로 이 세 남자의 불호령이 동시에 떨어질지도 모르니 말이다. 봉변을 당하지 않으려거든 부디 자중하고 감상하시길.

천지창조

1.

'앞으로 나를 만나려거든 먼 곳까지 찾아오시길' 미켈란젤로가 로마를 떠나며 남긴 짤막한 편지를 읽은 율리우스 2세의 분노는 걷잡을 수 없었다. 당장 그 괘씸한 놈을 잡아다 눈앞에 대령하라는 지시를 받은 기마병 다섯이 그길로 미켈란젤로를 뒤쫓기 시작했다. 잡히면 죽음이라는 절박한 심정으로 부지런히 말을 내달린 미켈란젤로는 그 무렵 피렌체 영토 안에 당도해 있었다. 미켈란젤로를 만나 로마로 끌고 가려했던 기마병들조차 "모두 죽여 없애 버리겠다"며 미친 사람처럼 덤벼드는 혈기왕성한 젊은 조각가 앞에서는 더 이상 어쩔 도리가 없었다. 빈손으로 돌아갈 경우 자신들에게 떨어질 날벼락을 짐작하고도 남았던 기마병들은 피렌체 영토 안에서 마주쳤기 때문에 데리고 갈 수 없었다는 증거가 될 만한 편지라도 한 장 써 달라며 애원하기 시작했다. 미켈란젤로는 '이번 사건과 관련해 자신은 그 어떤 책임도 없으며 앞으로도 영원히 당신과의 약속을 이행할 의무가 없다'는 불난 집에 부채질하는 편지를 손에 쥐어 주며 기마병들을 로마로 돌려보냈다.

미켈란젤로가 피렌체 땅에 발을 붙이고 있는 이상 제 아무리 교황이라 해도 함부로 그를 끌고 갈 수 없는 것은 엄연한 현실이었다. 피렌체와 로마는 늘 그래왔듯 미적지근한 관계를 유지하고 있었다. 서로에게 딱히 해를 끼친 적도 없었으나 결코 호의적이라고도 할 수 없는 입장이었다. 그런 식의 관계가 오래 유지되다 보면 작은 돌부리 하나에 걸려 넘어지더라도 치명적인 부상으로 이어질 수 있는 법이다. 더구나 그 돌부리는 피렌체 시민들의 자랑거리인 「다비드」상을 조각한 미켈란젤로였다. 함부로 건드렸다가는 자칫 외교 분쟁으로까지 확대될 수도 있는 민감한 사안이었다. 진심이 담긴 것이었는지는 모르겠으나 율리우스 2세는 아무런 책임도 묻지 않을 터이니 제발 미켈란젤로를 설득해 로마로 돌려보내 달라는 간곡한 내용의 교서를 세 번씩이나 피렌체의 영주 앞으로 발송했다. 그러나 미켈란젤로의 입장은 여전히 단호했다. 교황으로부터 세 번째 교서를 받은 피렌체의 영주가 '자꾸 이러시면 그가 피렌체에서도 도망칠 수 있으니 조심하시라'는 내용의 답장을 보내 오히려 교황을 설득해야 할 지경이었다. 실제로 미켈란젤로는 그즈음 두 번에 걸쳐 피렌체를 빠져나가려는 시도를 했으나 실패로 돌아갔다.

율리우스 2세에게는 무엄한 조각가와의 줄다리기 따위로 낭비할 만한 시간이 그리 많지 않았다. 오래 전부터 계획해 왔던 전쟁에 출전할 날이 시시각각 다가오고 있었던 것이다. 교황령이었음에도 눈엣가시처럼 굴어 온 두 도시, 볼로냐와 페루자Perugia를 치기 위한 정벌이었다. 드디어 결전의 날 아침, 말에 오른 율리우스 2세는 몸소 앞장서서 군대를 진두지휘하며 로마를 출발했다. 그러나 여러 날에 걸친 고된 행군 끝에 도착한 볼로냐의 정벌은 시시하게 끝나 버리고 말았다. 교황의 군대가 들이 닥친다는 소식에 겁을 집어먹은 반군은 이미 줄행랑을 쳐 버렸고 용맹한 교황의 모습에 반한 시민들이 거리로 몰려 나와 율리우스 2세를 향해 열렬한 환호성을 퍼부었다. 피 한 방울 흘리지 않고 볼로냐에 무사히 입성한 율리우스 2세의 기분은 한껏 고조되었고 지친 몸과 마음을 추스를 겸 잠시 그곳에 머물기로 결정했다.

교황이 볼로냐에 머무르고 있다는 소식을 전해들은 피렌체의 영주는 지금이야말로 교황과 미켈란젤로와의 껄끄러운 관계를 자연스럽게 화해의 무드로 이끌 수 있는 적절한 시기라 판단했다. 교황으로부터 도망쳐 나온 겁대가리 없는 예술가를 언제까지나 자신의 영토에 머무르도록 할 수는 없는 일이었다. 자칫했다가는 교황이 피렌체를 공격할 빌미로 삼게 될지도 모를 손톱 밑 가시 같은 사안을 되도록 빠른 시일 안에 처리하고자 영주는 발 빠르게 움직이기 시작했다. 서둘러 통행증을 발급한 영주는 미켈란젤로를 찾아가 그 즉시 볼로냐에 머물고 있는 교황을 찾아갈 것을 요구했다. 그때까지도 마음의 결정을 내리지 못하고 계속 망설이고 있는 미켈란젤로를 향해 영주는 당신이 교황에게 저지른 불손한 행동은 프랑스의 왕이라 할지라도 감히 할 수 없는 일이었다며 그의 등을 떠밀었다. 그것이 자신에게 주어진 마지막 기회라는 사실은 누구보다도 미켈란젤로 자신이 잘 알고 있었다. 교황과 화해하지 않는다면 평생 그의 눈을 피해 다니며 도망자의 삶을 살아가야 한다는 것은 분명한 사실이었다.

드디어 볼로냐로 교황을 찾아간 미켈란젤로는 손님들과 더불어 저녁 식사를 하고 있던 율리우스 2세 앞에 무릎을 꿇었고, 눈물을 흘리며 포옹을 했는지 알 수는 없으나 아무튼 그날 저녁 둘 사이에는 극적인 화해가 이루어졌다. 화해의 징표로 율리우스 2세는 미켈란젤로에게 볼로냐에 세울 자신의 승리를 기념하는 조각상을 의뢰했다. 문제는 조각상의 재료가 대리석이 아닌 청동이어야만 한다는 것이었다. 청동은 대부분의 조각가들이 혐오해 마지않는 재료였다. 당시 청동 주조 기술이라는 것이 조악하기 짝이 없어서 웬만큼 숙

달된 장인이 아니고서는 마음에 드는 작품이 나오기란 사실상 불가능했다. 미켈란젤로는 청동 작업의 어려움을 익히 알고 있었다. 그는 레오나르도 다 빈치가 밀라노의 스포르자Sforza 공작을 위해 청동 기마상을 주조하려다 실패했던 일을 두고 공공연히 비웃었던 반면 기베르티Lorenzo Ghiberti가 섬세한 청동 부조로 장식해 만든 피렌체 세례당의 문을 '천국의 문'이라 칭했다. 청동 조각을 제작해 본 경험이 전혀 없었던 미켈란젤로는 즉시 주물 기술자들을 고용했으나 시간만 속절없이 흘러갈 뿐 작업은 뜻대로 이루어지지 않았다. 대리석이었다면 혼자서 떡 주무르듯 하고도 남을 만한 일이었다.

겨울로 접어들자 고향 피렌체에서 미처 겪어 보지 못했던 매서운 추위가 찾아왔다. 기술자들과 함께 사용하는 숙소는 추위를 막아 주기는커녕 더럽고 비좁았다. 결국 볼로냐라는 도시는 포도주 맛조차 형편없다는 말이 튀어나올 정도로 작업에서 비롯된 어려움이 도시와 인생 전반에 대한 비관으로까지 자연스럽게 연결될 무렵, 주물 기술자들에 대한 실망과 거듭되던 실패 끝에 마침내 율리우스 2세의 거대한 청동상이 완성되었다. 교황을 상징하는 삼중관을 머리에 쓰고 당당한 자세로 앉아 있는 율리우스 2세의 청동상은 높이가 4미터에 달하는 초대형 작품이었다. 어두운 밤길 산 페트로니오San Petronio 성당 앞을 지나가다가 시커먼 교황의 청동상과 마주친 시민들이 겁을 집어먹고 달아날 정도였다. 볼로냐 시민들에게 자신의 위엄을 한껏 과시하고자 했던 율리우스 2세는 미켈란젤로의 작품을 매우 흡족해 했다. 미켈란젤로 자신도 그렇게 생각했는지는 모를 일이지만 말이다.

교황군의 진격 소식에 겁을 집어먹고 도망쳤던 반군들은 율리우스 2세가 세상을 떠나기도 전에 볼로냐를 다시 수중에 넣는 데 성공했고 시내로 진입한 뒤 가장 먼저 한 일이 높고 높은 보좌 위에 앉아 시민들을 내려다보는 율리우스 2세의 청동상을 끌어내린 일이었다. 흡족한 작품을 만들어 내지 못했다는 양심의 가책으로 못내 괴로워하던 미켈란젤로는 반군들의 보복 소식에 차라리 잘된 일이라며 손뼉을 치고 있었는지도 모른다. 그러나 미켈란젤로와 율리우스 2세와의 악연은 거기서 끝이 아니었다. 악몽은 이제 막 시작되려던 참이었던 것이다.

2.

시스티나 예배당Cappella Sistina은 추기경 대표들이 모여 교황을 선출하는 콘클라베Conclave라는 선거가 거행되는 곳이다. '열쇠로'라는 의미의 콘클라베는 추기경들 간에 합의가 이루어져 교황이 선출될 때까지 예배당을 밖에서 열쇠로 걸어 잠근다는 데에서 나온 말이다. 외부와 철저히 단절된 상태로 교황이 선출될 때까지 계속 투표를 해야 하니 콘클라베가 열리는 동안 시스티나 예배당은 꼼짝달싹할 수 없는 감옥이나 다름없었다. 빠른 시일 내에 선거를 끝마칠 것을 독려하기 위해 빵과 포도주를 제외한 일체의 음식물 반입을 금지했던 적도 있었다 하니 그야말로 감금이었던 셈이다.

콘클라베가 시작되면 매일 저녁 시스티나 예배당의 굴뚝에서 연기가 피어오르는데, 검은 연기가 흰 연기로 바뀌면 마침내 교황이 선출되었다는 것을 의미한다. 그처럼 엄격한 보안을 유지했음에도 미켈란젤로 당시 교황의 선출 과정은 공공연한 매수와 비리로 얼룩져 있었다. 바로 전 교황을 지냈던 알렉산데르 6세의 서자 체사레 보르자Cesare Borgia의 지나친 탐욕으로 이탈리아

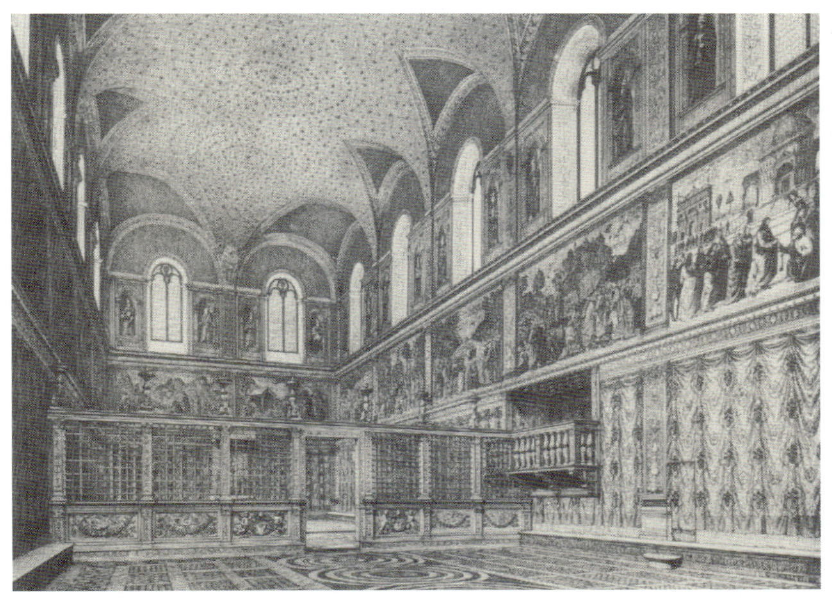

† 「시스티나 예배당」

반도 전체가 들썩이는 난리를 겪는 통에 한동안 프랑스로 피신해 있었던 율리우스 2세 역시 철저한 물밑 작업을 통해 교황의 자리에 오른 사람이었다. 어부의 집안에서 태어난 율리우스 2세는 신학과 법학 등의 학문을 비롯해 실무에서도 뛰어난 두각을 나타내며 오로지 자신의 힘으로 출세를 향한 고공행진을 거듭했다. 그러나 시대를 막론하고 실력만으로 오를 수 있는 자리에는 한계가 있기 마련이다. 율리우스 2세가 교황의 자리까지 오를 수 있었던 것은 그의 숙부가 식스투스 4세라는 이름의 교황으로 선출되었기 때문이다. 결혼이 금지되어 있었던 교황들은 조카들에게 지나칠 정도로 과분한 애정을 베풀었으며 그 덕택에 역대 교황의 조카들은 추기경을 비롯한 교황청의 고위 관직을 독차지하는 것이 공공연한 관례였다. 영어로 '족벌주의'를 뜻하는 네

포티즘nepotism이라는 말이 조카를 의미하는 네포테nepote에서 나오게 된 것은 결코 우연이 아니다.

1475년, 식스투스 4세는 시스티나 예배당의 벽면을 장식하기 위해 당대의 내로라하는 화가들을 로마로 불러들였다. 그들 중에는 미켈란젤로의 스승이었던 기를란다요도 포함되어 있었다. 예배당의 한쪽 벽면은 구약성서에 등장하는 모세를, 맞은편 벽면은 신약성서에 등장하는 예수 그리스도에 관한 이야기를 주제로 화가들 저마다 가장 아름다운 그림들을 벽면에 그려 넣었다. 그에 비해 미처 손을 대지 못했던 시스티나 예배당의 천장은 푸른 바탕에 금색 별들이 듬성듬성 그려져 있는 것이 고작이었다. 숙부의 후광을 입고 교황의 자리에 오르게 된 율리우스 2세는 식스투스 4세가 미처 끝내지 못했던 시스티나 예배당을 장식하는 일을 근사하게 마무리해 답례하고 싶었을 것이다. 한편으론 성 베드로 성당의 재건축을 시작한 뒤로 눈에 띄게 커져만 가는 천장의 균열도 더 이상 두고 볼 수 없었다. 이 모든 것을 빨리 해결하고 싶었던 율리우스 2세는 우선 시스티나 예배당 천장에 그림을 그려 넣을 적임자로 미켈란젤로를 지목했다. 역사가들은 율리우스 2세의 그와 같은 결정에 브라만테의 입김이 작용했을 것이라 확신한다. 브라만테는 당시 성 베드로 대성당 재건축 공사의 총감독직을 맡고 있었을 뿐만 아니라, 예술품들을 끌어모아 바티칸을 르네상스의 전당으로 만들고자 하는 열정은 불타올랐으나 전문적인 지식과 안목은 턱없이 부족했던 율리우스 2세의 유일한 조언자이기도 했다. 미켈란젤로가 평생 빵과 포도주만으로 식사를 해결했던 것과는 대조적으로 율리우스 2세와 브라만테 두 사람 모두 엄청난 대식가이자 연회를 즐겼던 것으로 알려져 있다. 브라만테가 자신에게 유리한 것이라면 무슨 수를 써서라도 손에 넣는 인물이었다는 점으로 미루어 보아 시스티나 예배당의 천장을 장식하는 일을 미켈란젤로에게 맡기도록 손쓸 만한 기회는 얼마든지 있었으리라.

누군가 자신이 증오하는 화가에게 물을 먹이기로 결심했다면 시스티나 예배당으로 보내 천장화를 그리도록 하는 일만큼 확실한 방법은 없을 것이다. 최고 높이가 20미터에 달하는 둥근 천장에 그림을 그려 넣는 일이라니 생각만으로도 아찔해지는 작업이었다. 게다가 미켈란젤로는 그때까지 단 한 점의 벽화도 제대로 완성시킨 적이 없었다. 조각에 있어서는 가히 천재라 불릴 만했으나 회화에 있어서는 젬병이었다. 레오나르도 다 빈치와 동시에 의뢰를 받았던 피렌체 시청사 대회의실의 벽화는 습작 단계에서 끝나 버렸고 그나마 회화에 대한 경험이라고는 훗날 미켈란젤로 자신의 입으로 배운 게 하나도 없다고 투덜거렸던 기를란다요 공방에서의 도제 시절 어깨 너머로 배운 것이 고작이었다. 그로부터 20여 년이 흐르는 동안 그는 자신의 숙명이라 여겼던 조각에 몰두해 왔다.

브라만테의 추측이 옳았다. 실패는 이미 예견된 것이나 다름없었다. 미켈란젤로에게 젖을 먹였던 유모는 석공의 아내였다. 젖먹이 시절부터 돌 쪼는 소리를 듣고 자란 그는 단 한 번도 자신이 화가라는 생각을 해 본 적이 없었다. 미켈란젤로가 평생에 걸쳐 하고자 했던 일은 오로지 조각뿐이었다. 시스티나 예배당의 천장화를 그리는 동안 가족들에게 보낸 편지 속에서 그는 '나의 일도 아닌 일에 매여 이토록 고통을 당하고 있노라'며 자신의 처지를 한탄한다.

미켈란젤로와 같은 예술가마저도 해야만 하는 일과 하고 싶은 일 사이에서 갈등을 겪으며 살았다는 사실이 놀라울 따름이다. 약간의 하고 싶은 일들과 대부분의 해야만 하는 일들을 하며 살아가는 우리와 마찬가지로 그 또한 두 가지 일들 사이로 벌어져 있는 가느다란 틈 사이에 끼어 옴짝달싹 못하며 고민하고 괴로워했던 평범한 인간이었다.

다만 미켈란젤로는 하고 싶지 않지만 해야만 하는 일, 피하고 싶어도 피할 수 없는 일, 온갖 지저분한 음모와 술수로 얼룩져 자신의 손에 맡겨진 그 일로부터 도망치는 대신 혼신의 힘을 다해 그 일을 해냈고 일생일대의 명작을 만들어 냈다.

천재와 범인은 결국 종이 한 장 차이일 뿐이라 하지 않던가.

3.

천지창조라는 주제로 미켈란젤로가 그림을 그려야 하는 시스티나 예배당의 천장은 크지도 작지도 않은 공간이었다. 만일 누군가 푸른색으로 바탕을 칠하고 별들을 그려 넣고자 한다면 그리 크게 느껴지지 않겠지만 실제보다 더 큰 인물들을 수백 명이나 그려 넣고자 한다면 한없이 크게만 느껴질 것이다. 미켈란젤로는 후자를 선택했다. 율리우스 2세의 영묘를 위해 조각하려 했던 수많은 인물들을 모조리 그려 넣기로 작정이라도 한 것처럼 그는 시스티나 예배당의 천장을 수백 명에 달하는 거인들로 가득 채우기로 단단히 마음먹었다.

천지창조를 구상하는 동안 미켈란젤로는 몇 년 전 로마의 한 포도밭에서 발견된 한 점의 조각상을 염두에 두고 있었다. 카라라의 채석장에서 실어 보낸 대리석들이 로마에 도착하길 기다리던 1506년의 일이었다. 티투스 황제의 목욕탕 유적 근처 포도밭에서 전설인 줄로만 알았던 헬레니즘 조각의 진수 「라오콘」이 발견되었다는 소식을 전해들은 미켈란젤로는 한달음에 현장으로 달려갔다.

「라오콘」은 기원전 1세기경에 만들어진 그리스의 청동 조각을 로마인들이 대리석으로 복제해 놓은 작품으로, 트로이의 사제 라오콘의 처참한 최후를 묘사하고 있는 작품이다. 트로이의 목마에 대한 비밀을 누설하려다 그리스 편에 섰던 신들로부터 벌을 받아 두 아들과 함께 물뱀의 습격을 받고 죽어가는 장면을 묘사한 「라오콘」이야말로 미술에 있어서 아름다움의 의미를 곱씹어 보게 하는 작품이다.

나는 타오르고 작렬하는 것으로만 이루어져 있으니
다른 사람들은 죽어 버리는 것을 가지고 나는 살고 있다.

나는 죽음으로 살아가고 있다.
내가 제대로 알고 있다면
나를 감싸고 있는 불행은 나를 행복하게 한다.
불안과 죽음으로 사는 법을 모르는 자는
나를 태워 버리고 있는 그 불길로 떨어지리라.

그가 지은 시의 한 구절처럼 미켈란젤로 역시 전형적인 아름다움과는 거

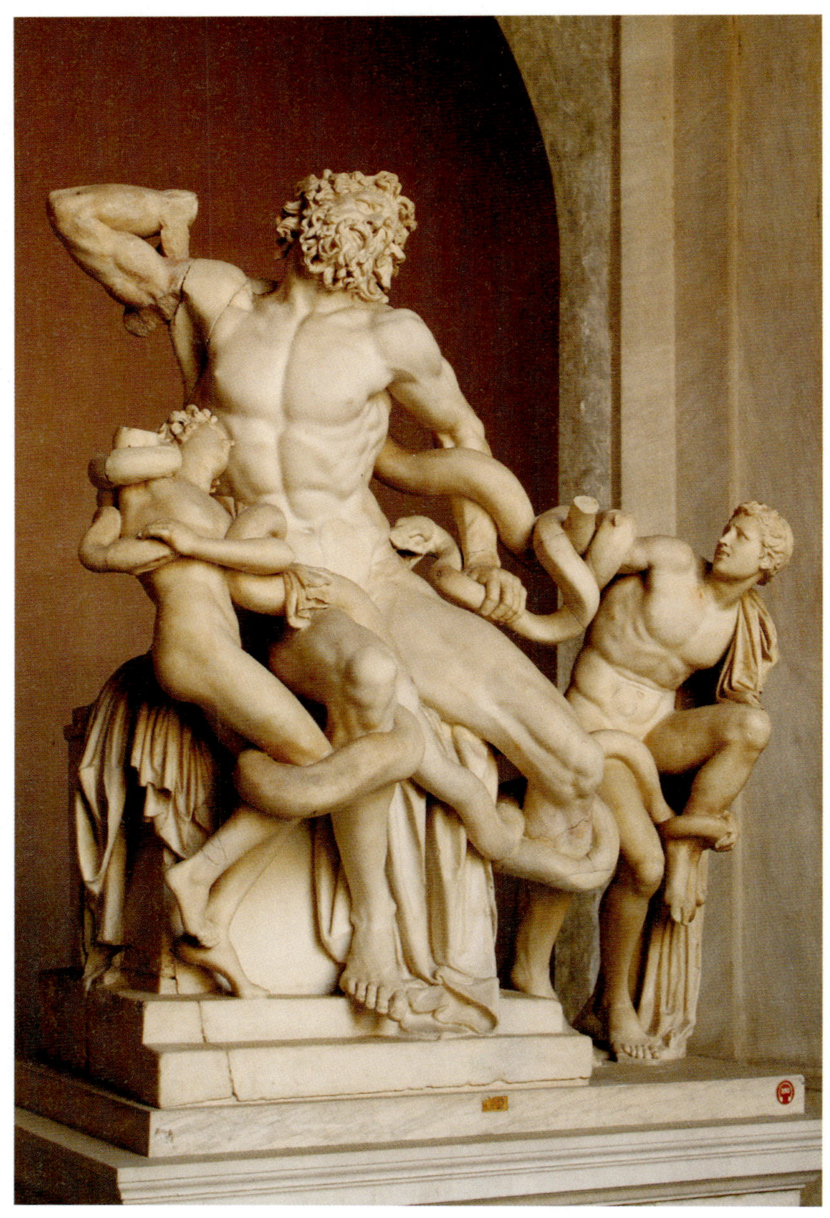

† 하게산드로스, 아테노도로스, 폴리도로스가 조각했다고 전해지는 「라오콘」

리가 먼 인물이었다. 추한 외모와 불우한 어린 시절, 괴팍한 성격에 이르기까지 아름다움이라고는 털끝만치도 지니지 못했던 불행한 인간이었다. 미켈란젤로는 「라오콘」의 발굴을 통해 자신을 지배하고 있는 고통과 상처마저도 위대한 작품으로 승화시킬 수 있다는 사실을 절실히 깨달았고, 「천지창조」를 기점으로 그의 작품 세계는 또 다른 국면으로 접어들게 된다.

발굴 당시 몇몇 추기경들이 눈독을 들였던 「라오콘」은 결국 율리우스 2세의 수중에 들어가게 되었고 브라만테가 특별히 설계한 벨베데레Belvedere 정원 안에 자리를 잡았다. 대중들을 위해 교황의 수집품들을 공개했던 벨베데레 정원은 바티칸 박물관의 시초이자 최초의 박물관이기도 하다.

「천지창조」 제작의 가장 큰 문제는 20미터에 달하는 천장의 높이와 궁륭이라 불리는 둥그스름한 천장의 모양이었다. 궁륭이 무엇인지 감이 오지 않는다면 자동차를 타고 터널 안을 지나가는 길에 슬쩍 위를 쳐다보면 된다. 천장 높이까지 올라가 그림을 그리자면 '비계'라 불리는 받침대를 설치하는 것이 무엇보다도 가장 시급한 일이었다. 기존에 사용해 왔던 일반적인 비계가 마음에 들지 않았던 미켈란젤로는 시스티나 예배당 천장의 높이와 생김새에 꼭 들어맞는 튼튼한 비계를 설계했다. 하루도 빠짐없이 높은 곳에 올라가 작업을 하는 사람들에게 비계의 안전은 무엇보다 중요한 것이었다. 자칫 잘못해 단단한 대리석 바닥으로 떨어졌다가는 큰 부상을 입거나 최악의 경우 목숨을 잃을 수도 있었다. 흔히 추측하는 것처럼 미켈란젤로는 비계 위에 누워서 그림을 그린 것이 아니다. 그가 설계한 구름다리 형태의 비계 위로는 일하는 사람들이 서서 걸어 다닐 수 있을 뿐만 아니라 작업에 필요한 도구들을 늘어

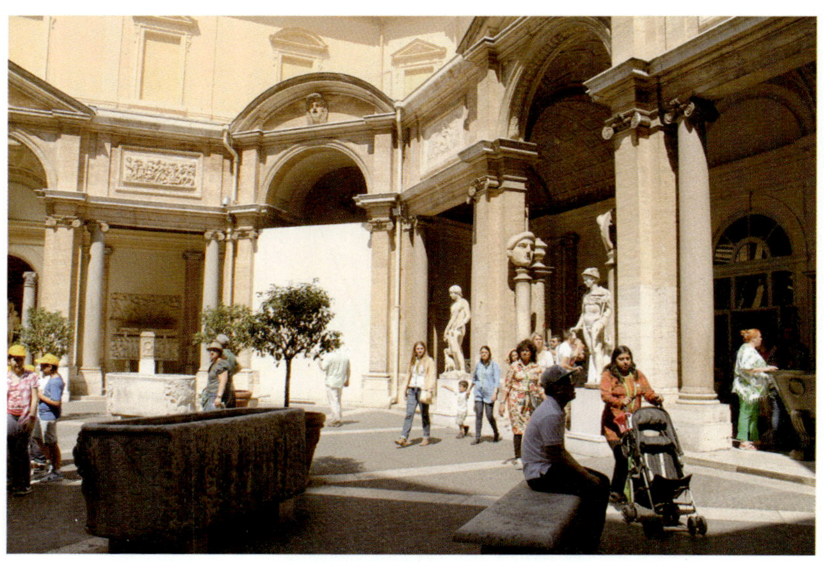

† 바티칸 박물관 안에 있는 벨베데레 정원

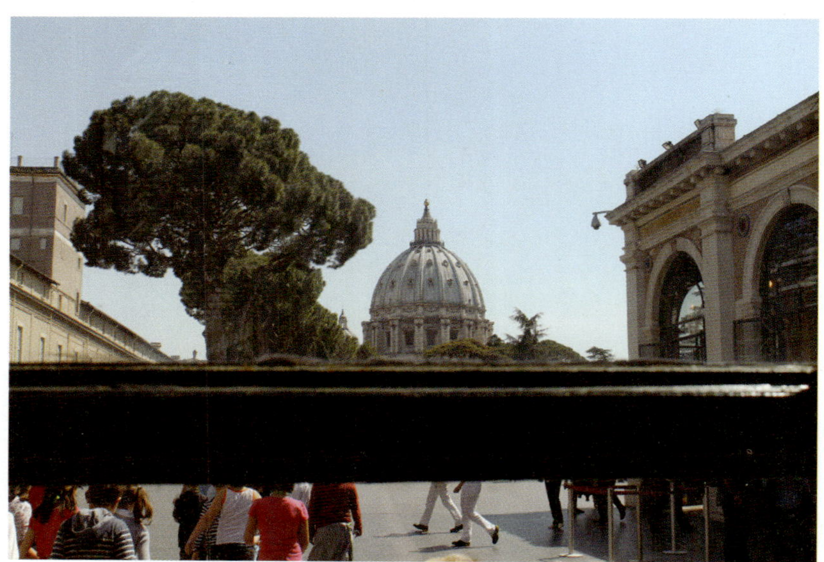

† 바티칸 박물관 창에서 바라본 성 베드로 성당의 돔

놓을 수 있을 정도로 충분한 공간이 마련되어 있었다. 비계 위에 올라선 미켈란젤로는 고개를 뒤로 젖히고 팔을 위로 쭉 뻗은 자세로 천장에 그림을 그렸다. 벽화를 그리는 데 사용되었던 프레스코Fresco라는 기법 역시 고민거리이기는 마찬가지였다. 프레스코는 기원전 2000여 년경 크레타 섬에서 처음 시작된 역사상 가장 오래된 회화 기법 중 하나이다. 이탈리아어 프레스코(fresco)는 '신선하다'는 뜻으로 음식 등의 상태를 나타내는 말이기도 하지만 미술 분야에 있어서는 벽화의 대표적인 기법을 일컫는 말이다. 프레스코 기법으로 그림 그리는 과정을 설명하는 것은 상당히 복잡한 일인 것 같지만 빵 만드는 과정을 떠올려 본다면 그리 어렵지 않을 것이다.

석회석과 모래를 정확히 계량한 뒤 빵 반죽을 만드는 것처럼 물에 잘 개어준다. 그렇게 만들어진 반죽을 인토나코intonaco라 부른다. 알맞게 구워진 폭신한 빵 위에 새하얀 생크림을 두툼하게 바르는 과정을 머릿속으로 상상하며 미리 준비해 놓은 인토나코를 그림 그리고자 하는 벽 위에 1센티미터 두께로 고루 펴 바른다. 밑그림을 그리는 과정은 달콤한 티라미수 위에 코코아 가루를 뿌리는 것과 비슷하다. 실제 크기대로 종이 위에 그려 놓은 밑그림의 윤곽선을 따라 가느다란 송곳으로 구멍을 송송 뚫어 벽에 살짝 고정시킨 뒤 종이 위에 목탄 가루를 솔솔 뿌려 준다. 종이를 떼어 낸 뒤 새 발자국처럼 벽에 남아 있는 밑그림의 흔적을 따라 붓으로 좀 더 상세하게 밑그림을 그려 준다. 이런 식으로 밑그림을 그리는 방식을 스폴베레spolvere, '먼지털이 기법'이라고 한다.

프레스코 기법으로 그린 그림이 완성되기까지의 과정 속에는 일종의 화학 반응이 숨겨져 있다. 산화칼슘을 함유하고 있는 인토나코 위에 안료를 물에 섞어 만든 물감으로 그림을 그리면 건조되는 동안 안료의 성분이 인토나코 내부로 침투해 결정을 만들어 내는 것이다. 안료가 인토나코 안으로 흡수되어 화학 반응을 일으키며 건조되는 순간 그림은 벽의 일부가 되어 버린다. 색이 바란다든지 일부분이 훼손된다든지 하는 가벼운 손상을 제외하면 프레스코 기법을 제대로 사용한 그림의 수명은 가히 영구적이라 할 수 있다. 벽을 통째로 뜯어내지 않는 한 벽으로부터 그림을 분리해 내는 것은 불가능하다. 프레스코 기법으로 그려진 벽화들이 수천 년이 지난 지금까지도 생생하게 남아 있는 이유는 그 때문이다. 프레스코 기법을 사용해 능수능란하게 그리기 위해서는 오랜 경험과 숙련된 기술이 필요함은 말할 것도 없다.

우선 각각의 재료들을 정확한 비율로 배합하는 법을 알아야 했고, 물감을 만드는 데 필요한 가루 상태의 안료를 적절한 농도로 물에 섞어 원하는 색상을 만드는 법도 알아야 했다. 대리석을 선택할 때와 마찬가지로 안료 선택에 있어서도 매우 신중했던 미켈란젤로는 고향 피렌체에 있는 한 수도원으로부터 안료를 구입해 사용했다. 수도사들이 정성껏 만든 안료들은 가격이 비쌌지만 품질만큼은 믿을 만한 것이었다. 안료들 중에는 이탈리아에서 구할 수 없는 것들도 있었다. 그중 가장 값비싼 안료는 페르시아에서 나는 청금석을 갈아 만든 '울트라 마린'이라는 푸른색 안료였다. 다른 안료들에 비해 많게는 수십 배에 달하는 가격 때문에 화가들은 푸른색 안료를 그림 속의 가장 중요한 인물을 그릴 때 아주 조금씩만 사용했다. 중세에 그려진 그림 속 성모 마리아가 대부분 푸른색 옷을 입고 있는 이유는 그 때문이기도 하다. 이탈리아에서는 지금도 왕족이나 귀족들을 상궤 블루sangue blu라 지칭하는데, 푸른색의 피가 흐르는 사람들이라는 뜻이다.

「천지창조」가 완성된 뒤 율리우스 2세는 미켈란젤로가 푸른색 안료를 좀 더 사용하지 않은 것을 못내 아쉬워했다고 한다. 당시 화가에게 지급되는 보수 속에는 화가 자신의 수입뿐만 아니라 재료비를 비롯해 조수들의 인건비 등 일체의 경비들이 모두 포함되어 있었다. 깐깐한 주문자들은 푸른색 안료를 반드시 얼마만큼 사용해야 한다는 사항을 아예 계약서에 명시해 두기까지 했다. 미켈란젤로가 푸른색을 충분히 사용하지 못했다는 사실은 그만큼 적은 경비로 작업했다는 사실을 암시하기도 한다. 시스티나 예배당의 천장화를 그리는 동안 가족들에게 보낸 편지 속에 그는 자신이 처해 있는 노동의 과중함과 더불어 경제적인 어려움을 호소하기도 했다. 먹고 입는 것에 있어서 평생 초인에 가까운 상태를 유지했던 미켈란젤로의 검박한 생활 습관에 비추어 볼 때 율리우스 2세가 지급한 돈은 재료비와 한두 명의 조수들을 고용하는 데도 빠듯했던 것이다. 그나마도 돈이 제대로 지급되지 않아 출타한 율리우스 2세를 만나기 위해 미켈란젤로가 직접 다른 도시까지 찾아간 적이 있을 정도였다. 율리우스 2세가 미켈란젤로에게 거액의 보너스를 지급한 것은 「천지창조」가 완성된 후였다.

4.

흙이나 돌, 식물 간혹 동물과 같이 자연으로부터 채취한 안료만을 사용한 프레스코 그림들은 하나같이 자연에 가까운 풍부하고 부드러운 색감을 지니고 있다. 화방에 가면 손쉽게 구입할 수 있는 화학적 재료로 만든 물감들로는 프레스코 그림이 지닌 은근한 색감을 감히 흉내조차 낼 수 없다. 인공 감미료

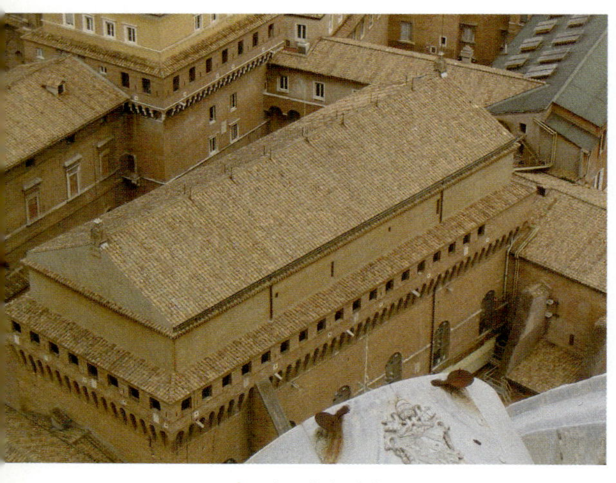

✝ 시스티나 성당(예배당)
출처: Maus-Trauden/Wikimedia Commons.

가 첨가되지 않은 음식을 맛볼 때처럼 심심한 맛이 영 시시하게 느껴지지만 먹으면 먹을수록 자꾸만 생각나는 감칠맛이 배어 있다고나 할까.

1980년, 「천지창조」가 완성된 지 4백여 년 만에 시스티나 예배당 천장을 손보기 위한 대대적인 복원 작업이 이루어졌다. 일본 방송국의 지원으로 무려 14년에 걸쳐 진행된 복원 작업은 수백 년 동안 그림 위에 소복하게 쌓인 먼지와 노폐물을 제거함은 물론 복원 기술이 미흡했던 시절 그림을 보호한다는 명목으로 표면에 발라 놓았던 불순물들을 제거하는 것이 목표였다. 그런데 기나긴 작업 끝에 모습을 드러낸 미켈란젤로의 「천지창조」는 충격 그 자체였다. 복원 전 그림에서 볼 수 있었던 고상한 색들은 모조리 사라지고 원색에 가까운 사뭇 화려한 색조들이 모습을 드러낸 것이다. 복원 이후, 결과를 두고 수많은 공방이 벌어졌다. 복원 작업의 책임자 측에서는 이것이야말로 미켈란젤로가 최초에 사용했던 색상들이라는 주장을 폈고 반대 측에서는 복원이라는 미명하에 「천지창조」를 망쳐 놓은 장본인이라며 맞불을 놓았다. 그러나 공방은 어디까지나 공방일 뿐 세상에는 아무리 애를 써도 돌이킬 수 없는 일들이 반드시 있는 법이다. 엎질러진 물을 주워 담을 수는 없는 법. 사건의 진실을 알고 있는 이는 단 한 사람, 미켈란젤로뿐일 것이다.

5.

프레스코 기법으로 그림을 그리는 화가들을 무엇보다도 절망의 구렁텅이로 몰아넣었던 것은 벽에 바른 인토나코가 다 마르기 전까지 그림을 완성시켜야만 한다는 부담감이었다. 프레스코 기법의 특성상 인토나코가 건조된 이후로는 물감이 더 이상 내부로 침투할 수 없었으므로 인토나코를 벽에 바른 이상 마르기 전에 어떻게든 그림을 완성시켜야만 했다. 덧칠을 할 수 없다는 것은 곧 수정을 할 수 없다는 것을 의미한다. 실수는 용납되지 않았다. 만에 하나 그림이 마음에 들지 않을 경우 그림과 한 덩어리가 되어 단단하게 굳어버린 인토나코를 벽에서 긁어내는 일부터 시작해 몇 배에 달하는 노동으로 값비싼 대가를 치러야만 했다. 개중에는 인토나코가 마른 뒤에도 막무가내로 덧칠을 하는 뱃심 좋은 화가들도 종종 있었다. 하지만 처음에는 아무 문제가 없는 것처럼 보이지만 잠깐 동안의 눈속임에 불과했다. 불과 몇 달 아니, 몇 주 만 지나면 덧칠한 부분들이 균열을 일으키며 그림 전체가 망가지는 참혹한 결과가 나타나게 마련인 것이다. 실제로 그와 같이 파렴치한 화가들에게 프레스코를 주문했던 사람들이 손해 배상을 요구하는 경우도 더러 있었다.

프레스코 기법으로 그림을 그리는 것은 매우 신중한 작업인 동시에 지나치게 신중해서는 안 되는 작업이기도 하다. 시간을 제대로 분배하지 못할 경우 그림이 완성되기도 전에 인토나코가 말라 버릴 수도 있기 때문이다. 레오나르도 다 빈치는 자신의 그림이 프레스코 기법과 전혀 어울리지 않음을 잘 알고 있었다. 인물이 지닌 미묘한 표정의 변화라든가 구불구불한 머리카락, 저만치 등 뒤로 보이는 손톱만한 나무와 들판들. 붓 자국 하나 드러나지 않을 정도로 깔끔하고 세밀한 묘사 위주의 그림을 그리면서 덧칠을 할 수 없다는 것은 치명적인 조건이 아닐 수 없었다. 피렌체 시청사 대회의실을 장식할 벽화를 주문받은 그가 프레스코 기법이 아닌 새로운 기법을 시도하려다 그림이 녹아내리는 참담한 실패를 겪었던 이유도 이해할 만하다. 프레스코 기법으로 그림을 그리는 화가들은 자신이 하루 안에 완성시킬 수 있을 만큼의 인토나코를 벽에 바르고 그날 안에 그림을 완성시켜 나가는 방식으로 작업했다. 조르나타giornata라 불리는 그 분량은 대략 1평방미터 정도에 해당되는 분량이었다. 가로 세로 길이가 각각 1미터 정도 되는 정사각형 단위의 그림이 차례로 완성되어 가는 프레스코 그림을 그리는 과정을 멀리서 바라보면 미처 다 맞추지 못한 거대한 퍼즐을 연상시킬 것이다.

프레스코 그림에 대한 실무 경험이 전혀 없었던 미켈란젤로는 천지창조 작업을 시작하면서 피렌체의 지인에게 전갈을 보냈다. 프레스코 기법에 능숙한 화가들을 몇 명 구해 로마로 보내 달라는 부탁이었다. 로마에 도착한 너댓 명의 숙련된 화가들을 거느리고 시작한 작업은 그러나 그리 오래 가지 못했다. 그들 중에는 미켈란젤로의 괴팍한 성질을 이기지 못해 스스로 떠난 사람들도 있었고 일찌감치 해고를 당한 사람들도 있었다. 그 누구도 미켈란젤로가 그리고자 하는 그림이 어떤 것인지 도무지 이해할 수 없었다. 그것은 이제까지 듣도 보도 못했던 감히 상상조차 할 수 없는 그림이었다.

프레스코로 천장화를 그리는 것보다 더 힘든 일은 미켈란젤로의 비위를 맞추는 일이었다. 그는 타협이라고는 도무지 모르는 인간이었다. 그림이 마음에 들지 않으면 인토나코를 뜯어내는 데 시간이 얼마가 걸리든 전혀 개의치 않고 무조건 처음부터 다시 시작해야만 직성이 풀리는 고집불통이었다. 아무런 결과물도 없이 시간만 흘려보내는 덧없는 나날들이 지나갔다. 한시라도

I o gia facto un gozo in questo stento
chome fa laqua a gacti in lonbardia
over da altro paese ~~che essi~~ che si sia
cha forza luētre apicha socto lmēto
La barba al cielo ella memoria sento
in sullo scrignio elpecto fo darpia
el penel sopral uiso tuctavia
mel fa gocciando u richo pavimēto
E lobi entrati miso nella peccia
e fo delcul p chōtrapeso groppa
e passi sēza gliochi muovo invano
Dinazi misallunga la chorteccia
e p piegarsi adietro ragroppa
e tēdomi chomarcho soriano
p o fallace e strano
surgie il iudicio che lamēte porta
che mal si tra p cerbottana torta
la mia pictura morta
di fēdi orma giovanni el mio onore
nō sendo ī loco bō ne io pictore

s. 5.

† 미켈란젤로의 편지

빨리 작업을 마무리하고 고향으로 돌아가고자 했던 다른 화가들의 애타는 마음에도 미켈란젤로는 요지부동이었고, 어느 순간 그의 곁에는 물감을 만들거나 인토나코를 바르는 기본적인 작업을 도와주는 한두 명의 조수들만 남아 있게 되었다. 거의 혼자만의 힘으로 시스티나 예배당의 천장을 3백여 명에 달하는 거인들로 채워 넣는 동안 자그마치 4년이라는 시간이 흘러갔다. 4년이라는 세월 동안 미켈란젤로는 비계 위에 올라선 채 고개를 뒤로 젖히고 팔을 위로 뻗어 그림을 그려야만 했다. 불편한 자세가 주는 육체적 고통은 가혹하기가 이루 말할 수 없을 정도였다. 하루하루가 고문의 연속이었다. 「천지창조」가 완성된 뒤 미켈란젤로는 책을 읽지 못할 정도로 눈이 침침해졌고 고약한 신경통이 평생 그를 괴롭혔다. 그 시절 미켈란젤로는 친구 조반니에게 다음과 같은 시를 적어 보낸다.

롬바르디아의 고양이들이 비에 젖은 것처럼
고통으로 목이 퉁퉁 부었다네.

배는 턱까지 차오르려 하고
수염은 하늘을 향해 치솟고
머리는 등에 붙어 버렸네.
…
나의 몸은 시리아의 활처럼 휘어 버렸다네.

6.

미켈란젤로가 활처럼 휘어진 자세로 천장화를 그리고 있었던 그 무렵, 시스티나 예배당에서 엎어지면 코가 닿을만한 거리에 있는 '서명의 방Sala della Segnatura'에서는 미켈란젤로보다 여덟 살이나 어린 화가 라파엘로가 벽화를 그리고 있었다. 귀공자 같은 외모에 사람 좋기로 소문난 라파엘로가 늘 제자들에게 둘러싸여 있는 모습은 세상의 모든 고민을 다 짊어진 표정으로 늘 혼자서 바티칸을 활보하는 미켈란젤로와는 영 딴판이었다. 자신의 서재로 사용될 예정이었던 서명의 방에 수시로 들락거리며 라파엘로와 담소 나누길 즐겼던 율리우스 2세였지만 미켈란젤로가 작업 중인 시스티나 예배당 근처에는 얼씬도 할 수 없었다.

시스티나 예배당에 혼자 틀어박혀 있는 미켈란젤로가 무슨 짓을 하고 있는지 아무도 알 수 없었다. 작업이 시작된 지 3년만인 1511년 8월 10일 천장의 절반 정도에 해당되는 그림이 대중에게 공개되기 전까지 미켈란젤로의 「천지창조」는 철저히 베일에 싸여 있었다. 시스티나 예배당 안에서 미사를 드리는 사람들이 천장화를 보게 될 것을 염려한 나머지 위를 올려다보지 못하도록 비계 밑을 온통 널빤지와 천으로 가려 놓았을 정도였다. 브라만테를 비롯한 그의 적수들은 미켈란젤로가 시스티나 예배당 천장에 매달려 죽을 쓰고 있을 거라 생각하며 쾌재를 불렀을 것이다. 율리우스 2세가 찾아 와 그림을 보여 달라며 지팡이를 들이대도 미켈란젤로는 여전히 막무가내였다. 무슨 수를 써서라도 그림을 엿보고 싶었던 율리우스 2세는 미켈란젤로의 조수에게 뇌물을 건네주며 시스티나 예배당 안으로 들어가려는 비굴한 시도까지 해 보았으나 들통이 나는 바람에 체면만 구긴 채 돌아서야 했다. 마침내 천장화의 절반이 공개되었을 때 입을 떡 벌리고 서 있는 사람들 사이에서 누구보다 기뻐했던 것은 율리우스 2세였다. 그러나 그날 이후로도 그는 수시로 시스티나 예배당에 찾아와 어서 빨리 그림을 마무리하라며 끊임없는 독촉으로 미켈란젤로를 들들 볶아 댔다. 성질을 이기지 못해 미켈란젤로를 비계에서 떨어뜨리겠다고 협박을 하는가 하면 지팡이로 내리친 적도 있었다.

1512년 10월의 마지막 날, 율리우스 2세는 시스티나 예배당 천장화의 제막식을 손수 집행했다. 그리고 그로부터 넉 달 뒤, '죄 많은 인생을 살았다'는 마지막 고백을 남기고 세상을 떠났다.

7.

작품의 이면에 흩어져 있는 깨알 같은 이야기들을 주워 담으며 이즈음에서 「천지창조」에 관한 이야기를 마무리하고자 한다. 세상이 좋아져 컴퓨터 앞에 앉아 웬만한 박물관 하나쯤은 통째로 볼 수 있다지만 실제로 보지 않고서는 알 수도 느낄 수도 없는 작품들이 반드시 존재한다. 어떤 사람을 제대로 알고자 한다면 수십 장의 서류를 훑어보는 것보다 단 한 번의 만남이 나은 것과 마찬가지로 어떤 작품들은 제 아무리 근사한 설명을 늘어놓는다 할지라도 실제로 보지 않는 한 공허한 메아리에 불과할 뿐이다.

작품의 이면에 담긴 시시콜콜한 이야기들을 늘어놓는 것은 쓸데없는 수다스러움으로 여겨질 지도 모른다. 빨간 연필로 선명하게 밑줄을 그어 놓은 요점

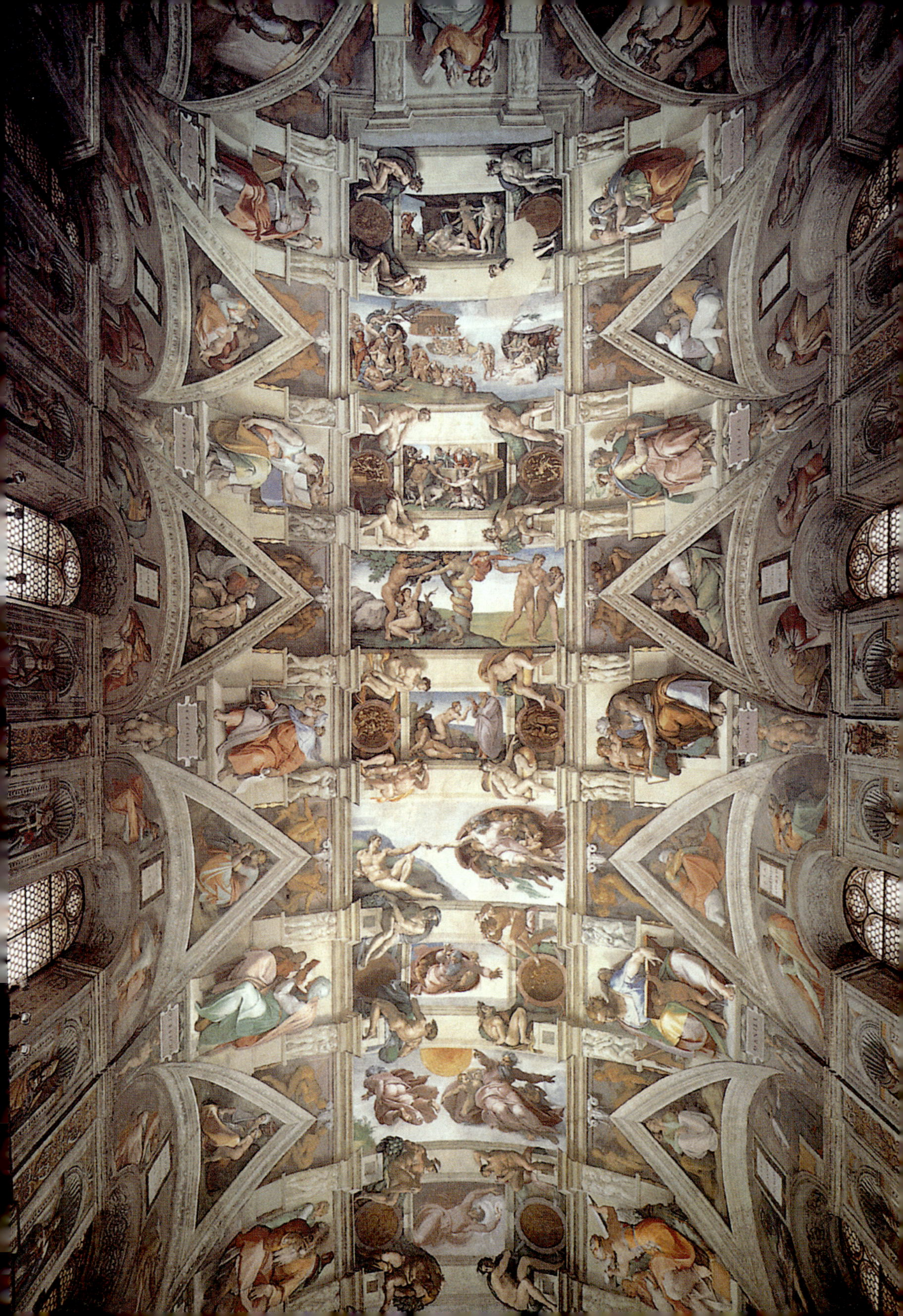

에만 집중하도록 훈련받아 온 우리에게 행간에 숨어 있는 이야기들은 한낱 그림자에 불과할지도 모른다. 그러나 누군가 히말라야의 최고봉을 정복했다는 소식을 접하며 산 정상에 꽂혀 있는 '깃발'을 향해 박수를 보낼 수는 없는 법이다. 박수갈채는 그곳에 깃발을 꽂은 사람들을 위한 것이며 수염으로 뒤덮인 그들의 꼬질꼬질한 얼굴, 눈썹 위로 허옇게 내려앉은 서리와 코 밑으로 돋아난 가느다란 고드름 그리고 동상으로 퉁퉁 부어오른 불그스름한 손과 발에게 그 영광이 돌아가야 마땅하다. 언젠가 당신이 시스티나 예배당의 천장을 올려다보게 될 그 순간 곰곰이 따져 보아야 할 것은 작품의 아름다움에 관한 호불호가 아니다. 당신이 보아야 할 것은, 아니 보게 될 것은 온갖 악조건을 헤치고 그림이라는 수단을 통해 인간이 오를 수 있는 최고봉이 어디까지인가를 몸소 보여 준 나약한 한 인간에 대한 경외감이다.

최후의 심판

1.

어느덧 환갑을 훌쩍 넘긴 미켈란젤로는 시스티나 예배당에서의 또 다른 작업을 준비하느라 여념이 없었다. 새로 취임한 교황 파울루스 3세의 중재로 율리우스 2세의 후손들과 극적인 합의가 이루어짐에 따라 반평생이나 그를 괴롭혀 왔던 '영묘의 비극'에서 얼마 전 벗어난 참이었다. 그가 준비 중인 그림은 예배당 정면 벽을 장식할 최후의 심판을 주제로 한 벽화였다. 천장화가 아닌 벽화라는 사실이 그나마 다행이긴 했지만 이번에 그리게 될 그림 역시 시간이 얼마나 걸릴지 가늠하기란 쉽지 않았다. 「천지창조」를 그릴 때와 마찬가지로 미켈란젤로는 벽 전체를 실제보다 큰 수백 명의 인물들로 가득 채울 작정이었다. 자질구레한 일을 도울 한두 명의 조수만 데리고 작업한다는 그의 소신도 예나 지금이나 변함이 없었다.

그의 나이 정도 되면 수년 동안 비계를 오르내리며 프레스코 벽화를 그리는 고된 일 따위는 젊은이들에게 맡겨 두고 소일거리를 하며 얼마 남지 않은 여생을 편안히 보내는 것이 더 어울릴 만도 했다. 젊고 유능한 제자들의 손을 빌려 벽화를 그리도록 하고 이따금 찾아와 감독의 역할만 한다 해도 아무도 그를 나무라지 않았을 것이다. 미켈란젤로의 고약한 성미와 예술가로서의 소신은 나이가 들어서도 변함이 없었을 뿐더러 오히려 심해지는 양상을 보이기까지 했다. 그러나 제 아무리 천하의 미켈란젤로라 해도 세월 앞에서는 장사가 없는 법이다. 노쇠한 육신을 이끌고 높은 비계를 오르내리며 「최후의 심판」을 완성시키기까지 그는 또다시 7년에 가까운 세월을 시스티나 예배당 안에 갇혀 보내야만 했다. 「천지창조」를 그리느라 보냈던 4년을 합치면 11년을 시스티나 예배당 안에서 보낸 셈이다. 변한 것은 비단 미켈란젤로뿐만이 아니었다. 세상이 돌아가는 분위기도 이전과는 많이 달라져 있었다. 무엇보다도 가장 큰 변화는 북부 독일에서 출발해 유럽 전체를 뒤흔들어 놓은 종교개혁의 거대한 물결이었다.

2.

미켈란젤로가 시스티나 예배당 천장에 매달려 「천지창조」의 마무리 작업에 한창 몰두해 있던 1511년, 초겨울임에도 로마의 날씨는 제법 쌀쌀했다.

시스티나 예배당에 틀어박힌 미켈란젤로는 본격적인 추위가 시작되기 전 막바지 작업들을 마무리하느라 정신없는 나날들을 보내고 있었다. 기온이 낮고 습기가 많은 한겨울이 되면 그림이 제대로 마르지 않아 더 이상 프레스코 작업을 할 수 없었다. 긴 휴가를 맞이하기 전 끝마쳐야 할 일들이 산더미처럼 쌓여 있었다. 그 무렵, 추운 지방에 사는 사람들 특유의 강직한 인상을 지닌 마틴 루터라는 북부 독일 출신의 한 수사가 로마에 찾아 왔다. 불과 십여 년 뒤, 교회는 물론 전 유럽에서 그의 이름을 모르는 사람이 없을 정도로 유명세를 타게 될 인물이었으나 당시에는 로마를 찾아온 수많은 순례자들 중 한 사람에 불과했다. 바티칸을 방문했던 루터가 바람을 쐬러 나왔던 미켈란젤로와 옷깃을 스치고 지나갔다 하더라도 둘 중 누구도 수백 년의 세월이 흐른 뒤 서로의 이름이 사람들의 입에 오르내리게 되리라는 사실을 감히 상상조차 할 수 없었을 것이다. 루터가 로마를 방문하게 된 것은 순전히 업무상의 이유 때문이었다. 추운 날씨에 북부 독일에서 이탈리아까지 오는 길은 출장치고는 멀고 험했지만 독실한 신앙인이자 신실한 수사였던 루터는 고생을 마다하지 않았다. 꿈에 그려 왔던 성지, 로마를 두 눈으로 볼 수 있다는 희망은 혹독한 추위와 시시때때로 찾아드는 생명의 위협마저도 봄눈 녹이듯 녹여 버렸다.

몇 차례에 걸친 십자군 전쟁에도 불구하고 이교도들의 수중에 놓인 성지 예루살렘을 되찾으려는 피눈물 나는 노력이 허무하게 끝나 버린 이후 로마는 순례자의 성지로 각광 받기 시작했다. 베드로와 바울의 무덤이 있는 곳, 수많은 초기 기독교인들이 핍박 속에서도 꿋꿋하게 신앙을 지켜 나갔던 곳, 여러 지역에서 수집해 온 성물들을 모셔 놓은 성당들과 신의 대리자인 교황이 머무는 바티칸이 자리 잡고 있는 로마라는 도시는 기독교인이라면 누구나 일생에 한 번 쯤은 둘러보고 싶은 꿈의 도시였다.

기대가 너무 컸던 탓일까. 루터의 꿈은 그리 오래 지나지 않아 산산이 부서져 버렸다. 그의 눈에 비친 로마의 모습은 그가 상상하며 꿈꾸어 왔던 곳과는 너무도 달랐다. 거미줄처럼 엉켜 있는 비좁은 골목을 걸을 때마다 풍겨오는 악취에 코를 틀어막아야만 했고, 쓰레기 더미와 오물들을 밟지 않으려 주의를 기울여야만 했다. 모퉁이를 돌면 순례자들의 가벼운 호주머니 속에 들어 있는 마지막 한 닢의 동전마저 긁어모으려는 교활한 장사꾼들이 출몰했고 순진무구한 영혼들이 거부하기에는 너무도 유혹의 손길이 강해 침이 꼴딱 넘어가지 않고서는 못 배기게 만드는 매춘부들이 시시때때로 옷깃을 잡아

끄는 곳이 그의 눈에 비친 로마라는 도시였다. 바티칸도 예외는 아니었다. 얼마 전부터 신축 공사가 시작된 성 베드로 성당의 마당에는 온갖 건축 자재가 여기저기 어지럽게 널브러져 있었다. 돌가루가 뿜어내는 뿌연 먼지와 엄청난 소음 속에서 건축 감독 브라만테가 인부들을 독려하기 위해 특유의 요란한 손짓과 더불어 고성을 지르며 오락가락하고 있었고 우아하게 차려 입은 라파엘로는 그 와중에도 천상의 미소를 띠고 제자들에게 둘러싸여 한가롭게 바티칸의 마당을 거닐고 있었다. 시스티나 예배당에 처박혀 홀로 분투하던 미켈란젤로의 모습은 아예 코빼기조차 보이지 않았다. 내로라하는 예술가들을 바티칸으로 불러 모은 교황은 신도들의 피눈물 나는 헌금을 끌어모아 하느님의 집이 아닌 르네상스의 전당을 이룩하려 하고 있었다. 대중들을 위해 너그럽게 공개한 그의 수집품들은 모조리 쓸어다 불에 태워 버려도 시원치 않을 만큼 망령된 그리스 로마 시대를 대표하는 이교도들의 신상이었다. 루터의 꿈속에서 모차르트의 웅장한 레퀴엠이 울려 퍼지며 주마등처럼 스쳐 지나갔던 거룩한 로마의 모습은 단지 환상에 불과한 것이었다. 로마는 그가 꿈에 그리던 성지가 결코 아니었다. 세상의 다른 모든 도시들과 마찬가지로 완벽하지 않은 수많은 사람들이 모여 저마다의 불완전한 인생을 살아 내기 위해 몸부림치는 인간들의 도시에 불과했다.

실망감만 가득 안고 터덜터덜 고향으로 되돌아간 루터가 충격을 극복하고 다시금 수사로서의 경건한 삶에 매진하기로 결심하고 살아가던 어느 날, 로마에서부터 그의 가슴속에 들어와 그때까지도 꺼지지 않고 남아 있던 자그마한 불씨에 불을 지피는 사건이 일어났다. 다름 아닌 면죄부의 판매였다. 중

세 이후로 면죄부는 공공연하게 판매되고 있었다. 면죄부 자체로만 본다면 그다지 새로울 것이 없는 교회의 오래된 관행이었다. 그러나 율리우스 2세가 세상을 떠난 뒤 대규모 건축 사업과 전쟁, 고가의 예술품 구입 등으로 인해 바티칸의 국고는 텅 비어 버린 상태였고 뒤를 이어 교황의 자리에 오른 레오 10세는 무슨 수를 써서라도 국고를 채워 넣지 않으면 안 될 안타까운 처지에 직면했다. 가장 손쉬운 방법은 면죄부의 판매량을 늘리는 것이었다. 돈을 내고 면죄부를 구입하면 자신의 죄는 물론 가족들의 죄까지 감면받고 천국에 들어가기 전까지 연옥에서 기다리는 시간을 줄여 준다는 면죄부는 말하자면 천국행 급행열차의 승차권이었다. 지불하는 금액에 따라 승차권의 종류도 매우 다양해 입석, 좌석 및 침대칸과 특실까지도 구비되어 있었다. 승차권을 구입할 돈이 없는 승객들은 두 발로 걸어 천국까지 당도해야만 했다.

면죄부라고 하면 멍청하고 야만적인 시대의 인간들에게나 통하는 것이라는 생각은 버리기 바란다. 믿음이란 시대를 막론하고 사람을 상당히 어리석게 만들기도 한다. 21세기라는 대단한 시대를 살아가는 사람들 중에도 오로지 믿음만으로 밀가루 덩어리에 불과한 만병통치약이나 생명의 물이 들어 있다는 플라스틱 병을 사는 이들이 있는가 하면 거액의 돈을 지불한 종이 한 장으로 인해 자신을 비롯한 온가족이 화를 면하고 집안에 복덩어리가 넝쿨째 굴러들어 오기를 염원하기도 하는 것이다.

루터의 고향 작센에서 면죄부 판매를 독점하고 있었던 요한 테첼이라는 수사는 매우 유능한 영업 사원이었다. 강매에 가까운 그의 면죄부 판매 방식에 반감을 품은 루터는 오래전 로마에서 피어올랐던 자그마한 불씨 하나가 다시금 타오르는 것을 느꼈다. 1517년 루터가 비텐베르크 성당 정문에 붙인 95개의 조항으로 이루어진 성명서는 거대한 불꽃이 되어 북부 유럽의 거의 전 지역을 활활 타오르게 만들었고, 소박한 방식으로 항의를 하고자 했던 루터의 의도와 달리 일파만파로 번져 나가 종교개혁이라는 역사적 사건을 몰고 오는 계기가 되었다. 종교개혁의 뒤를 이어 밀려든 파장 또한 어마어마한 것이었다. 루터의 사상을 따라 신교로 개종한 군주들이 다스리는 지역에서는 구교도들을 모조리 잡아다 교수형에 처했고 구교를 그대로 따르던 지역에서는 신교도들을 색출해 처단하는 대대적인 처형이 벌어졌다. 교리가 다르다는 이유만으로 얼마 전까지 서로를 형제 혹은 자매라 칭했던 사람들끼리 물고 뜯고 죽이는 광경은 미켈란젤로의 눈으로 바라보기에 이미 최후의 심판이 찾아온 것이나 다름없었을 것이다.

3.

「최후의 심판」을 그리는 동안 미켈란젤로는 자신에게 정신적으로 영향을 끼쳤던 몇몇 사람들을 비롯해 친밀한 관계를 유지했던 지인들의 모습을 그림 곳곳에 그려 넣었다. 미켈란젤로는 고향 피렌체 출신의 대문호 단테의 「신곡」 속에 등장하는 천국과 지옥, 연옥에 대한 이야기들을 읽으며 「최후의 심판」을 구상했다. 작품 구상을 하며 떠올린 또 다른 사람은 산마르코 성당의 수사 사보나롤라였다. 메디치가의 저택에 살며 조각을 공부했던 시절 접했던 종말과 심판에 대해 부르짖는 그의 설교는 어찌나 강렬했던지 노인이 되어서까지 미켈란젤로의 귓가를 맴돌았다. 최후의 심판 속에 미켈란젤로는 단테와 사보나롤라의 초상화를 그려 넣었다. 예수와 성모 마리아 바로 아래편에 자

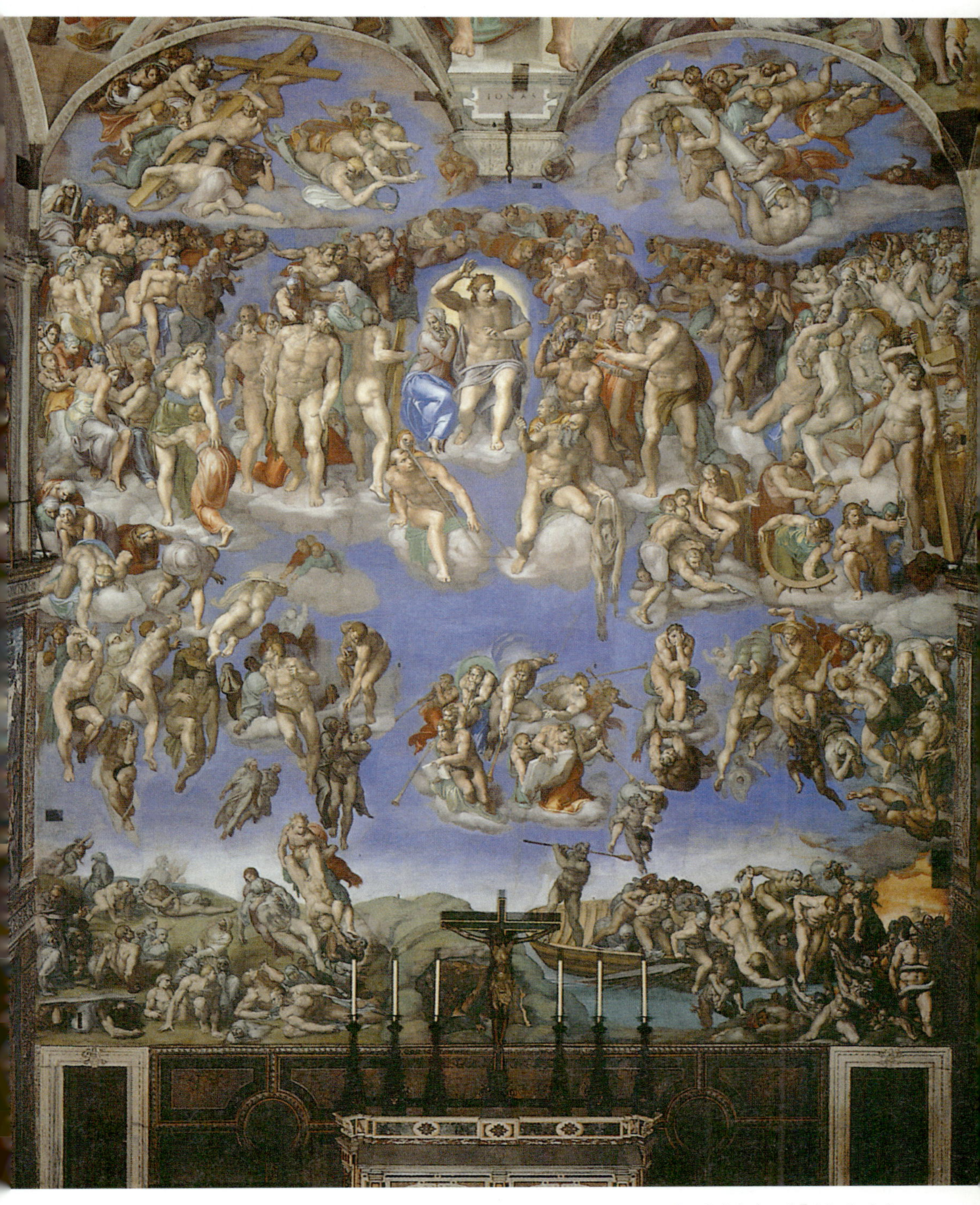

† 미켈란젤로의 「최후의 심판」

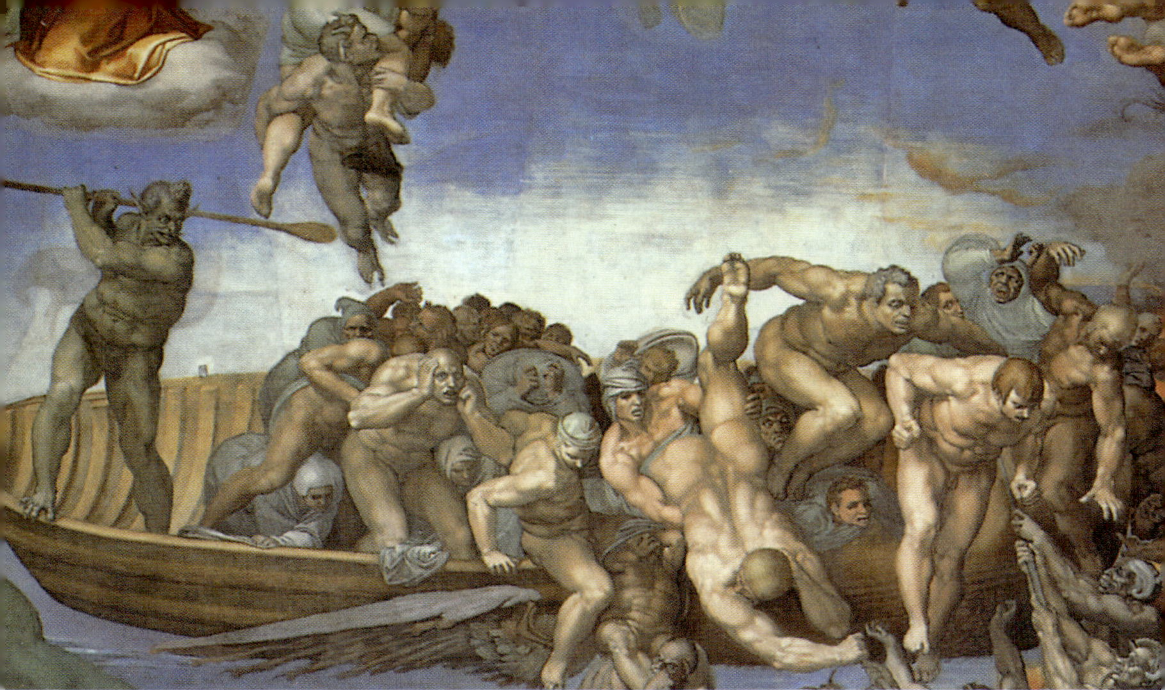

† 미노스(맨 왼쪽). 교황 의전관인 바지오 다 체세나의 얼굴을 그려 넣었다.

리 잡은 로렌조 성인과 바르톨로메오 성인 뒤로는 고독한 인생에 동행이 되어 주었던 몇 안 되는 지인들 중 빅토리아 콜론나 부인과 톰마소 데이 카발리에리의 초상화를 그려 넣었다. 늘그막에 알게 된 콜론나 부인과는 편지를 교환하며 매우 희박하긴 하나 이따금 존재하기도 하는 정신적인 사랑으로 맺어진 남녀 관계를 유지했고 톰마소는 미켈란젤로의 곁에서 끝까지 그의 임종을 지켜 주었던 벗이다. 교황들 중에는 「천지창조」를 의뢰했던 율리우스 2세와 「최후의 심판」을 의뢰했던 클레멘스 7세 그리고 '영묘의 비극'에서 벗어나게 해 주었을 뿐만 아니라 최후의 심판을 마무리할 수 있도록 지원을 아끼지 않았던 파울루스 3세의 모습을 그려 넣었다.

「최후의 심판」에 등장하는 초상화의 주인공들 대부분은 감사의 표시로 그려 넣었으나 개중에는 복수를 하고자 그려 넣은 인물도 있었다. 현재 「최후의 심판」 속에 등장하는 인물들이 최소한이나마 옷을 걸치고 있는 것과는 달리 미켈란젤로는 「최후의 심판」에 등장하는 인물들을 거의 대부분 완벽한 나체로 표현했다. 교황의 의전관이었던 바지오 다 체세나Baggio da Cesena는 벌거벗은 인물들이 수백 명이나 우글거리는 「최후의 심판」을 '나체 목욕탕'이라며 대놓고 비방했고, 미켈란젤로는 그의 초상화를 지옥으로 가는 사람들을 배에 태우는 괴물 미노스의 얼굴에 그려 넣었다. 미노스는 작심이라도 한 듯 그림의 가장 아래편, 보는 이들의 눈높이에 딱 들어맞는 지점에 자리를 잡고 있어 시스티나 예배당에 가면 누구나 쉽게 그의 얼굴을 알아볼 수 있다. 뜻밖의 복수에 당황한 의전관은 자신의 초상화를 지우기 위해 교황을 찾아가 여러 차례 눈물겨운 상소를 올렸으나 거절당했다고 한다. 당시 교황은 상소를 받아들일 수 없는 이유에 대해 다음과 같이 대답했다는 우스갯소리가 전해진다.

"정말이지 유감일세. 매우 안타깝지만 어쩌겠나. 그대가 지옥에 떨어졌으므로 교황인 나로서도 어쩔 도리가 없다네."

말 한마디 잘못했다가 수백 년 동안 지옥의 입구를 지키는 가련한 처지가 되어 버린 의전관의 입장도 전혀 이해가 되지 않는 것은 아니다. 만일 시스티나 예배당 안에서 미사가 진행되는 내내 제단 뒤편에 그려진 근육질 남성들의 이두박근과 복근, 튼튼한 허벅지를 감상해야만 하는 상황이 닥친다면 어지간한 신앙심이 아니고서는 감당하기 어려운 시련이 될 것이다. 마음이 흔들리지 않으려거든 '우리를 시험에 빠지지 않게 하시고'라는 주기도문의 한 대목을 쉴 새 없이 중얼거려야 할지도 모른다. 「최후의 심판」이 완성된 이후 끊임없이 이어진 논란은 이미 예고된 것이나 마찬가지였다. '최후의 심판의 날 옷을 챙겨 입고 나올 정신이 있는 사람이 어디 있겠느냐'라며 억지스러운 명분을 내세워 미켈란젤로의 작품을 옹호하는 사람들이 있었는가 하면 작품을 반대하는 입장을 취했던 사람들은 아예 벽화 자체를 모조리 지워 없애 버려야 한다며 다소 과격한 양상을 보이기도 했다. 20년이 넘도록 이어진 지루한 공방은 쉽사리 결판이 나지 않았다. 결국 미켈란젤로가 죽기 불과 한 달 전, 교황 피우스 4세는 온건파와 강경파 양 측 모두의 의견을 받아들여 중용의 입장을 취한다는 결론에 도달했다. 「최후의 심판」이라는 작품 자체는 그대로 두되 인체의 중요한 부분들을 가리기 위해 옷을 그려 넣는 보수 작업을 진행하기로 한 것이다. 미켈란젤로의 제자이기도 했던 다니엘레 다 볼테라Danielle da Volterra는 스승의 그림에 손을 대는 중대한 임무를 마지못해 수락했고 지금까지도 그는 본명 대신 '바지 재단사'라는 별명으로 불리고 있다.

4.

「최후의 심판」 속에는 미켈란젤로의 자화상도 담겨 있다. 산 채로 살가죽이 벗겨져 순교를 당한 바르톨로메오 성인이 한 손에 들고 있는 쭈글쭈글한 살가죽의 얼굴 부분에 미켈란젤로는 자신의 자화상을 그려 넣었다. 그림 속에 등장하는 수많은 인물들 중 왜 하필 가장 혐오스러운 부분에 자신의 모습을 그려 넣었는지 그 이유에 관해서는 추측이 난무하지만 미켈란젤로에게 직접 듣지 않는 이상 진실을 알 수는 없을 것이다. 사람들의 발길이 끊이지 않는 시스티나 예배당 안에서 미켈란젤로의 음성에 귀를 기울이기란 쉬운 일이 아니다. 바티칸 박물관의 일부이긴 하나 다른 전시관들과는 분리되어 있는 시스티나 예배당 안으로 들어가기 위해서는 비좁은 복도를 지나 아래로 나 있는 계단을 내려가야만 한다. 계단을 통과하는 동안 스피커에서는 '시스티나 예배당 안에서는 사진 촬영이 금지되어 있으며 정숙한 분위기를 유지해 주십시오'라는 방송이 여러 나라의 언어로 흘러나온다. 그럼에도 불구하고 시스티나 예배당 안은 늘 어수선하다. 낮은 소리로 대화를 나누는 수많은 사람들의 목소리가 한데 모인 소음은 벌떼들이 비행하는 소리라든지 어린 시절 소라 껍데기를 귀에 대고 들었던 소리를 연상케 한다. "부웅"하는 소리가 점점 커져 갈 때 즈음 어디선가 엄숙한 목소리를 지닌 경비원의 짤막한 외침이 들려온다. "조용!" 단 몇 초에 불과하지만 예배당 안은 잠잠해진다. 그리고 잠시 후 벌떼들의 비행은 또다시 시작된다. "부웅"

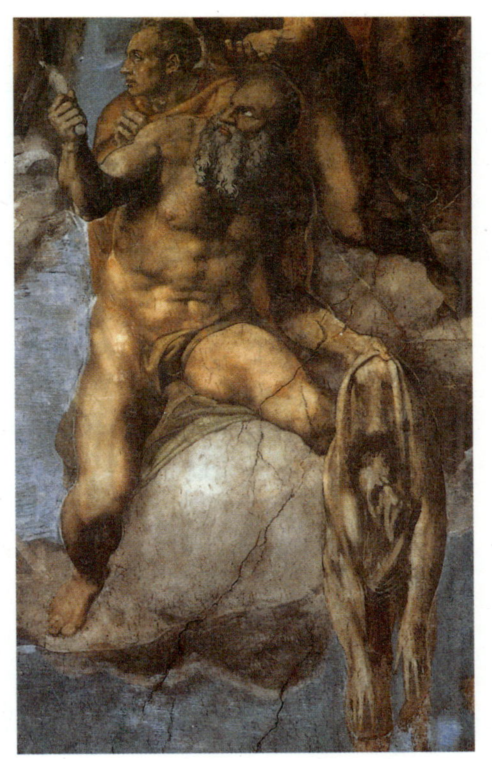

† 「최후의 심판」 속 미켈란젤로의 자화상(우)

시스티나 예배당의 정적을 즐길 수 있는 이상적인 방법은 이른 아침부터 바티칸 박물관 정문 앞에 기다리고 서 있다가 문을 열면 가장 먼저 안으로 들어가 시스티나 예배당을 향해 직행하는 것이다. 이 방법이 현실적으로 불가능하다면 "조용!"이라는 단호한 구령이 들려온 뒤 벌떼들이 비행을 멈추는 단 몇 초에 불과한 그 시간을 노리는 수밖에 없다. 「최후의 심판」이 그려진 벽 쪽으로 바짝 다가가 정신을 똑바로 차리고 미켈란젤로의 자화상을 바라본다면 약간의 짜증이 서려 있는 그의 음성이 귓가에 들려 올지도 모른다.

5.

"어이, 이보게. 두리번거리지 말고 여길 보라고. 그래. 자네 말이야. 꼬질꼬질한 옷차림을 하고 아까부터 날 뚫어져라 쳐다보고 있는 자네 말일세. 이리 가까이 와서 이 늙은이 이야길 좀 들어보지 않겠나? 요즘 젊은이들은 늙은이가 말을 하면 콧방귀나 뀔 줄 알지 도무지 들어 먹으려 하질 않으니 세상이 어떻게 돌아가는 건지 나 원 참. 그건 그렇고 내 얼굴을 빤히 들여다보면서 무슨 생각을 그렇게 하고 있는 건가? '듣던 바대로 과연 미켈란젤로는 대단한 추남이었군. 살가죽에 그렸다는 저 쭈글쭈글한 얼굴하며, 그나저나 실제로 와서 보니 이건 정말이지 목욕탕이 따로 없잖아'라며 책에서 몇 줄 읽었답시고 되먹지 못한 소리나 지껄이고 있는 건 아니겠지? 왕년에는 나도 글을 쓴답시고 시를 끄적거려 보기도 했네만 하여간에 그 놈의 글쟁이들이란 예나 지금이나 도움이 되질 않아. 내 그림을 직접 보지도 않은 인간들까지 나에 대한 글을 써 대는 걸 보면 내 아주 기가 막힌다니까.

참, 사진 촬영이 금지되어 있다는 건 알고 있겠지? 저기 자네 바로 뒤 요란한 차림을 한 저 여자 좀 보게나. 그렇게 얘길 했는데도 저리 사진을 찍어 대고 있으니. 저런 인간들이 눌러 대는 사진기에서 터져 나오는 불빛 때문에 내 그림의 수명이 점점 짧아지고 있단 말일세. 하여간에 여자들이란. 내가 살았던 시절에도 자네들처럼 보따리를 싸 들고 여기저기 돌아다니는 작자들이 있긴 했네. 전에는 그런 이들을 순례자라 불렀네만. 하기는 나도 한때 밥벌이를 한답시고 정든 고향을 떠나 여기저기 싸돌아 다녀 본 적이 있긴 하지. 예전 순례자들의 대부분은 삶의 이치를 깨닫고자 고향을 떠나 사서 고생을 하며 떠돌아다녔네만 내가 보기에 자네 같은 요즘 사람들은 다르더구먼.

자네가 들어와 있는 이 예배당 안에서 나는 무려 11년이라는 세월을 보냈네. 고생에 대해 이야기하자면 이루 말로 다 할 수 없지만 쓸데없는 공치사는 하지 않음세. 그런데도 자네들은 여기까지 와서 정작 내 그림은 보는 둥 마는 둥 눈도장만 찍고는 밖으로 나가 버리기 일쑤야. 11년 동안의 피와 땀을 모조리 쏟아 부었건만 고작 몇 분에 불과한 눈요기라니. 듣자 하니 자네들은 밖에서도 그렇게들 살아가고 있다고 하더군. 정신 나간 사람들처럼 하루 온종일 뛰어다니고 손가락으로 무슨 기계인가를 쉴 새 없이 꾹꾹 눌러 대며 살고 있다는 얘길 들었네. 어쩌다 자네들이 그런 지경에까지 이르렀는지는 모르겠네만 이왕 여기까지 온 김에 쭈글쭈글한 내 얼굴을 잘 한 번 들여다봐 주게나. 자네도 알다시피 나 역시 자네들 못지않게 바쁜 인생을 살았네. 인생의 전부를 예술을 위해 바쳤다 해도 과언이 아닐 걸세. 젊어서는 어려움도 숱하게 겪었네만 말년에는 바티칸 최고의 화가이자 조각가, 건축가의 자리에까지 오르는 영화도 누렸지.

자네는 내가 왜 하필 혐오스러운 살가죽 속에 내 얼굴을 그려 넣었다고 생각하나?

그래, 내 이제 고백하네만 그 모든 부와 명예를 손에 넣고 보니 그것들은 한낱 껍데기에 불과하더구먼. 자네도 더 늦기 전에 곰곰이 한 번 생각해 보게나. 자네가 그토록 수고하고 애쓰는 것들이 결국 껍데기에 불과한 것들은 아닌가 말이야. 어쨌거나 더운 날씨에 여기까지 날 찾아와 주어 고마우이. 요즘 통 내 얘기를 들어주려는 사람들이 없어 그렇지 않아도 입이 근질근질하던 참이었는데 속이 다 후련하네 그려.

잘 가시게, 젊은 친구. 다음에 또 봄세.

6.

미켈란젤로는 로마 시내의 작고 허름한 집에 기거하며 쓸쓸한 인생의 말년

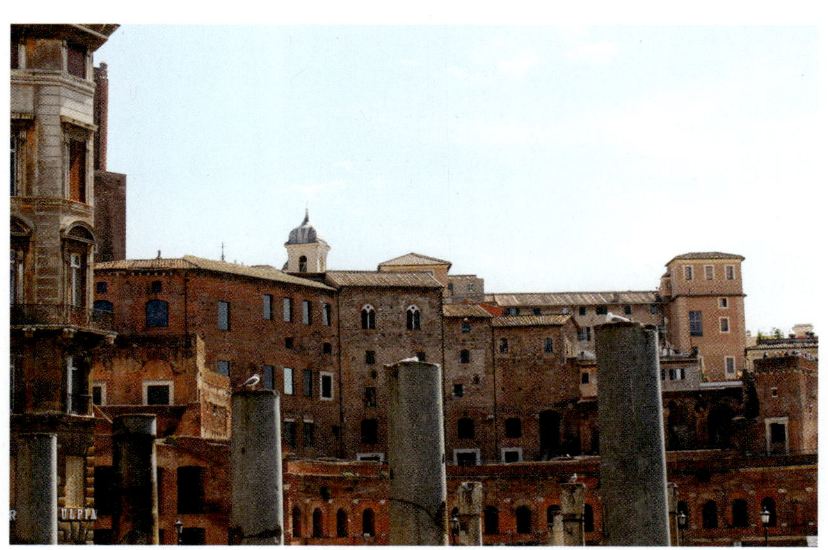

† 트리아누스Foro Traiano의 유적

을 보냈다. 세상을 호령하는 거대한 제국의 1번지였으나 어느덧 집 없는 고양이들이 낮잠을 즐기는 돌무더기로 전락해 버린 트라이아누스 황제의 유적 근처, 그의 집 벽에는 다음과 같은 시와 더불어 미켈란젤로가 그린 작은 해골 그림이 있었다고 한다.

> 뼈의 골수마냥 꽉 갇혀서
> 나는 여기서 가난하고 외롭네
> 내 정신은 유리병 안에 요술같이 사네.
> …
> 내 문전에는 오물이 산같이 쌓이네.
> …
> 고양이들, 썩은 고기, 새들의 오물이 머무는 곳
> 그것들이 나를 위한 살림살이라네.
> …
> 나에게 무겁게 실어 준 짐을 벗어 버리고
> 주여 세상사와 작별하고
> 나 이제 지쳐서 당신에게 갑니다.
> 어두운 밤 풍랑에 지쳐 당신의 평온한 바다로

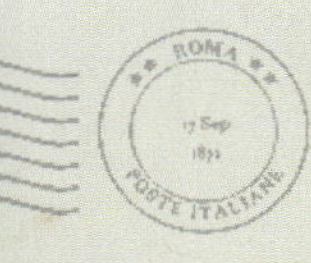

제2장

판테온에 잠든 사랑스러운 라파엘로

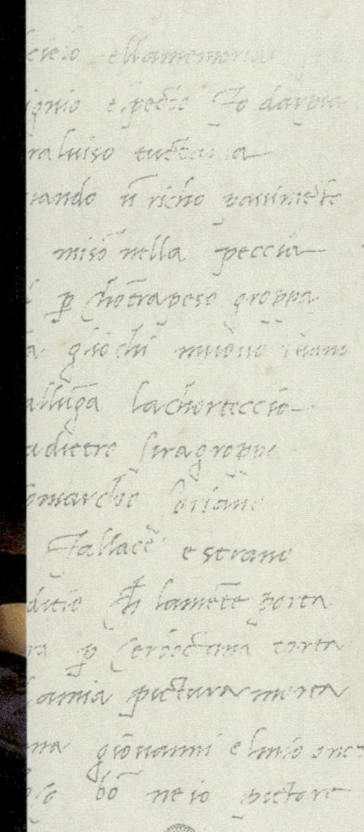

판테온에 잠들다

1.

미술학도였던 남편과의 무모한 결혼을 감행한 덕택에 신혼 시절 내내 돈은 없으나 시간은 남아도는 나날들이 이어졌다. 학기말 시험으로 분주한 6월이 지나고 7월부터 시작되는 여름방학이 특히 그랬다. 10월 중순에 새 학기가 시작되기 전까지 석 달이 넘도록 이어지는 긴 방학이었다. 이탈리아의 다른 지역 학생들이라든가 비교적 가까운 유럽에서 로마로 공부하러 온 학생들은 시험을 마치기가 무섭게 서둘러 집으로 돌아갔다. 방학이면 으레 여행을 즐기는 친구들이 고래 등 같은 배낭 속에 침낭과 돈 몇 푼, 두둑한 배짱을 덤으로 챙겨 넣고 휘파람을 불며 기차에 올랐다.

이렇다 할 취미도 없는데다 로마를 벗어날 쥐꼬리만큼의 여유조차 없었던 가난한 미술학도 부부에게 로마라는 도시는 여름 내내 뛰어 놀 수 있는 거대한 놀이터가 되어 주었다. 비싼 입장료를 지불하고 굳이 박물관 안에 들어가지 않더라도 튼튼한 두 다리와 더위를 참아 낼 수 있는 인내력만 있으면 눈요깃거리는 얼마든지 많았다. 광장에서는 크고 작은 분수들이 기다렸다는 듯 물줄기를 내뿜으며 반갑게 맞아 주었고, 우연히 발을 들여놓은 성당 안에서 생각지도 못했던 거장들의 작품과 마주치는 뜻밖의 행운을 거머쥐기도 했다. 암모나이트로부터 공룡에 이르기까지 퇴적층이 켜켜이 쌓인 거대한 지층처럼 수천 년의 기억들이 차곡차곡 쌓인 로마의 골목들을 둘러보는 일은 아무

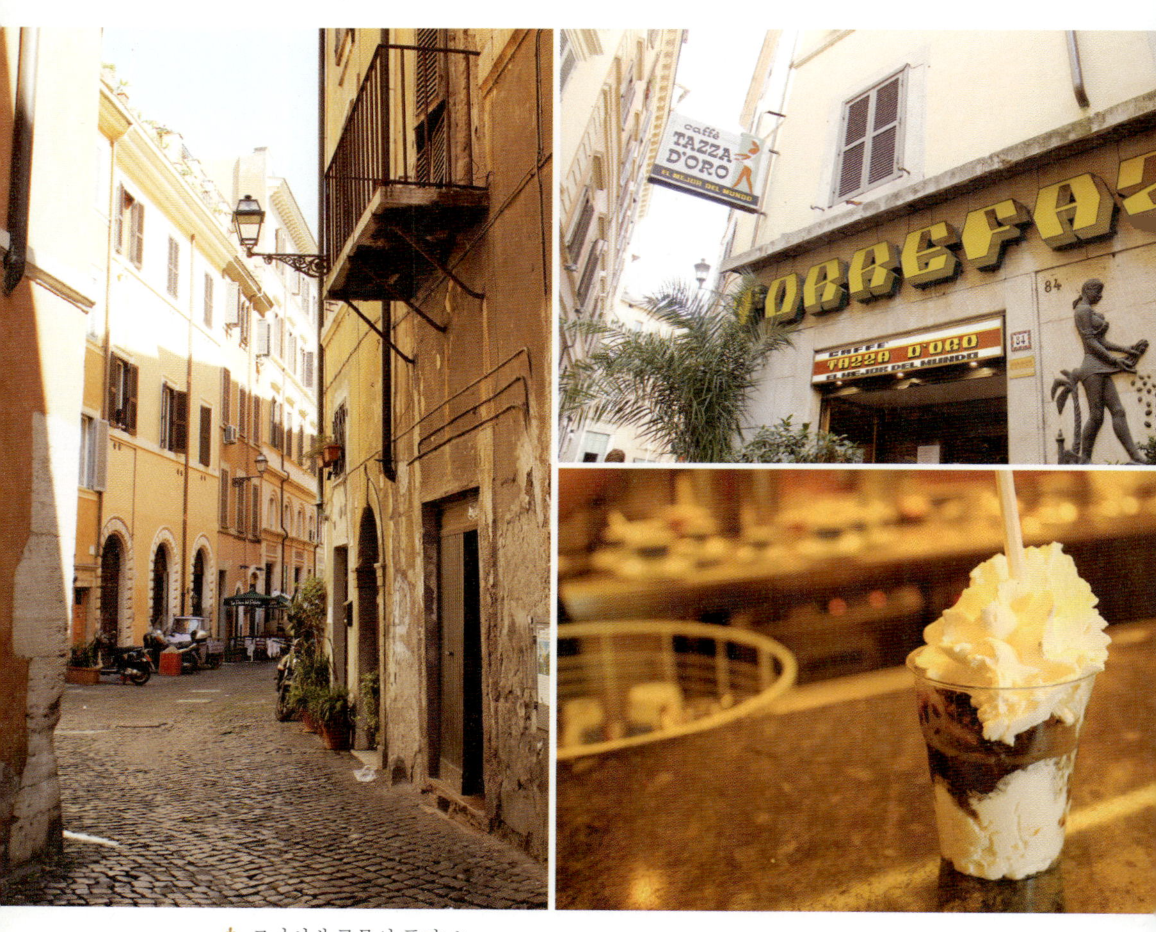

† 로마시내 골목의 풍경(좌)
‡ 타짜도로Tazza'Oro 카페(우 상단)와 카페 그라니타Caffè Granita(우 하단)

리 해도 끝나지 않을 것만 같았다.

'죽는 날까지 인생이 이런 식으로 흘러가는 것은 아닐까'라는 깊은 자괴감의 늪에 빠져 들도록 만드는 궁핍한 나날들이 지나고 어느 시기가 되자 먹고 살만은 한데 시간은 별로 없는 날들이 찾아 왔다. 남아도는 시간을 죽이기 위해 발길 닿는 대로 시작되었던 로마 시내 산책은 짬을 내어서라도 꼭 하고 싶은 일로 서서히 바뀌어 갔다. 주머니 사정이야 어찌되었든 로마는 산책에 굶주리도록 만들고야 마는 도시였다.

무더운 여름, 산책길에 목이 마를 때면 판테온Pantheon 옆 '따짜도로Tazza d'oro(금 찻잔)'라는 카페에 들르곤 했다. 코끝을 간질이는 고소한 커피 향에 취해 나도 모르게 발걸음을 안으로 옮기게 되는 금 찻잔 다방의 진짜 별미는 '카페 그라니타caffe granita'라는 메뉴이다. 에스프레소 커피를 사각사각 갈아 만든 짙은 갈색 얼음 위에 희고 부드러운 생크림을 듬뿍 얹어 먹는 카페 그라니타는 여름 한철에만 맛볼 수 있는 그 집만의 독특한 별미이다. 달콤 쌉싸름한 그라니타를 나눠 먹으며 판테온 옆 자락에 펼쳐진 서늘한 그늘 한구석을 차지하고 앉아 있노라면 막연하게나마 행복이란 이런 것일지도 모른다는 생각에 빠져 들곤 했다. 때마침 불어오는 한 줄기 바람에 머리카락이라도 날릴 때면 언젠가 다 쓸 수 없을 만큼 돈이 많아진다 해도 지금보다 더 행복해지리라는 법도 없을 거라는 다소 과감한 망상에 젖어들기도 했다.

아름다운 도시는 한 편의 시와도 같다.

딱딱한 직설법으로 혼자만의 이야기를 지껄이는 대신 무수한 은유들이 이슬

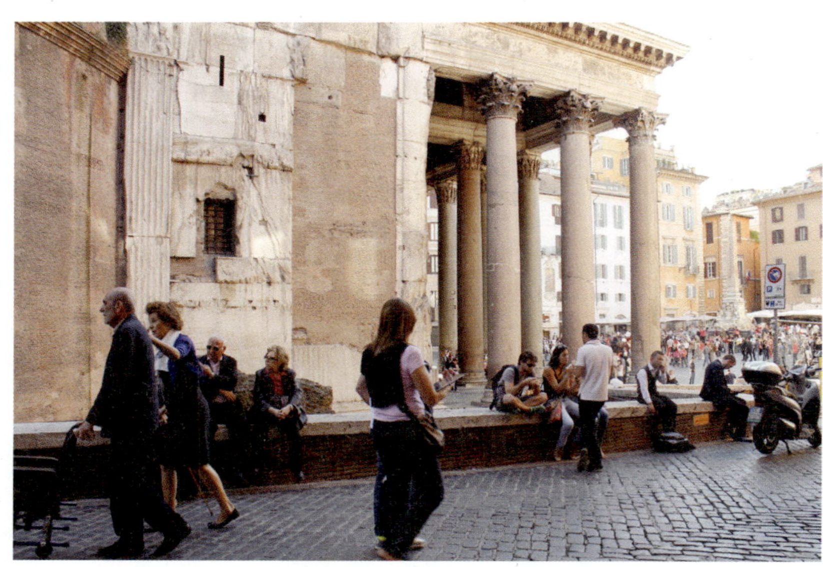

† 판테온 옆 그늘에서 쉬고 있는 사람들

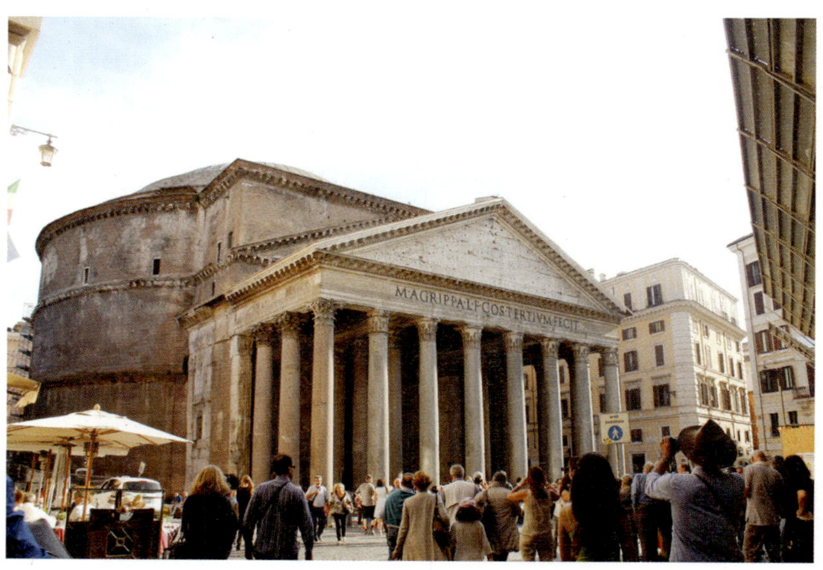

† 밖에서 바라 본 판테온

비처럼 내려와 지친 사람들의 마음을 촉촉이 적셔 준다. 그곳의 건물들은 압도하거나 군림하려 들지 않으며 배척하거나 주눅 들도록 만들지도 않는다. 근사하게 나이 든 노신사 같은 건물들이 사람들의 고민에 귀를 기울여 주는가 하면 울타리도 빗장도 없는 마음씨 좋은 아주머니 같은 광장들이 지친 사람들을 불러들여 어깨를 다독이고 눈물을 닦아 준다. 아이들은 아주 오래 전 그곳에서 살다 간 사람들이 이룩해 놓은 도시의 품속에서 마음껏 뛰놀며 어린 시절을 보낸다.

세월의 놀라운 마법을 몸소 익히며 자라난 아이들이 어른이 되어 무엇인가를 만들게 된다면 한 번 쓰고 버릴 물건이나 한철 입으면 싫증이 나는 옷 혹은 한 세대가 지나면 부수어 버릴 그런 집을 만들고자 하지는 않을 것이다. 세월이 흐를수록 더욱 아름답기에 영원히 간직하고픈 그 무엇을 만들고자 그들은 끊임없이 고민할 것이다.

한 편의 시와 같은 도시, 사람들은 그곳을 '영원의 도시'라 부른다.

2.

판테온은 로마 시대에 만들어진 신전들 중 지금까지 원형을 그대로 간직하고 있는 유일한 장소이다. 로마가 기독교를 국교로 받아들인 이후 수많은 신전들이 이방 신의 예배당이라는 이유로 처참히 파괴되었다. 609년, 교황 보니파체 4세가 판테온을 '산타 마리아 로톤다'라는 이름의 교회로 봉헌하지 않았다면 판테온 역시 폐허가 될 운명을 피할 수 없었을 것이다. 한때 다른 신들을 모셨던 장소에 십자가를 세우고 기독교의 성전으로 사용하는 일이 영 찜찜하게 느껴질지도 모르겠다. 수백 년 동안 나무아비타불을 읊어 왔던 곳

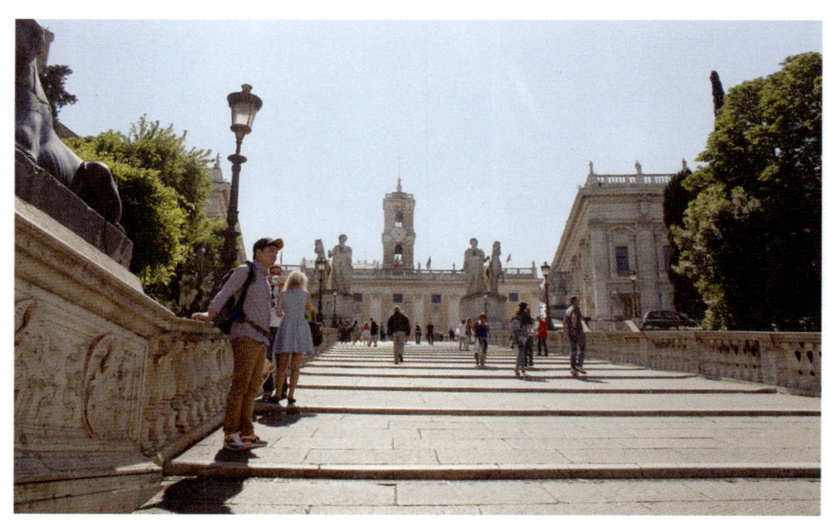

† 캄피돌리오 언덕으로 올라가는 계단

에 들어가 불상을 싹 치운 뒤 십자가를 벽에 걸고 할렐루야를 외치는 것 같은 일이니. 그러나 로마에서는 그처럼 극적인 방식으로 건물의 용도가 변경된 사례들을 쉽사리 찾아볼 수 있다. 판테온처럼 로마 시대의 신전이었던 건물을 교회로 사용하는가 하면 부서진 신전 입구의 기둥 뒤로 벽을 이어 교회를 짓기도 했다. 신전을 철거하면서 나온 쓸 만한 대리석들은 대부분 수많은 교회들을 짓는 데 사용되었다.

로마식 재활용 건물의 좋은 예를 볼 수 있는 곳은 캄피돌리오 언덕이다.

말년에 접어든 미켈란젤로는 캄피돌리오 언덕 위 광장Piazza Campidoglio을 설계하는 일을 맡았으나 완성을 보지 못하고 세상을 떠났다. 그가 살아 있는 동안 반드시 광장을 완성시켜 조각가이자 화가뿐 아니라 건축가로서도 이름을 날려야겠다는 욕심을 내려놓고 느긋한 심정으로 설계한 광장은 아늑하면

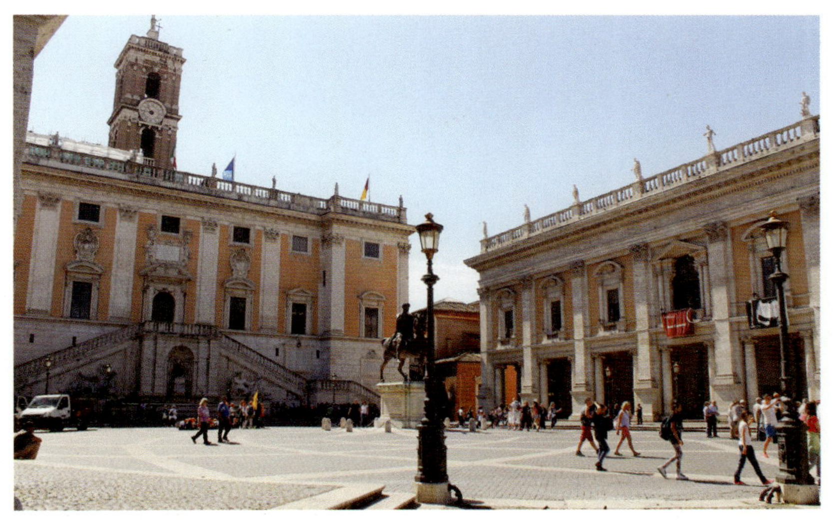

⸸ 캄피돌리오 광장

서도 편안하다. 누구나 편안히 오르내릴 수 있도록 완만한 경사로 늘어선 계단을 따라 언덕 맨 꼭대기까지 올라가면 아름다운 문양이 수놓아진 바닥 위로 아담한 광장이 눈앞에 펼쳐진다.

광장 정면에는 로마 시청사로 쓰이는 건물Palazzo Senatorio이 서 있고 양 옆으로 캄피돌리오 박물관으로 사용되는 건물Palazzo Nuovo 두 채가 날개처럼 펼쳐져 있다. 광장 안에서는 로마 시장의 주례로 시청사에서 간소한 결혼식을 마친 신랑 신부들이 환하게 웃으며 사진을 찍거나 뜨거운 키스를 나누는 장면을 종종 볼 수 있다. 캄피돌리오 광장 뒤편으로 가면 폐허에 가깝지만 그래서 더 많은 상상을 하게 만드는 로마 시대의 유적들, 포로 로마노Foro Romano*가 한눈에 내려다보이고 저 멀리 수천 년의 모진 풍파를 견뎌내며 한

* 고대 로마의 중심지로, 신전과 공회당 등 공공 기구와 일상에 필요한 시설이 있던 곳이다. 콜로세움에서 베네치아 광장으로 가는 길에 있다.

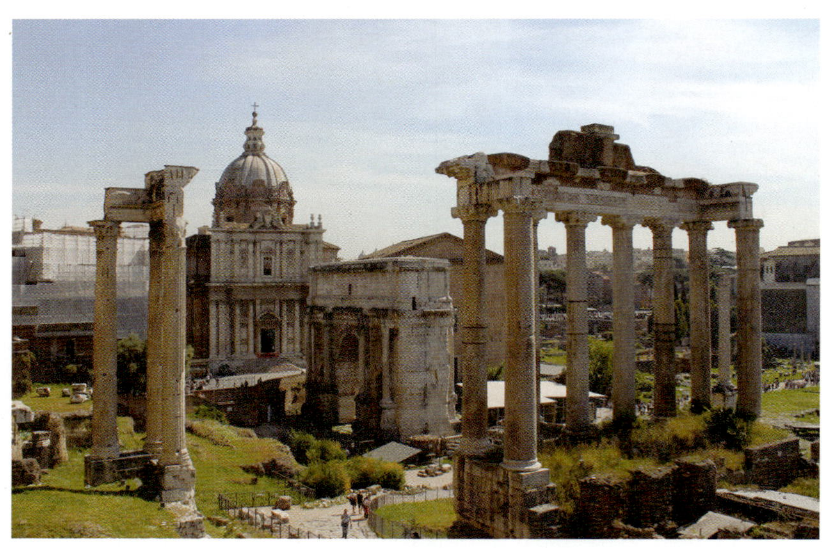

† 캄피돌리오 언덕에서 바라본 포로 로마노 풍경. 콜로세움은 보수 공사 중이라 잘 보이지 않는다.

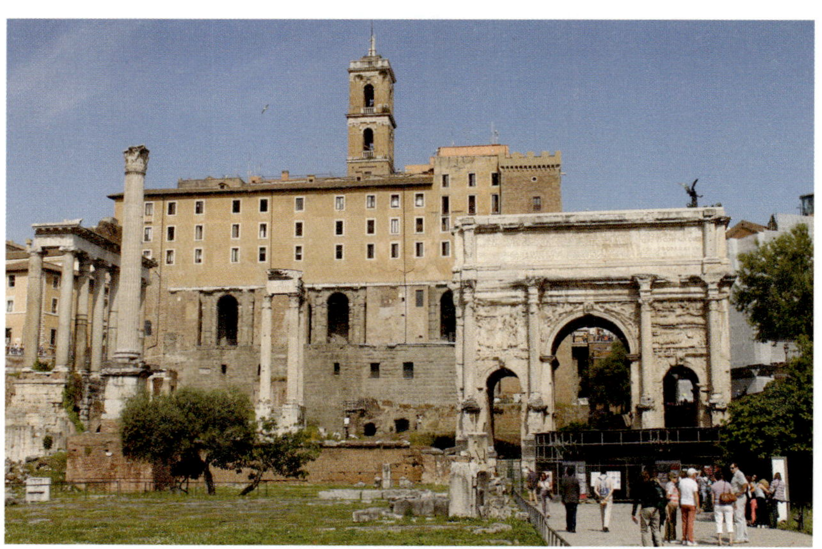

† 포로 로마노 안에서 바라본 캄피돌리오 언덕과 로마 시청사 건물

곁같은 모습으로 제 자리를 지켜온 콜로세움Colosseo이 위풍당당한 모습을 뽐내며 서 있다.

사람과 마찬가지로 건물들도 때론 앞모습보다 뒷모습이 더 많은 이야기를 들려줄 때가 있는 법이다. 캄피돌리오 언덕 뒤편에서 바라본 로마 시청사, 세나토리오 건물의 뒷모습은 자신이 살아온 역사를 고스란히 드러내 보여 준다. 벽돌이 그대로 노출된 낡아 빠진 건물 아래편과 회벽으로 그런대로 깔끔하게 마무리된 건물 위편과의 극명한 차이는 세나토리오 건물이 어떤 삶을 살아왔는가에 대해 담담하지만 설득력 있는 어조로 이야기해 주고 있다. '타불라리움'이라 불리며 기원전 78년부터 로마의 문서 보관소로 사용되어 왔던 건물 위로 층을 올려 12세기부터는 원로원으로 사용해 왔으며 현재는 로마의 시청사로 사용되는 세나토리오 건물 안, 작지만 고풍스러운 집무실에서 로마의 시장은 업무를 보고 중요한 손님들을 맞아들인다. 캄피돌리오 광장을 한 바퀴 둘러본 사람들이라면 구구절절한 설명 없이도 로마라는 도시가 지

ʃʃ 콜로세움

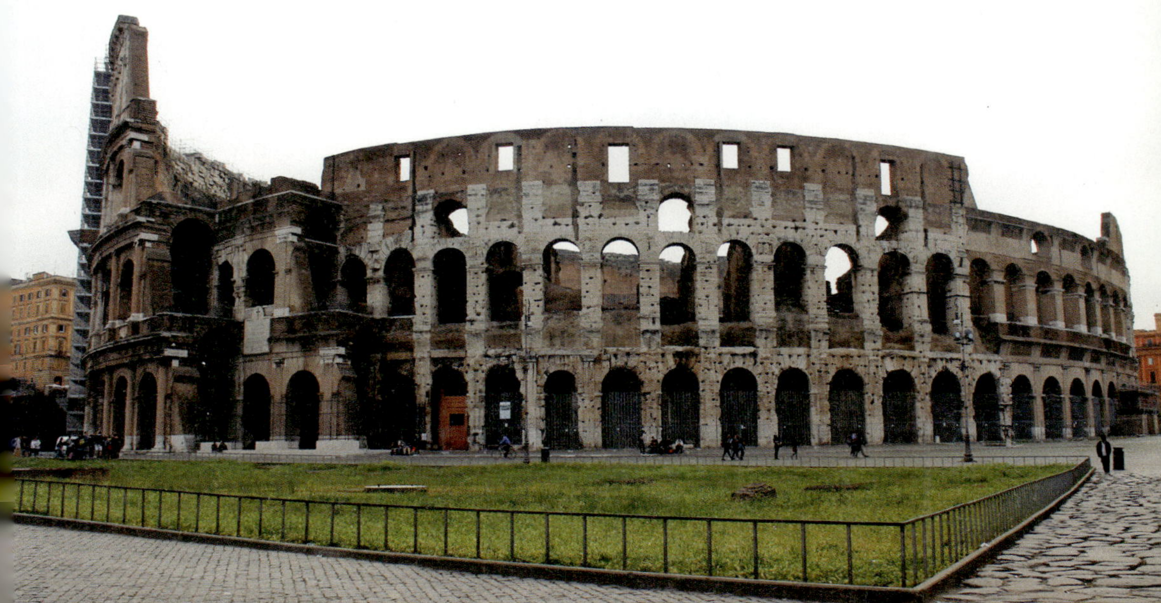

금껏 걸어온 발자취를 충분히 보고 느낄 수 있다. 그로부터 로마가 나아갈 미래를 유추해 내는 것 또한 그리 어렵지 않을 것이다.

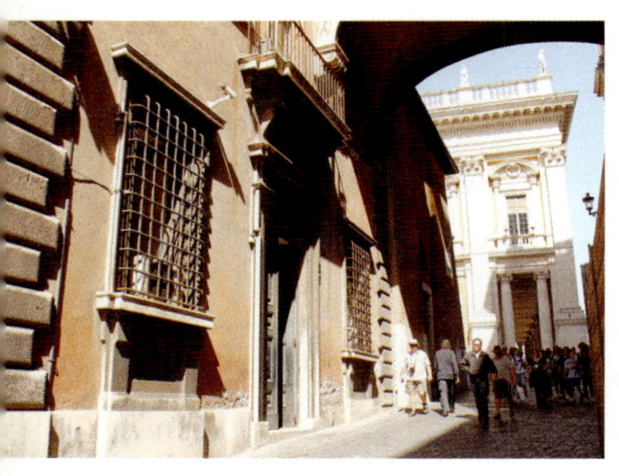

† 로마 시장 집무실 입구

3.

판테온은 본래 '모든 신들의 집'이라는 뜻을 지닌 신전이었다. 기원전 25년에 최초로 신전을 건립한 이는 로마의 장군 아그리파였으나 118년부터 하드리아누스 황제가 낡은 신전을 철거하고 지금의 모습과 같은 판테온을 세웠다. 현재 판테온 안에는 두 개의 무덤이 있다. 경비원들과 꽃다발이 항시 구비되어 있는 화려한 무덤의 주인공은 통일 이탈리아의 첫 번째 왕이었던 빅토리오 엠마누엘레 2세의 무덤이다. 1888년 완성된 그의 무덤 앞에서 경의를 표하는 사람들도 적지 않지만 좀 더 자세히 관찰해 보면 사람들이 주로 모여드는 곳은 제단 왼편 유리 안에 놓인 작은 석관 앞이다. 판테온 안에 묻힌 또 하나의 주인공, 라파엘로의 무덤이다. 아담한 석관 위로 두 마리의 비둘기가 다정하게 날아오르며 살아생전 부부의 연을 맺지 못한 채 37세의 젊은 나이로 안타깝게 세상을 등진 아름다운 청년 라파엘로의 앞길을 축복해 주고 있다.

밖에서 바라본 판테온은 로마 시대에 만들어진 신전 중 유일하게 원형이 보존되어 있다는 것을 빼면 별다른 특징이 없는 건물처럼 보이기도 한다. 예전에는 둥근 지붕의 외부 전체가 금박으로 덮여 있어 멀리서 바라보면 태양이 떠오르는 것 같은 화려한 외관을 자랑했다고 하나 비잔틴의 황제였던 콘스탄티누스 2세가 금박을 모조리 벗겨 가는 바람에 지금의 외관은 비교적 수수한 편이다.

그러나 겉모습의 함정에 빠져 판테온을 밖에서만 바라보고 쓰윽 지나친다면 그야말로 수박 겉핥는 격이다. 판테온의 백미라 할 수 있는 돔은 안에 들어가서 두 눈으로 직접 보지 않고서는 그 진가를 감히 상상조차 할 수 없다.

지름 43.30미터. 판테온의 돔은 1900여 년이 지난 지금까지도 철근을 사용하지 않고 콘크리트만으로 만들어진 돔들 중 가장 큰 규모를 자랑한다. 지름과 더불어 높이 또한 43.30미터로, 완벽한 구 하나가 들어갈 수 있는 판테온 안에 들어서면 어머니의 자궁과 같은 포근함이 느껴진다.

만약 돔의 생김새가 영 낯설게 느껴진다면 계란 노른자를 먹지 않는 누군가가 삶은 계란을 먹는 광경을 떠올려 보길 바란다. 접시 위에 계란을 얌전히 눕힌 뒤 그는 먼저 계란을 반으로 자를 것이며 그런 다음 노른자를 빼낼 것이다. 이때 노른자가 쏙 빠져나간 흰자와 같은 모양이 바로 돔이다.

철근을 비롯해 알루미늄, 유리 등 다양한 자재들의 향연과도 같은 건축에 익숙한 현대인들에게 콘크리트만으로 거대한 돔을 만드는 것이 얼마나 어려운 일인가 하는 문제는 돔의 생김새만큼이나 쉽게 와 닿지 않을 것이다. 판테온 이후 그와 비슷한 돔을 또다시 만들어 내기까지는 무려 천 년이 넘는 세월을 필요로 했다. 판테온의 돔이 만들어진 원리를 도무지 이해할 수 없었기에 인간의 힘으로 만들어진 건축물이 아니라는 흉흉한 소문이 나돌았고 사람들은 급기야 판테온을 '악마의 돔'이라 부르기도 했다. 시간이 흐름에 따라 판테온의 돔에 관한 비밀들은 모두 풀렸지만 만일 21세기를 살아

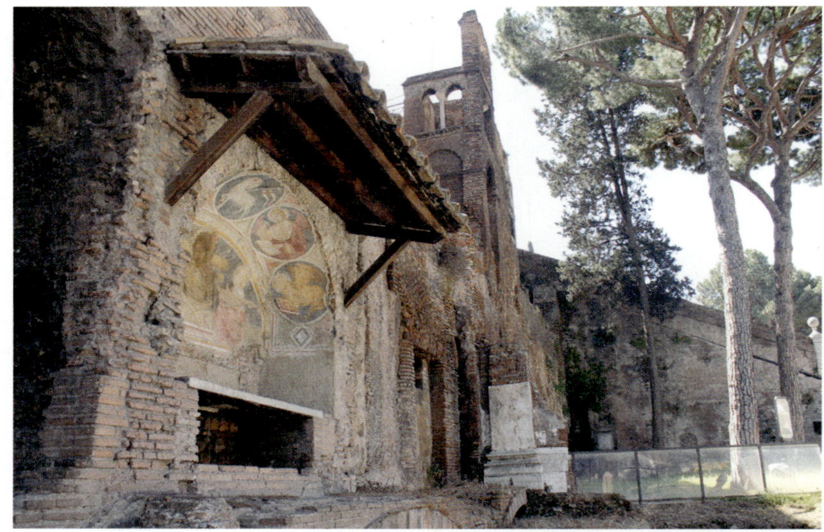

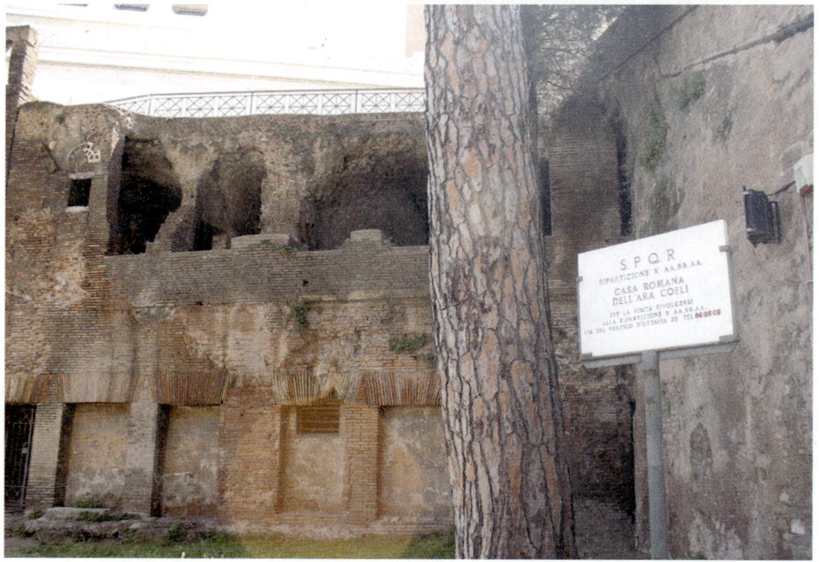

† 로마 시대 저소득층 주거지인 인술라 유적

가는 한 건축가에게 찾아가 돈은 얼마든지 드릴 테니 로마 시대의 방법 그대로 철근도 기계의 도움도 없이 콘크리트만으로 돔을 만들어 내라고 한다면 무어라 대답할지는 여전히 의문스럽다. 과연 그는 "뭐, 그쯤이야 식은 죽 먹기지요!"라고 자신 있게 대답할 수 있을까. 아니, 갖은 핑계를 둘러 댄 끝에 그는 어쩌면 이렇게 말꼬리를 흐릴 지도 모른다. "글쎄요. 악마와 거래라도 한다면 또 모를까. 허허."

로마인들에게 있어서 콘크리트의 발견은 올리브나 레몬과 마찬가지로 자연이 내린 천혜의 선물이었다. '폼페이'라는 도시 전체를 하룻밤 사이에 흔적도 없이 사라지게 만들었던 베수비오 화산에서 채취한 화산재를 이용해 로마인들은 콘크리트를 만들어 냈다. '포졸라나 콘크리트'라 불리는 로마인들의 콘크리트는 건조 속도가 매우 빨라 현대 건축에 사용되는 콘크리트와 거의 차이가 없을 정도다.

콘크리트는 네로 황제 시절 로마에 대화재가 발생한 이후 더욱 널리 보급되었다. 화재로 인한 피해를 줄이기 위해 원로원에서는 건물을 지을 때 가연성 자재의 사용을 줄일 것을 촉구하는 법안을 내놓았다. 캄피돌리오 언덕 아래 남아 있는 로마 시대 저소득층의 주거지 '인술라Insula'의 구조를 살펴보면 당시 서민들이 모여 살았던 주택이 얼마나 화재에 취약했는지 쉽게 상상해 볼 수 있다. 일가족 모두가 함께 거주했던 작은 방들이 다닥다닥 붙어 있는 2, 3층 정도 되는 건물 전체에 출입구라고는 비좁은 계단 하나가 전부였다. 화재가 발생할 경우 좁은 계단 앞으로 혼비백산 몰려든 사람들에 떠밀려 압사당하거나 미처 빠져나오지 못해 질식사로 목숨을 잃게 될 게 분명했다. 로마를 배경으로 만들어진 영화 속에 단골처럼 등장하는 장면들, 로마인들이 비스듬히 누워 호화로운 만찬을 즐기는 장면이라든가 새하얀 토가*를 길게 늘어뜨리고 한가로운 산책을 즐기는 장면은 높으신 양반들에게나 해당되는 삶이었다. 예나 지금이나 서민들의 삶은 결코 녹록치 않다.

사정이 그렇다 보니 로마인들은 주로 집 밖에서 시간을 보내길 좋아했다. 겨울에도 그만하면 포근한 편이었던 날씨도 한몫을 했다. 아침에 해가 뜨자마자 집 밖으로 나가 생활하다가 해가 지면 집으로 돌아와 잠을 자는 것이 로마인들의 일반적인 생활 방식이었다. 주방 시설이 매우 간소했던 점으로 미루어 보아 식사도 대부분 집 밖에서 해결했을 것이다. 개미굴 같은 집을 빠져나오기만 하면 하루 종일 즐기며 시간을 보낼 수 있는 일들은 얼마든지 많았다. 콜로세움에서 검투사들의 경기를 관람하거나 공중목욕탕에서 느긋하게 목욕을 즐길 수도 있었다. 종교적인 성향이 강한 사람들을 위한 신전들이 즐비했고 말하기를 좋아하는 사람들이라면 포룸**이나 바실리카에 모여 하루 종일 수다를 떨며 시간을 보낼 수도 있었다. 로마인들이 콘크리트를 발견하지 못했더라면 콜로세움을 비롯해 목욕탕, 신전 등 오늘날 로마 공공건축의 대표주자로 꼽히는 건물들은 아예 만들어지지 않았을지도 모른다.

4.

콘크리트를 사용해 돔을 만들어 내는 일은 평평한 지붕을 만드는 일과는 하늘과 땅 정도에 달하는 기술의 차이를 필요로 한다. 돔의 경우 가장 풀기

---

* 고대 로마의 남성이 시민의 표적으로 입었던 낙낙하고 긴 겉옷.

** 고대 로마 도시의 도시 광장. 그리스의 아고라와 같이 집회장이나 시장으로 사용되었다.

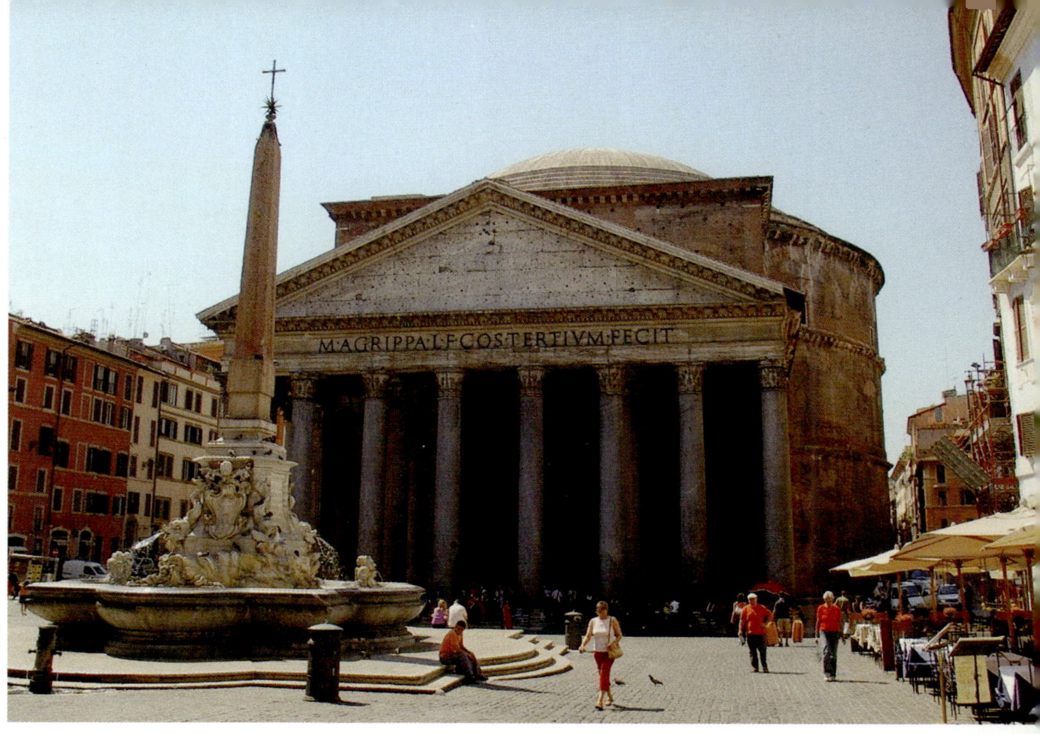

† 판테온. 지붕으로 사용한 돔이 보인다. 출처: KlausF/Wikimedia Commons.

어려운 난제는 뭐니 뭐니 해도 수천 톤에 달하는 콘크리트의 하중이다. 평평한 지붕의 경우 무게가 전체적으로 고르게 분산되지만 돔의 경우는 전혀 다르다. 중심부로 향할수록 무게가 집중되는 구조를 지닌 돔이 위로부터 짓누르는 엄청난 힘으로 인해 돔의 하부는 물론이거니와 자칫하면 돔을 지지하는 건물의 벽면에까지 균열이 생길 위험이 도사리고 있다. 돔의 하중을 제대로 조절하지 못할 경우 건물의 붕괴와 직접적으로 이어질 수도 있는 중대한 문제였다. 그러므로 돔의 무게를 최소한으로 줄이고 하중을 효과적으로 분배하는 방법을 찾아내는 것이 건축가에게는 무엇보다도 시급한 일이었다. 평범하긴 하지만 보다 안전한 방식으로 신전을 건축할 수도 있었을 텐데 로마인들은 왜 굳이 머리를 쥐어짜 가며 돔을 만들려 했는지도 여전히 의문스럽다.

다신교를 믿었던 로마인들이 판테온 신전 안에 모셔 두었던 신들이 주로 행성에 관련된 신들이었기 때문에 해와 달을 닮은 둥근 지붕을 지으려 했다는 의견도 있지만 확실치는 않다. 더구나 당시는 지구가 둥그런지 네모난지에 대해서조차 갈팡질팡하던 시기가 아니었던가.

로마인들의 정확한 의도가 무엇이었든지 간에 위험을 무릅쓰고 모험을 하려는 사람들은 늘 있기 마련이다. 그리고 그들의 공통적인 특징은 고집이 세고 집요하며 좀처럼 포기할 줄을 모른다는 것이다.

모험에 뒤따르기 마련인 실패의 쓴맛을 피하고자 판테온의 건축가는 상식적이면서도 기발한 꾀를 몇 가지 짜 냈다. 돔의 윗부분과 아랫부분을 구성하는 콘크리트의 두께에 차이를 두어 무게를 줄이고 하중을 조절하는 것이었다. 실제로 판테온 돔의 아랫부분은 두께가 약 6미터에 달하는 반면 위로 갈수록 점점 얇아져 중심부의 두께는 약 1미터밖에 되지 않는다. 한 발 더 나아가 생각한 결과 그는 콘크리트를 구성하는 재료를 통해서도 무게의 차이를 만들어 낼 수 있었다. 커다란 돌을 섞어 만든 돔의 가장 아랫부분 콘크리트의 무게는 수천 톤에 달하는 반면 윗부분의 콘크리트는 작은 조약돌을 섞어 만듦으로 돔 중심부의 무게를 최소한으로 줄일 수 있었다.

그럼에도 불구하고 건축가의 근심은 좀처럼 사라지지 않았다. 온종일 집 안에 틀어박혀 돔의 하중 문제를 고심하며 매일 밤 판테온이 와르르 무너지는 악몽에 시달리던 그는 날이 갈수록 수척해졌다. 보다 못한 아내가 어린 아들을 데리고 나가 산책이라도 하고 오라며 등을 떠밀었고 박박 긁어 대는 아내의 바가지를 견디다 못한 그는 아들의 손을 붙잡고 마지못해 집을 나섰다.

햇살이 눈부신 오후였다. 막상 밖으로 나오긴 했지만 딱히 갈만한 곳이 없었던지라 가까운 공터를 찾은 그는 나무 그늘 아래 쪼그리고 앉아 또다시 고민에 빠져 들었다. 그때였다. 놀잇감을 찾아 주위를 두리번거리던 아들이 나뭇가지 하나를 주워 와서는 땅을 후벼 파며 놀기 시작했다. 순간 "그래, 바로 이거야!"라는 외침과 함께 그는 용수철처럼 공중으로 튀어 올랐다. 영문도 모르고 어리둥절한 표정으로 서 있는 아들을 끌어안은 그의 두 눈에서 뜨거운 눈물이 흘러 내렸다.

이처럼 극적인 상황에서 나온 아이디어였는지는 모르겠으나 판테온의 건축가가 돔의 하중을 줄이기 위해 마지막으로 취한 조치는 정말이지 기발한 것이었다. 돔의 내부 전체에 두툼한 사각 형태의 문양을 넣어 파내는 코퍼copper라는 기법은 돔의 하중을 줄여 주는 동시에 밋밋한 돔의 표면을 돋보이게 해

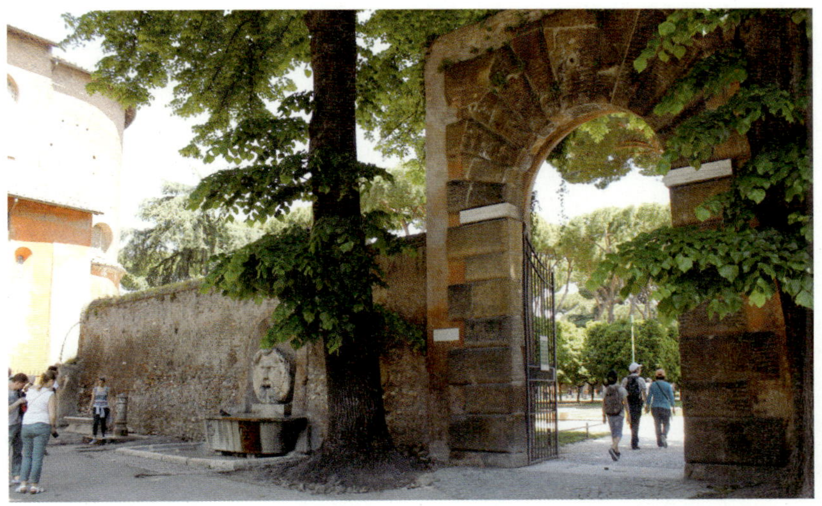

† 오렌지의 정원 입구

주는 장식의 효과까지 겸비한 꿩 먹고 알 먹기식의 기법이었다. 그날 이후 판테온의 이름 모를 건축가는 비로소 두 다리를 뻗고 잠을 이룰 수 있었다.

5.

미켈란젤로는 죽기 전 성 베드로 성당의 돔을 설계했다. 신에 대한 마지막 봉사라는 의미로 그는 돔의 설계에 대한 보수를 정중히 거절했다고 전해진다. 성 베드로 성당의 돔은 판테온으로부터 영감을 얻어 만들어졌다. 좀 더 직설적으로 표현하자면 판테온의 돔을 본으로 삼아 만든 것이라 할 수 있다. 다만 미켈란젤로는 판테온에 경의를 표하고자 성 베드로 성당 돔의 지름을 판테온 돔의 지름보다 1미터 남짓 작게 설계했다. 그로 인해 판테온은 지금까지도 콘크리트만으로 만들어진 돔들 중 가장 큰 돔으로 남아 있게 되었다.

판테온의 돔을 제대로 보려면 반드시 안으로 들어가야 하는 것처럼 성 베드로 성당의 돔을 가장 잘 감상할 수 있는 곳은 따로 있다. 테베레 강을 사이에 두고 바티칸 언덕과 마주보고 있는 아벤티노Aventino 언덕이다. 대부분의

† 오렌지의 정원 발코니에서 바라본 성 베드로 성당의 돔

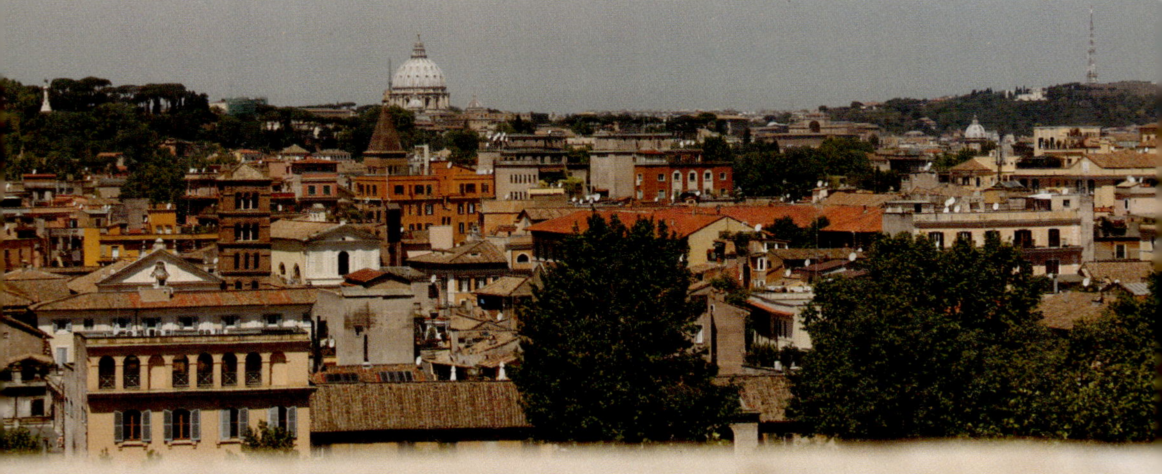

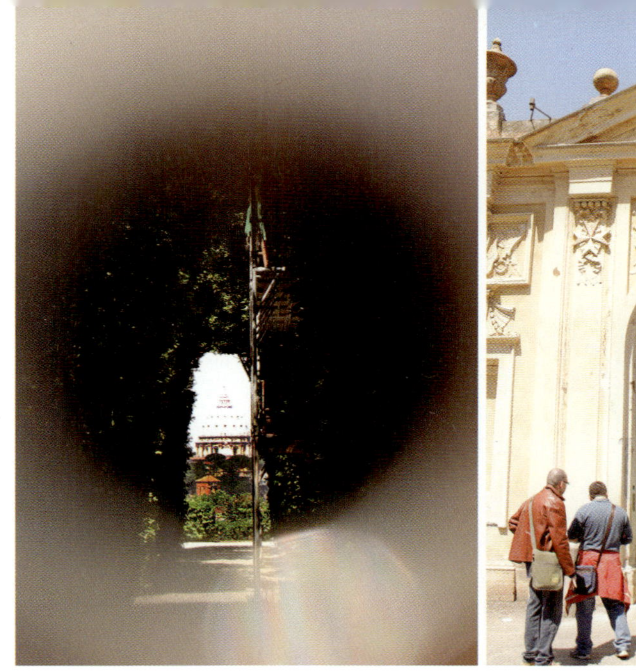

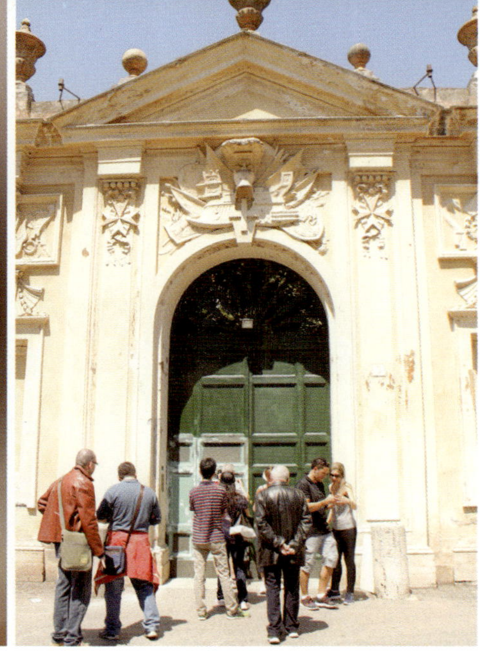

말타의 기사들의 광장 3번지 수도원 문구멍으로 보이는 성 베드로 성당의 돔(좌).
문구멍을 보기 위해 기다리는 사람들.

관광객들이 아벤티노 언덕 바로 아래, 폐허가 되어 버린 대전차 경기장Circo Massimo을 바라보며 영화 속 전차 경주 장면을 떠올리느라 혹은 진실의 입La Bocca della Verità 안에 손을 집어넣고 짜릿한 스릴을 맛보느라 정신이 팔려 있는 탓에 아벤티노 언덕 위는 늘 한산하다.

아벤티노 언덕 꼭대기에 올라가면 '오렌지의 정원Giardino degli aranci'이라 불리는 아담한 공원이 있다. 높다란 담벼락 한구석에 나 있는 작은 문으로 들어서는 순간 '과연 이 안에 공원이 있기는 한 걸까?'라는 의구심이 들겠지만 오렌지 나무들이 드문드문 심겨진 공터를 지나 안쪽 깊이 들어가면 성 베드로 성당 돔의 우아한 자태가 한눈에 들어온다. 테베레 강 너머 저 멀리 보이는 성 베드로 성당의 돔은 가까이에서 볼 때보다 한결 여유롭지만 그 모습을 보기 위해 굳이 테베레 강을 건너 아벤티노 언덕까지 올라오는 이는 드물다.

눈앞에 보이는 것들만 바라보며 살아가기에도 급급한 우리에게 저만치 떨어져 사물을 바라보는 방법은 좀처럼 낯설기만 하다.

아벤티노 언덕 위에는 성 베드로 성당의 돔을 매우 독특한 방식으로 바라볼 수 있는 또 하나의 비법이 있다. '말타의 기사들의 광장Piazza dei Cavalieri di Malta' 3번지에 위치한 수도원 문에 뚫린 작은 열쇠 구멍을 통해 보는 방법이다. 손바닥보다 더 작은 열쇠 구멍에 눈을 바짝 갖다 붙이고 안을 들여다보면 카메라 렌즈로 구도를 잡은 것처럼 신기하게도 저 멀리 성 베드로 성당의 돔이 눈 속으로 쏙 들어온다. 그러나 독특한 시선으로 사물을 바라보는 방식 또한 우리에게는 사뭇 낯선 것이기에 아벤티노 언덕 위는 늘 그렇듯 한산하기만 하다.

로마를 찾는 대부분의 사람들은 널리 알려진 관광지들을 배경으로 한 장의 사진이라도 더 남기기 위해 분주하게 뛰어 다니며 그들만의 보람찬 하루를 보낸다.

6.

판테온 돔을 본으로 삼아 돔을 만든 사람은 미켈란젤로가 처음이 아니었다. 그의 고향 피렌체의 두오모, 산타 마리아 델 피오레Santa Maria del fiore 성당 역시 판테온의 돔을 응용해 지붕을 덮었다. 미켈란젤로가 태어나기 39년 전에 완공된 피렌체 두오모의 돔이 만들어지지 않았다면 판테온 돔의 비밀은 여전히 풀리지 않았을 테고 성 베드로 성당에 돔이 만들어지지 못했을지도 모른다. 악마의 돔이라는 소문이 나돌 정도로 철저하게 베일에 싸여 있던 판테온 돔의 비밀을 풀어낸 것은 피렌체의 한 무명 건축가였다.

로마 제국의 유명세로 인해 이탈리아라는 나라 또한 로마만큼이나 유구한 역사를 지녔을 것이라 생각하겠지만 실상은 그렇지 않다. 이탈리아 반도 전체가 하나의 국가로 통일이 된 해는 1870년으로, 불과 144년 전이니 엄밀히 따지면 이탈리아는 그리 오래되지 않은 신생 국가인 셈이다. 이탈리아가 통일되기 전까지 오랜 세월 도시국가로 지내 왔기 때문인지 이탈리아 내의 모든 도시들은 개성이 무척 강하다. 한 나라 안에 있음에도 도시들을 방문할 때마다 제각기 다른 역사와 건축물, 사람들의 성향, 음식, 사투리와 마주치는 경험은 이탈리아 여행이 주는 또 하나의 묘미이다.

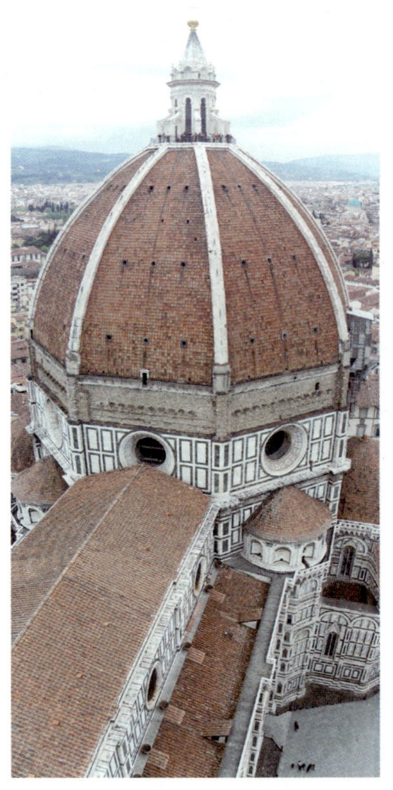

† 산타 마리아 델 피오레 성당(피렌체 두오모)의 돔
출처: Lofty/Wikimedia Commons.

거리로만 따지자면 250킬로미터 정도 떨어진 로마와 피렌체는 비교적 가까운 도시지만 사람들의 성격은 전혀 다르다. 로마 사람들이 활기차고 농담을 즐기며 얼렁뚱땅 넘어가려는 면모를 지닌 반면 피렌체 사람들에게는 고집스럽고 독특하며 인색한 면모가 있다. 피렌체 사람들의 그와 같은 면모는 피렌체 두오모의 돔이 만들어지는 과정을 통해서도 고스란히 드러난다.

1296년부터 시작된 피렌체 두오모의 공사는 1366년에 이르자 어느 정도 마무리 단계에 접어들었다. 아르놀포 디 캄피오Arnolfo di Campio라는 실력 있는 석공이 최초의 주춧돌을 놓은 지 70년이 흐른 뒤였다. 그러나 어느 정도라는 말에서 알 수 있듯 70년에 걸친 고된 노력에도 불구하고 해결되지 않은 중대한 문제가 있었으니 다름 아닌 두오모의 지붕이었다. 피렌체 사람들은 두오모의 지붕에 반드시 돔을 올려야 한다고 믿었다. 지붕이 없는 성당에서 비를 맞으며 미사를 드리는 한이 있더라도 돔이 아니면 안 된다는 그들의 믿음은 거의 맹신에 가까운 것이었다. 피렌체와 오랜 숙적 관계이자 호시탐탐 피렌체를 손에 넣을 기회만을 노렸던 북부 도시 밀라노에서 수백 개의 뾰족한 첨탑들로 이루어진 어마어마한 규모의 두오모가 완공되었다는 배 아픈 소식이 들려 왔지만 피렌체 사람들은 눈 하나 꿈쩍하지 않고 오히려 코웃음을 쳤다. 첨탑과 스테인드글라스로 이루어진 고딕 양식의 성당을 지을 작정이었다면 피렌체의 두오모는 이미 오래 전 완공을 끝내고도 남았을 것이다. 끝끝내 돔을 만들고야 말겠다는 피렌체 사람들의 고집은 성당의 대부분이 완공된 이후로도 오랫동안 지붕을 덮지 못한 채 두오모를 방치해 두었다.

성미가 급한 사람들이었다면 돔이든 아니든 어쨌거나 지붕부터 덮어 놓고 보았겠지만 그들은 반드시 돔을 만들어 내고야 말겠다는 야무진 꿈 하나로 이를 악물고 긴 세월을 버텨 냈다. 하지만 둥근 돔을, 더군다나 판테온 같은 원형 건물이 아닌 팔각형 건물 위에 얹는다는 것은 불가능해 보였다. 돔 자체에 대한 문제도 풀지 못하고 있는데 원형의 돔과 팔각형의 건물을 잇는 또 다른 문제가 더해져 속절없이 시간만 흘러갔다. 피렌체 사람들의 타들어 가는 속을 아는지 모르는지 하루, 이틀에서 한 달 두 달, 한 해, 두 해로 이어지며 지붕이 뚫린 두오모를 올려다보는 동안 반세기가 그렇게 훌쩍 지나가 버렸다.

피렌체 사람들은 왜 그토록 돔을 원했던 것일까. 피렌체가 속해 있는 토스카나Toscana 주의 아름다움은 이탈리아 내에서도 익히 알려져 있다. 이탈리아뿐만 아니라 유럽과 전 세계의 많은 사람들이 토스카나의 전원에 별장을 짓고 노년을 보내길 꿈꾼다. 이탈리아 반도의 중부 내륙에 속하는 토스카나는 비옥한 토양으로 뒤덮인 완만한 구릉들로 이루어진 지역이다. 어머니의 젖가슴을 닮은 둥그스름한 구릉들이 겹겹이 펼쳐지는 토스카나의 풍경을 바라보고 있노라면 세상만사로 온통 들끓었던 마음조차 차분히 가라앉는다. 붉은 빛이 살짝 감도는 비옥한 땅 곳곳마다 은빛으로 반짝이는 올리브 나무 잎사귀들이 잔잔한 바람의 선율에 맞춰 춤을 추는가 하면 이따금 하늘을 향해 곧게 뻗은 짙푸른 사이프러스 나무들이 나타나 지루함을 달래 준다. 간간이 눈에 띄는 수수한 집들마저도 땅에서 싹을 틔워 자라난 자연의 일부같이 느껴진다. 하늘과 땅, 나무와 집 그 어떤 것도 자신의 존재를 뽐내려 하지 않는 토스카나의 풍경은 삶에 있어서도 어느 한쪽으로 치우치지 않고 지극히 조화롭게 살아가는 방법이 있음을 넌지시 일러 준다.

겨울 내내 혹독한 추위가 이어지는 북유럽 지역에 세워진 고딕 성당의 첨탑들은 눈 쌓인 처마 밑 뾰족한 고드름과 어울려 제법 근사한 풍경을 연출했을 것이다. 그러나 완만하고 부드러운 곡선으로 이루어진 토스카나의 푸근한 자연을 배경으로 뾰족한 첨탑들이 들어서게 된다는 것은 돌이킬 수 없는 비극의 탄생임을 피렌체 사람들은 누구보다도 잘 알고 있었다.

7.

1418년 8월 19일, 고급 기술자의 몇 년 치 연봉에 달하는 거액의 상금을 내걸고 피렌체 대성당 돔의 건축 설계안을 모집한다는 공고가 나붙었다. 성당의 주춧돌을 놓은 지 122년, 지붕을 제외한 성당의 나머지 부분이 완공된 지 52년 만의 일이었다. 공고문을 유심히 읽어 내려가던 사람들 중 예사롭지 않은 눈빛을 지닌 한 사나이가 있었으니 판테온의 돔만큼이나 철저히 베일에 싸여 있던 그의 이름은 필리포 브루넬레스키Filippo Brunelleschi였다.

브루넬레스키가 공모전에 내놓은 돔 설계안을 살펴 본 심사 위원들은 어리둥절하지 않을 수 없었다. 브루넬레스키라는 이름을 단 한 번도 들어본 적이 없었을 뿐더러 그가 내놓은 설계안 또한 입이 떡 벌어질 정도로 듣도 보도 못한 것이었다. 설계안에 대해 보다 상세한 설명을 요구하는 심사 위원들 앞에서 그는 자신의 아이디어가 도용될 위험이 있다며 입을 꾹 다물었다.

지금까지도 피렌체 사람들은 '브루넬레스키'라는 이름 앞에 건축가라는 호칭 대신 '천재'라는 호칭을 즐겨 붙인다. 천재라 일컬음을 받는 사람들 대부분이 그렇듯 그 역시 타고난 독불장군이었다. 젊은 시절 금 세공사로 일했던 그는 피렌체 세례당 문을 장식하기 위한 공모전에 당당히 입상하였으나 다른 한 명의 입상자와 함께 작업해야 한다는 소식을 듣고서 그 길로 입상을 포기해 버렸다. 세례당 문의 장식은 잘만 되면 평생 일감이 보장되는 것은 물론이거니와 명예까지 덩달아 얻을 수 있는, 금 세공사라면 누구나 동경해 마지않는 절호의 기회였다. 그토록 안정적인 일을 헌신짝처럼 차 버린 브루넬레스키는 예술적 동지이자 친구였던 조각가 도나텔로와 함께 홀연히 로마를 향해 떠났다.

브루넬레스키와 도나텔로, 한 명은 잘 나가던 금 세공사 일을 때려치운 실업자였고 다른 한 명은 자존감만큼은 하늘을 찌르나 아무도 알아주지 않았던 무명의 조각가였다.

로마에 당도한 두 젊은이는 로마 시대의 유적들을 찾아다니며 파헤치고 연구하는 일을 시작했다. 허름한 행색의 두 젊은이가 사이좋은 두 마리 두더지처럼 멀쩡한 땅을 파헤치며 심각한 표정으로 무엇인가를 기록하는 모습은 사람들의 이목을 끌기에 충분했다. 우습다 못해 괴기스럽기까지 했던 그 모습을 바라보며 사람들은 두 젊은이가 먼 곳에서 온 흑마술사들이며 그들의 기이한 행각은 주술을 걸기 위한 것이라고 수군거렸다.

아직 르네상스의 '르'자도 세상에 존재하지 않았던 무렵, 로마의 유적들은 그야말로 길가에 널린 개똥 정도의 취급을 받던 시절이었다. 오랜 세월 방치된 채 아무도 돌보지 않아 풀들만 무성해진 콜로세움에서는 양떼들이 한가롭게 풀을 뜯고 있었고 포룸 안에는 부서진 신전에서 떨어져 나온 아무짝에도 쓸모없는 대리석 파편들이 여기저기 굴러다니고 있었다. 그런 쓰레기장이나 다름없는 곳에 처박혀 연구를 한답시고 심각한 표정으로 무언가에 몰두해 있는 두 젊은이의 모습을 바라보며 사람들은 실소를 금치 못했고 개중에는 '쯧쯧, 아직 젊은 사람들이 어쩌다 저런 꼴이 되었을꼬'라며 혀를 끌끌 차는 이들도 있었다.

그로부터 백여 년이 흐른 뒤 교황 레오 10세의 전폭적인 지지 속에 로마시대 유적 발굴에 본격적으로 뛰어든 이가 있었으니 그가 바로 화가로만 잘 알려진 라파엘로다. 교황으로부터 문화재 지킴이 및 기록자라는 임무를 수여받은 라파엘로는 브루넬레스키 시대만 해도 찬밥 신세를 면치 못했던 로마 유적들의 상태를 기록하고 점검해 보존하는 한편 유적들의 위치가 표기된 지도를 작성했고, 공식적으로는 최초로 판테온을 측량하고 분석하는 일도 맡았다.

라파엘로는 교황에게 보낸 보고서 형식의 편지에서 "고대의 조각과 장식물들을 만들기 위해 얼마나 많은 석회석들이 들어간 걸까요?"라며 어마어마한 유적의 양에 찬탄하기도 했는데, 그의 편지는 바티칸의 외교관이자 그와 친분이 있던 발다사리라는 인물에게도 전해졌다. 문화와 예술, 그중에서도 특히 고대 유적에 대한 열정이 남달랐던 발다사리는 라파엘로와 말이 통하는 벗이자 정신적인 지주이기도 했다. 지적이면서도 온화한 성품을 엿볼 수 있는 푸른 눈을 지닌 그의 초상화는 깊은 우정에 대한 감사의 표시로 라파엘로가 선사한 것이다.

로마에 머무는 동안 브루넬레스키가 가장 많은 시간을 보냈던 곳은 판테온이었다. 판테온을 관찰하고 측량하며 얻은 귀중한 자료들을 다른 사람에게 빼앗길까 두려웠던 그는 판테온에서 얻은 모든 정보들을 자신만의 암호로 꼼꼼히 기록해 두었다. 브루넬레스키와 동행했던 도나텔로 역시 헛걸음을 했던 것은 아니었다. 훗날 브루넬레스키는 피렌체 두오모 돔의 공사를 마무리하며 '돔 기단'*에 있는 여덟 개의 창문들을 장식할 그림들 중 가장 중요한 '성모의 대관식'을 그의 오랜 벗 도나텔로에게 맡긴다. 그즈음 도나텔로는 르네상스의 시작을 알리는 작품들을 통해 이미 거장의 반열에 오른 조각가가 되어 있었다.

피렌체 돔 설계안의 입상작을 선정하기 위해 심사 위원들이 가장 비중 있

---

* 돔의 가장 아랫부분인 돔을 떠받치고 있는 단(띠).

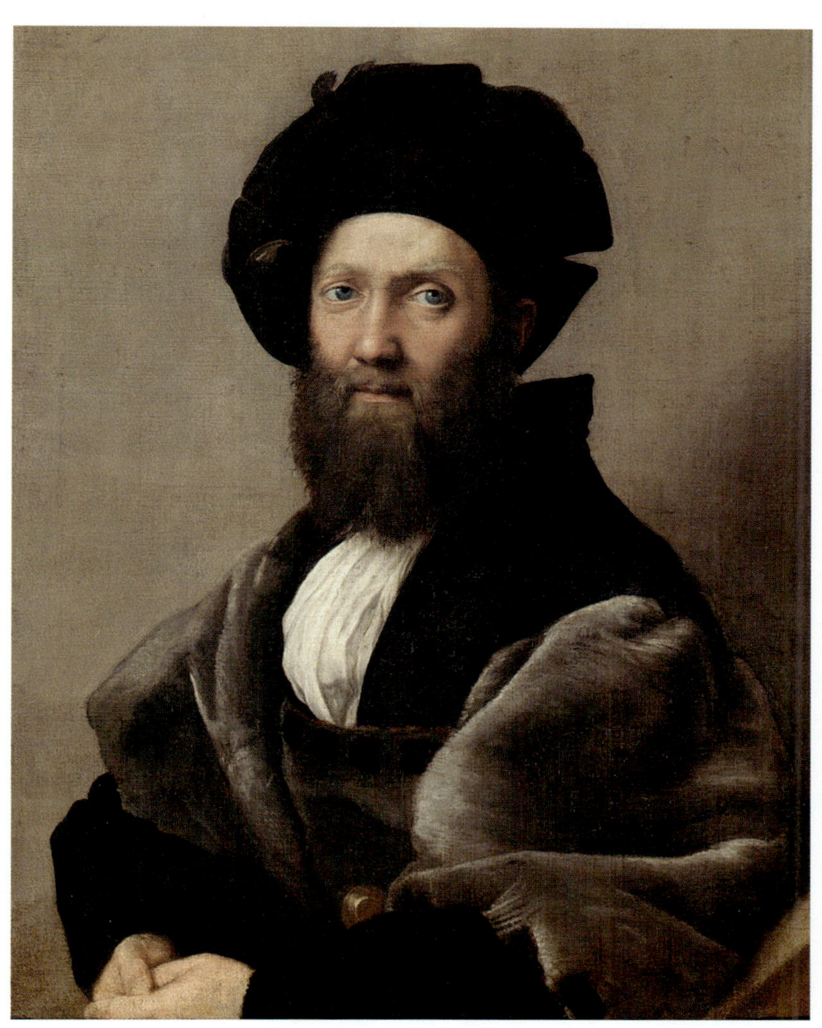

† 라파엘로의 「발다사리 초상화」

게 다루었던 부분은 돔이 완전히 건조되기까지 돔의 형태를 지지해 줄 수 있는 중심 틀에 관한 부분이었다. 기둥을 세워 하중을 지지하는 평평한 지붕과 달리 돔의 경우 콘크리트가 완전히 건조되기까지 어떤 방법으로든 수천 톤에 달하는 돔의 하중을 유지해 주는 장치를 필요로 했다. 돔을 만든 뒤 목재로 거대한 중심 틀을 세워 돔의 형태를 지지하는 것이 일반적으로 알려진 해결책이었으나 문제는 그리 간단한 것이 아니었다.

대부분의 출품자들이 내놓았던 목재로 만든 중심 틀의 사용은 이론상으로는 그럴싸했으나 실제적으로는 불가능에 가까운 해결책이었다. 중심 틀을 만들기 위한 목재의 조달부터가 문제였다. 이탈리아 내에서 보다 손쉽게 구할 수 있었던 대리석과 달리 중심 틀을 만들자면 북부 유럽에서 엄청난 양의 목재를 구입한 뒤 피렌체까지 운반해 와야만 했다. 배보다 배꼽이 더 큰 지출을 감수하고 중심 틀을 제작했다 해도 문제는 거기서 끝이 아니었다. 거대한 돔이 완전히 건조되기까지는 적어도 1년 이상의 기간을 필요로 했다. 목재라는 재질의 특성상 무더운 여름과 추운 겨울을 나는 동안 구부러지거나 부러지지 않을 것이라고 그 누구도 장담할 수 없었다. 목재를 사용한 중심 틀이 제 구실을 못할 경우 엄청난 액수의 돈을 허공으로 날리게 됨은 물론이거니와 제대로 건조되지 않은 돔의 하중으로 인해 멀쩡한 성당의 벽까지 허물어지는 엄청난 위험을 감수해야만 했다. 피렌체 사람들의 오랜 숙원이었던 거대한 돔은 보다 획기적인 그 무엇을 필요로 했다. 누군가는 반드시 '발상의 전환'을 해야만 했다.

브루넬레스키가 설계안에서 제시했던 해결책은 너무도 간단한 나머지 그 자리에 앉아 있던 심사 위원들이 실소를 금치 못할 정도였다. 웃음을 터뜨리는 심사 위원들 앞에서 그는 중심 틀을 설치하지 않고서도 충분히 돔을 만들 수 있다며 오히려 큰 소리를 쳤다.

황당하다고 밖에 할 수 없었던 브루넬레스키의 설계안이 채택되었던 것은 엉뚱한 면과 인색한 면을 동시에 지닌 피렌체 사람들의 기질 때문이었다. 다른 응모자들이 내놓았던 설계안에서 이렇다 할 결과를 기대하기 힘들었던 심사 위원들의 입장에서는 그럴 바에야 브루넬레스키의 설계안대로 중심 틀을 만들지 않는 편이 훨씬 나았을 것이다. 어차피 돔이 만들어지지 않을 거라면 적어도 중심 틀 제작에 필요한 비용만큼은 줄일 수 있었기 때문이다.

브루넬레스키는 돔의 천장을 두 겹으로 만들어 무게를 줄였고, 더 무거운 안쪽 천장이 가벼운 바깥쪽 천장을 받치도록 했다. 한편 팔각형으로 만들어진 성당 벽과 둥근 돔을 연결하는 까다로운 문제는 돔의 외벽과 내벽 사이의 공간에 아치형 구조물을 내접시키는 것으로 해결했다. 이것은 안팎의 힘의 균형을 이루면서 제 무게를 스스로 지탱하게 하는 작용도 했다.

'믿거나 말거나'로 시작된 브루넬레스키의 돔은 1436년 드디어 완성되었고 피렌체 사람들의 기나긴 기다림은 '오래 오래 행복하게 살았다'는 해피엔딩으로 끝을 맺게 된다.

두 겹으로 이루어진 돔의 외벽과 내벽 사이, 촘촘한 계단의 마지막 한 칸을 밟고 올라서면 피렌체 두오모에서 가장 높은 곳에 다다르게 된다. 돔 꼭대기에서 내려다보는 피렌체 시내와 토스카나의 전경은 아슬아슬하면서도 기막히게 아름답다.

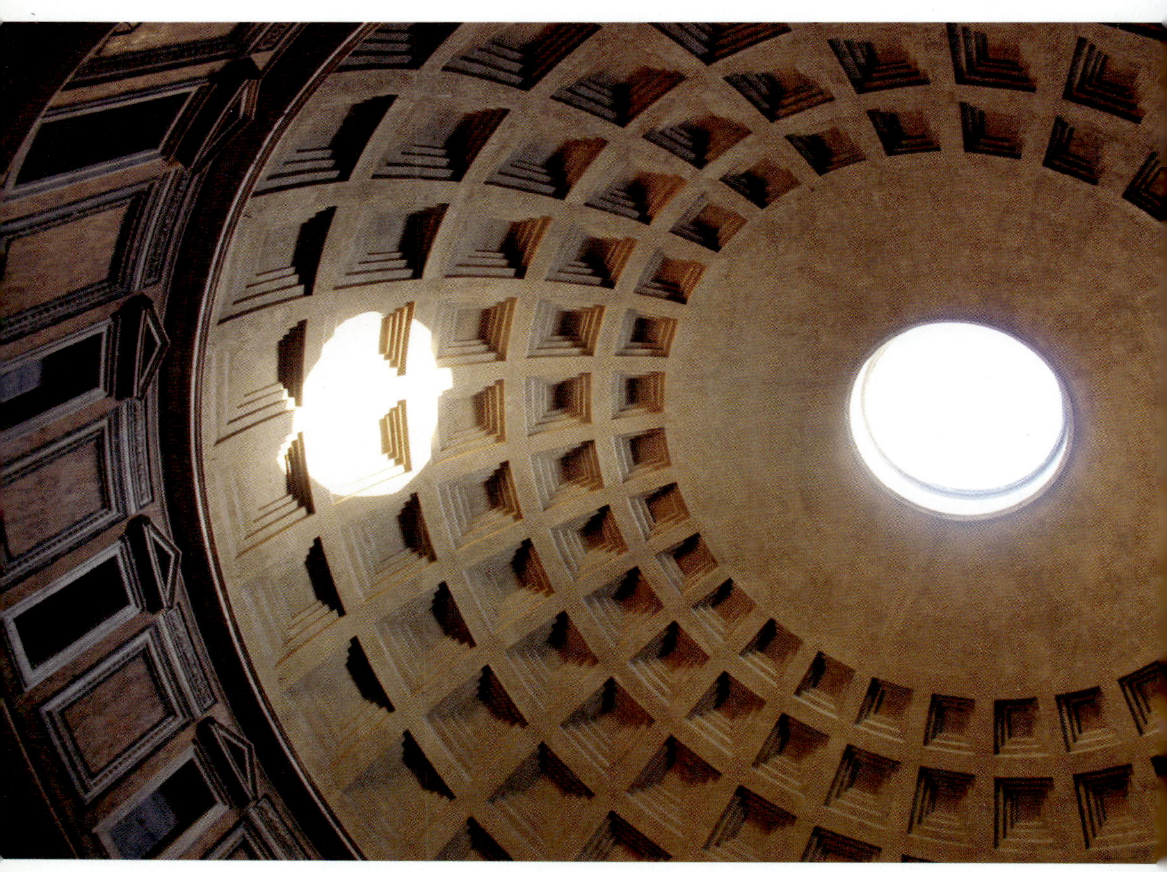

† 오후 5시경 판테온 돔 중심의 '오쿨루스'를 통해 들어온 빛이 돔에 조명처럼 비치는 모습

463개나 되는 계단을 즈려밟고 피렌체 두오모 꼭대기까지 올라갔던 오래 전 기억을 떠올리니 숨이 턱까지 차오며 아찔해지다가도 브루넬레스키의 삶을 되돌아보며 '그래, 세상이라는 곳이 정신을 똑바로 차리고 사는 사람들만 잘되는 그리 팍팍한 곳은 아니었지'라는 생각에 젖어들어 나도 모르게 안도의 한숨이 흘러나온다. 지금 이 순간에도 안락한 삶의 방식에 안녕을 고하고 자기만의 동굴 속에 처박힌 얼간이들이 어딘가에 있을 거라 생각하니 가슴이 울렁인다.

8.

판테온에 수백 번 아니 수천 번을 가 보았다 하더라도 혹 비가 내리는 날 판테온을 보지 못했다면 미안한 얘기지만 판테온의 진수를 안다고 할 수 없다.

판테온 돔의 중심에 나 있는 오쿨루스occulus, 눈이라 불리는 커다란 구멍을 통해 무수한 빗방울들이 춤추듯 몸을 흔들며 떨어져 내리는 장면은 좀처럼 보기 드문 장관이다. 유달리 예민한 감성의 소유자였던 라파엘로 역시 비 오는 날의 판테온을 사랑했던 것이 틀림없다.

판테온은 라파엘로의 무덤이 있는 곳이기도 하다.

라파엘로를 끔찍이 아꼈던 교황 레오 10세는 그에게 로마에서 반경 20킬로미터 안에 있는 유적들을 발굴할 수 있는 특권을 주었고, 판테온은 수많은 유적들 중 라파엘로가 가장 사랑하는 장소였다.

37세의 꽃다운 나이로 세상을 떠난 라파엘로는 지금까지도 판테온 안에 고이 잠들어 있다.

아테네 학당과 초상화들

1.

어느 모로 보나 세계 제일을 표방하길 좋아하는 대한민국 사람들의 입장에서는 지방색마저도 역시 우리나라가 세계 제일이라 여길지 모르지만 꼭 그렇지만은 않다. 북부와 남부로 나뉘는 이탈리아의 지방색 역시 영남과 호남으로 대표되는 대한민국의 지방색을 방불케 한다. 자동차와 패션 등 이탈리아의 주요 산업들이 북부 지역에 집중되어 있는 반면 내세울 것이라고는 지중해의 푸른 바다밖에 없는 이탈리아 남부 지역은 마피아가 득실거리는 낙후한 지역으로 알려져 있다. 오죽하면 경제적으로 우세한 북부 이탈리아 지역만 따로 독립해 하나의 국가를 만들자는 취지의 북부 연합당Lega Nord이 합법적인 정당으로 인정받으며 활동하고 있을까. 도시국가들이 모여 하나의 나라를 이룬 이탈리아의 지방색은 북부와 남부로 크게 나뉠 뿐만 아니라 각각의 도시별로 또다시 나뉘며 오래 전부터 매우 복잡한 양상을 띠고 있다.

라파엘로가 활동했던 당시, 바티칸 안의 예술가들은 '피렌체Firenze'파와 '마르케Marche'파의 두 부류로 나뉘어 있었다. 그중 마르케파를 이끌었던 브라만테는 잘 알려진 바대로 지나치게 진취적이며 수완 또한 좋은 사람이었다.

로마와 비교적 가까운 거리에 있는 도시이자 르네상스의 발상지였던 피렌체에서 다수의 예술가들이 나오게 된 것은 당연한 일이었음에 비해 마르케파의 중심지였던 도시, 우르비노Urbino에서 그와 같은 일이 벌어진 것은 조금 의외라 할 수 있는 일이었다. 마르케는 이탈리아 반도의 동쪽 바다 아드리아 해와 아펜니노 산맥 사이에 끼어 있는 외딴 지역으로, 우르비노는 마르케 지역에 있는 변방의 작은 도시에 불과한 곳이었다.

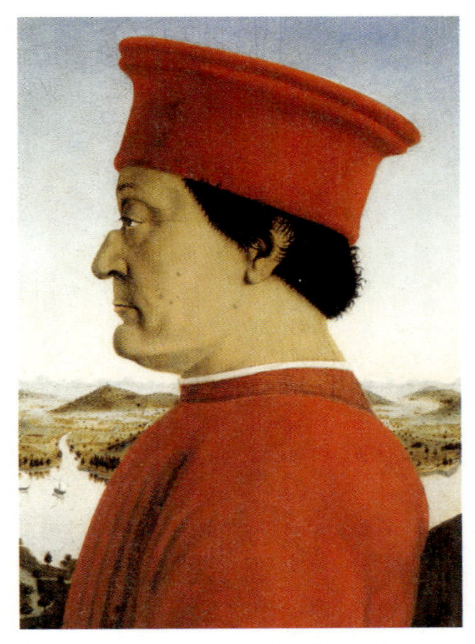

† 피엘로 델라 프란체스카의 「몬테펠트로 공작의 초상화」

메디치 가문의 위대한 로렌조가 없었다면 과연 르네상스가 탄생할 수 있었을까 의문스러운 것처럼 우르비노에서 위대한 예술가들이 탄생하게 된 배후에도 지성과 재력을 동시에 겸비한 훌륭한 통치자가 버티고 있었다. 피렌체의 우피치 미술관Galleria degli Uffizi에는 우르비노 출신의 화가 피에로 델라 프란체스카Piero della Francesca가 그린 몬테펠트로 공작 부부의 초상화가 걸려 있다. 용병대장 출신으로는 예외적으로 귀족의 칭호를 받게 된 페데리코 다 몬테펠트로 공작은 1444년 우르비노에 자신의 궁전을 짓기 시작했다. 몬테펠트로 궁은 지금까지도 이탈리아에서 가장 아름다운 궁전으로 손꼽힌다. 공작은 그곳으로 많은 예술가들을 불러들였고 물심양면으로 그들을 지원했다. 책이라는 물건이 최고의 귀중품 중 하나였던 시절, 공작의 궁전 안에 마련된 도서관에는 바티칸 도서관에 버금가는 상당한 양의 장서가 구비되어 있었다. 르네상스 회화의 선구자였던 화가 피에로 델라 프란체스카를 비롯해 브라만테, 라파엘로는 모두 우르비노 출신이라는 지연 관계로 똘똘 뭉친 마르케파의 사람들이었다.

미켈란젤로가 시스티나 예배당의 천장화를 그리기 시작한 지 1년 정도 지났을 무렵, 브라만테는 25세의 젊은 화가 라파엘로를 바티칸으로 불러들였다. 1년 전 천장화를 그리겠다며 시스티나 예배당 안에 틀어박힌 미켈란젤로는 여전히 감감 무소식이었다. 미켈란젤로가 그 안에서 무슨 짓을 하고 있는지 어떤 그림을 그리고 있는지 수소문해 보았으나 아는 사람은 아무도 없었다. 오죽하면 교황 율리우스 2세마저도 여태 그림을 보지 못해 애간장만 태우고 있겠는가. 미켈란젤로라는 작자는 분명 시스티나 예배당 천장에 매달려 되지도 않을 그림으로 죽을 쑤고 있을 것이라며 브라만테는 쾌재를 부르고 있었을 것이다. 때마침 그가 바티칸으로 불러들인 우르비노 출신의 화가 라파엘로는 조만간 처참한 실패로 끝나게 될 시스티나 성당의 천장화 작업에 대비해 브라만테가 미리 준비해 둔 비장의 무기였다.

라파엘로를 바티칸으로 불러들인 브라만테는 그에게 율리우스 2세가 집무실로 사용하던 방들을 벽화로 장식하는 임무를 맡겼다. 만나기만 하면 서로 잡아먹지 못해 안달이었던 미켈란젤로와 달리 사근사근한 성격의 라파엘로를 율리우스 2세는 매우 흡족히 여겼고, 어려서부터 신동이라 불리던 라파엘로는 율리우스 2세 앞에서 출중한 실력을 유감없이 발휘하고 있었다. 모든 것이 미켈란젤로를 몰아내고 바티칸을 마르케 출신 예술가들로 채우려는 브라만테의 계획대로 척척 진행되어 가고 있었다. 적어도 시스티나 예배당 천장화의 절반이 공개되기 전까지는 그랬을 것이다. 천장을 가리고 있던 낡은 천이 극적으로 벗겨지던 그 순간 맨 앞줄에서 박수를 치며 기뻐했을 율리우스 2세와 매우 가까운 거리에서 아니 어쩌면 바로 옆자리에서 브라만테는 억지웃음을 지으며 놀란 가슴을 쓸어내렸을 것이다. 미켈란젤로를 함정으로 몰아넣고자 했던 일련의 사건들이 꼬리에 꼬리를 물고 오히려 일생일대의 명작이 탄생하는 계기를 만들어 준 셈이 되었으니 세상만사 참 알다가도 모를 일이다.

2.

'생긴 대로 논다'라는 말은 라파엘로에게 딱 어울리는 표현이다. 라파엘로는 그의 준수한 용모만큼이나 부드럽고 사랑스러운 그림들로 유명하다.

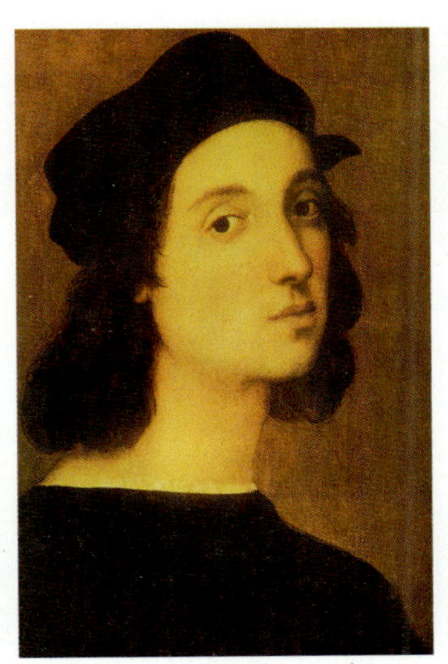

† 「라파엘로 자화상」

라파엘로 하면 가장 먼저 떠오르는 작품은 마리아와 아기 예수를 묘사한 '성모자'라는 제목의 그림들이다. 미켈란젤로와 마찬가지로 일찍이 어머니를 여읜 라파엘로는 어머니 마리아와 아기 예수가 등장하는 성모자를 주제로 여러 점의 그림을 남겼는데, 미켈란젤로가 「피에타」를 통해 비애를 표현했다면 라파엘로의 「성모자」는 어머니와 함께 보냈던 어린 시절의 어느 따사로운 봄날을 떠오르게 한다.

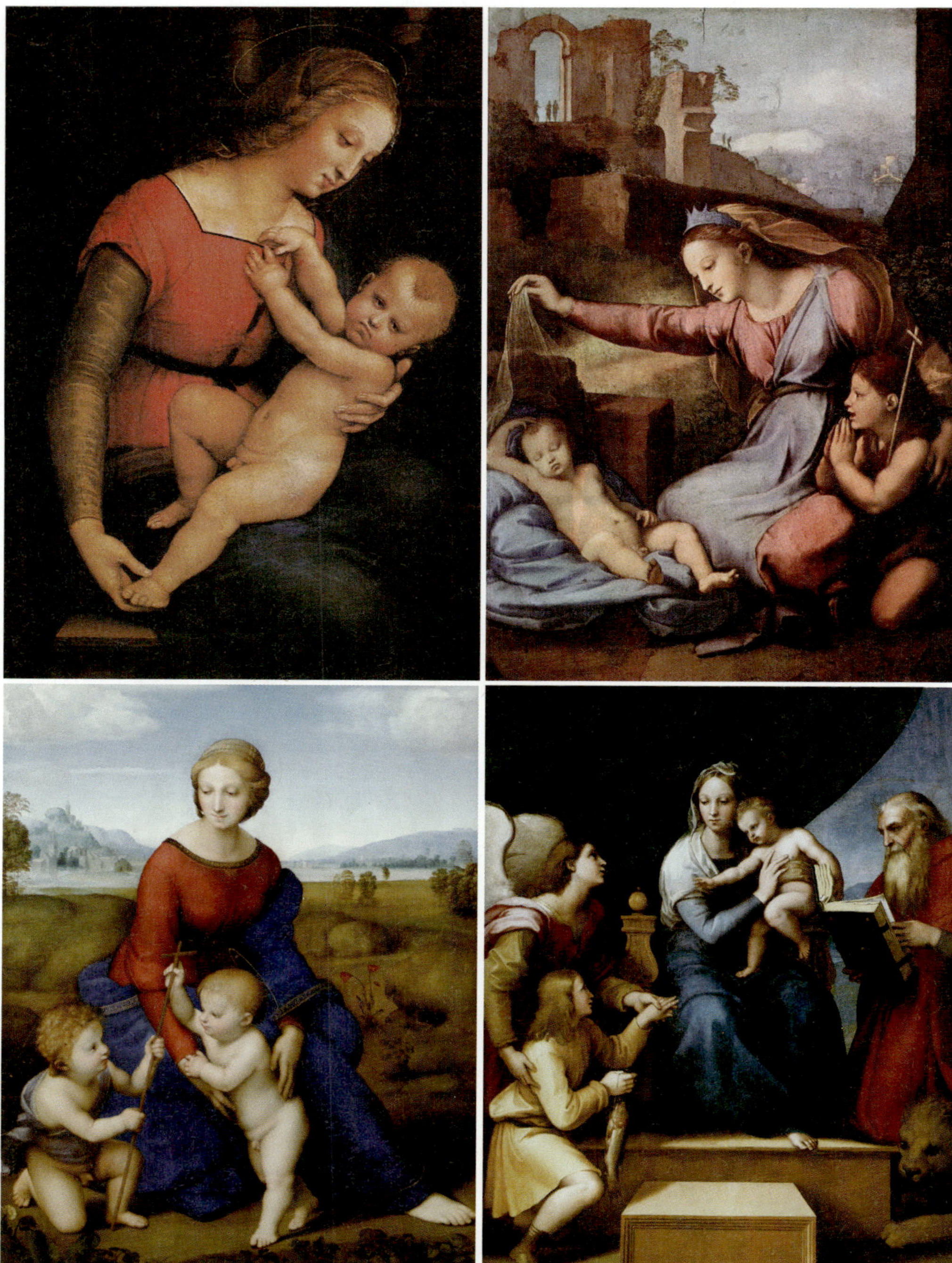

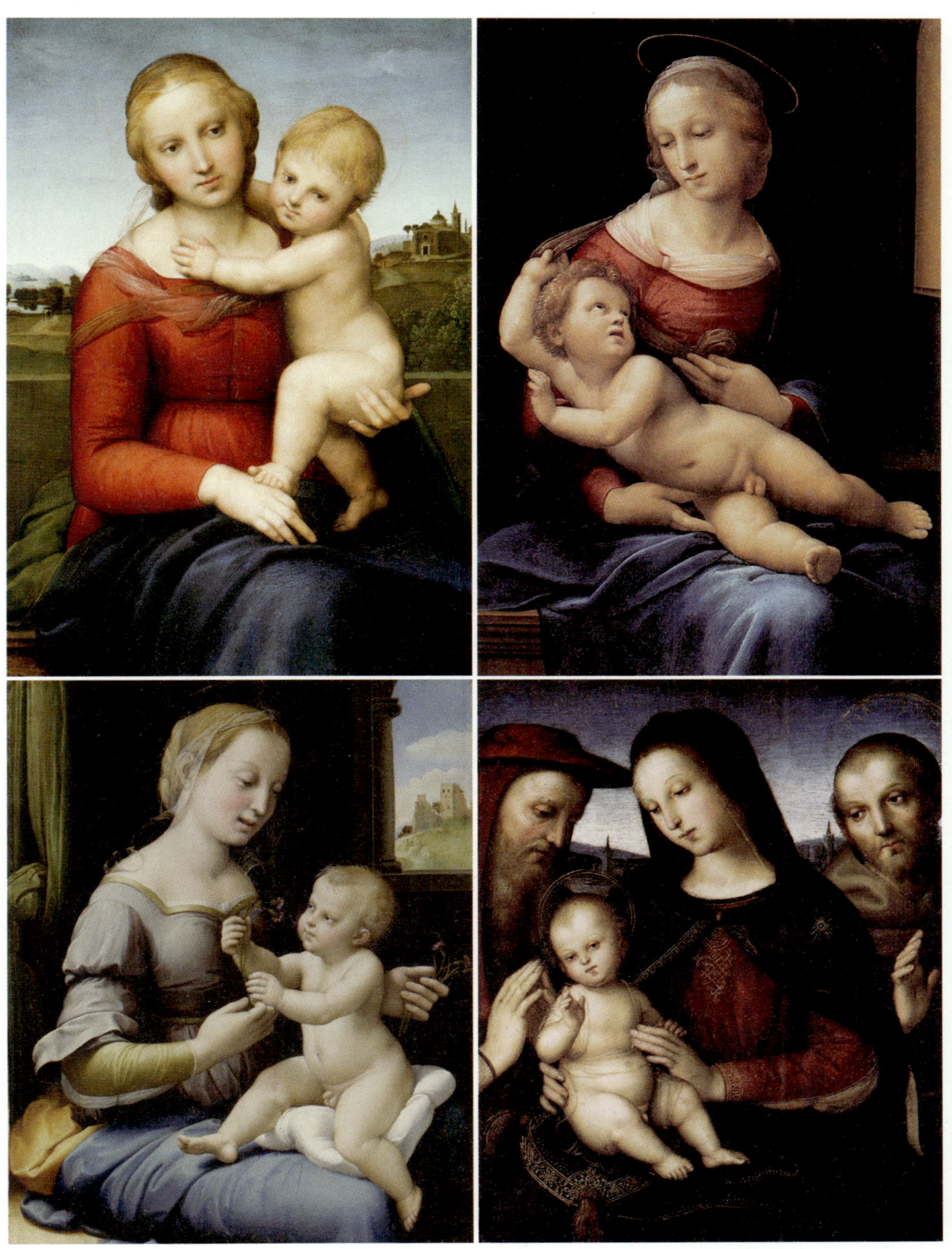

† 라파엘로의 「성모자(聖母子)」

로마에 오기 전 피렌체에 머무는 동안 라파엘로가 그렸던 성모 마리아는 수많은 화가들에게 교과서가 되었다 해도 과언이 아니다. 오죽하면 1848년 결성된 라파엘전파Pre-Raphaelites* 화가들이 라파엘로 풍의 완벽한 그림을 거부하고 그 이전으로 되돌아가겠노라 결심을 굳히게 되었을까. 라파엘로야말로 완벽한 회화의 대명사이자 지나친 완벽함을 거부하는 이들에게는 공공의 적이었다. 균형 잡힌 구도와 부드러운 질감, 감미로운 색채에 이르기까지 어디 하나 흠 잡을 데 없는 라파엘로의 작품들은 제 아무리 악한 마음을 품고 바라본다 해도 결국은 사랑에 빠질 수밖에 없는 마력을 지니고 있다.

성모자 그림들 중 비교적 후기 작품인 「시스티나의 성모Madonna in Sistina」는 1513~1514년 피아첸자Piacenza의 산 시스토San Sisto수도원을 장식하기 위해 그려진 것으로 추정된다. 성모 마리아의 왼편에 등장하는 식스투스 성인은 율리우스 2세를, 오른편에 등장하는 성녀 바바라는 교황의 조카를 모델로 그려졌다 하여 율리우스 2세의 영묘를 장식하기 위한 그림이었다는 속설도 있다. 세 명의 어엿한 어르신들이 등장하긴 하나 그림의 백미는 누가 뭐라 해도 아래편에서 턱을 괴고 있는 두 명의 귀여운 천사들이다. 자그마한 두 날개를 펴고 뭐가 그리 궁금한지 아기 천사들은 커다란 눈망울을 굴리며 위를 바라보고 있다. 지금까지도 두 천사를 주인공으로 삼아 만들어진 기념품들이 피렌체 거리에 넘쳐날 만큼 아기 천사들은 라파엘로의 사랑스러운 그림을 대표하는 인물들로 유명세를 타고 있다.

1753년경 독일의 드레스덴 미술관에서 구입한 「시스티나의 성모」는 1945년 러시아의 붉은 군대에게 약탈당해 모스크바의 한 창고에서 10년간 머물렀다.

---

* 영국에서 일어난 예술운동으로, 라파엘로 이전처럼 자연에서 겸허하게 배우는 예술을 표방한 유파.

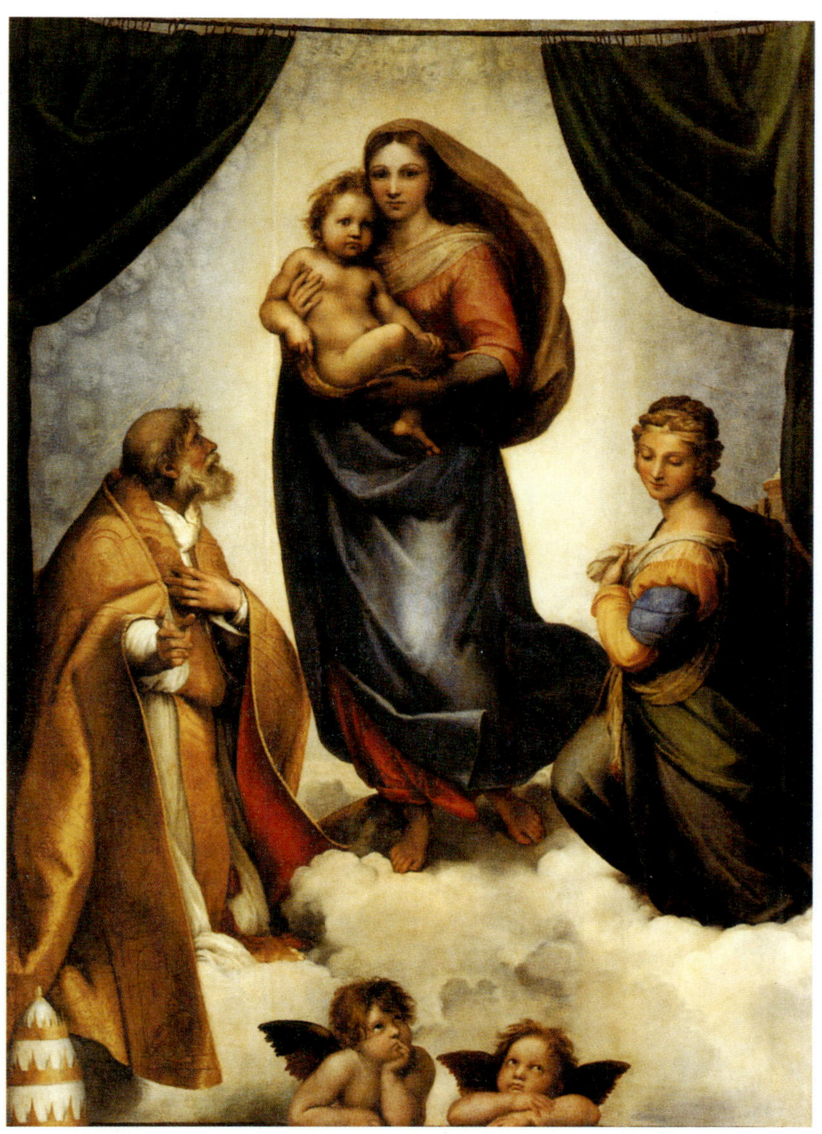

† 라파엘로의 「시스티나의 성모」

독일에 반환하기 전 대중에게 공개된 라파엘로의 그림을 본 러시아의 문인들 몇몇은 「시스티나의 성모」에 관한 글을 남겼다. 도스토옙스키는 그의 소설 『악령』에서 라파엘로의 그림 속 성모 마리아를 여왕 중의 여왕이자 인류의 이상이라 표현했으며, 바실리 그로스만은 동명의 제목으로 소설을 발표했다.

어딜 가나 인기를 한 몸에 받았던 라파엘로는 여성들의 아름다움을 그림으로 표현하는 데 있어서도 남다른 귀재였다. 로마의 보르게제 미술관에 있는 「유니콘을 든 여인」과 바르베리니 궁에 있는 「라 포르나리나」만 보아도 이내 그 사실을 알 수 있다. 「유니콘을 든 여인」에서는 첫사랑을 연상시키는 청순한 소녀의 풋풋한 매력을 보여 주는가 하면 「라 포르나리나」에서는 원숙한 여인의 도발적인 매력을 거침없이 보여 주는 라파엘로야말로 여인들의 진정

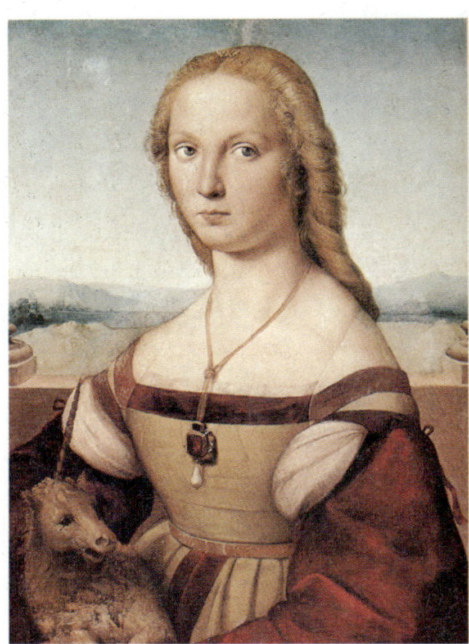

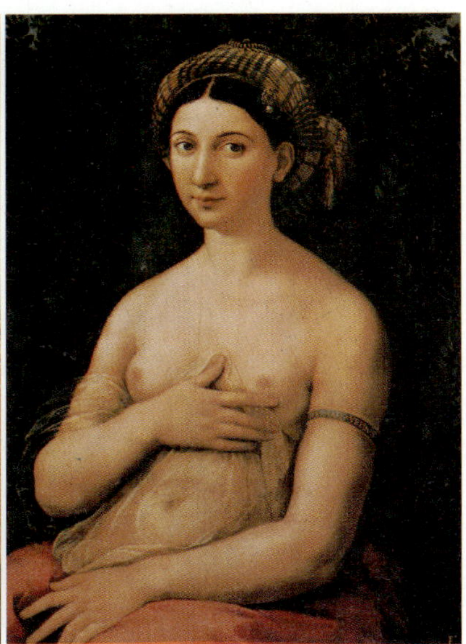

† 라파엘로의 「유니콘을 든 여인」과 「라 포르나리나」(우)

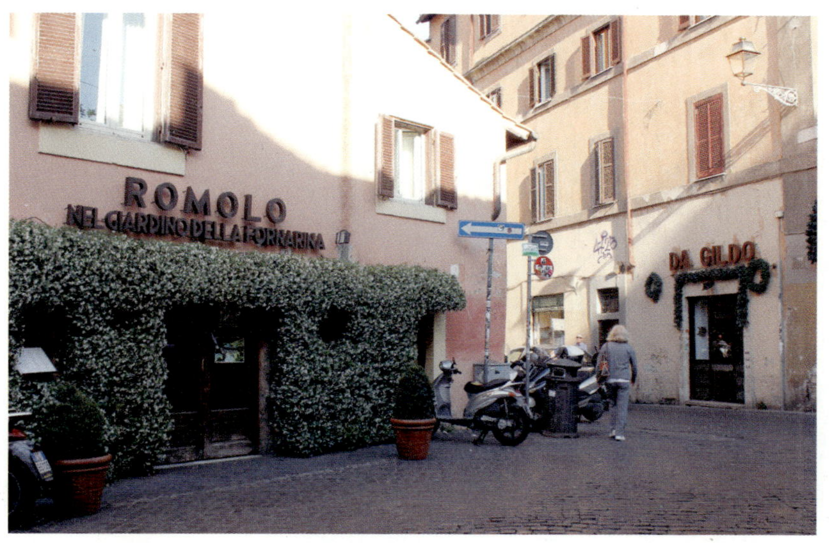

라파엘로의 이름을 딴 테베레 강변 근처에 있는 로몰로 식당

한 아름다움을 포착해 낼 줄 아는 화가였다. 미켈란젤로가 그렸던 여성들 대부분이 무지막지한 근육질이었던 것과는 무척이나 대조적이다. 그림 속에 등장하는 포르나리나라는 여인은 라파엘로의 실제 애인이었으며 혹자는 마지막까지 그의 임종을 지켰던 여인이었다고도 한다. 포르나리나Fornarina, 빵을 굽는 오븐을 뜻하는 그녀의 이름을 통해 알 수 있듯 대단한 미인이었던 그녀는 아마도 빵집 주인의 딸이었을 것이다. 로마의 트라스테베레Trastevere 지역에 남아 있는 그녀의 집Casa Fornarina에서는 현재 로몰로Romolo라는 식당이 성업 중이다. 그런데 라파엘로가 그린 포르나리나의 모습은 공교롭게도 그의 또 다른 그림 속에 등장하는 한 여인과 몹시 닮아 있다. 「시스티나의 성모 마리아」로 되돌아가 그림 속 성모 마리아의 얼굴을 자세히 들여다보면 어느 순간 탁하고 무릎을 치게 될 것이다.

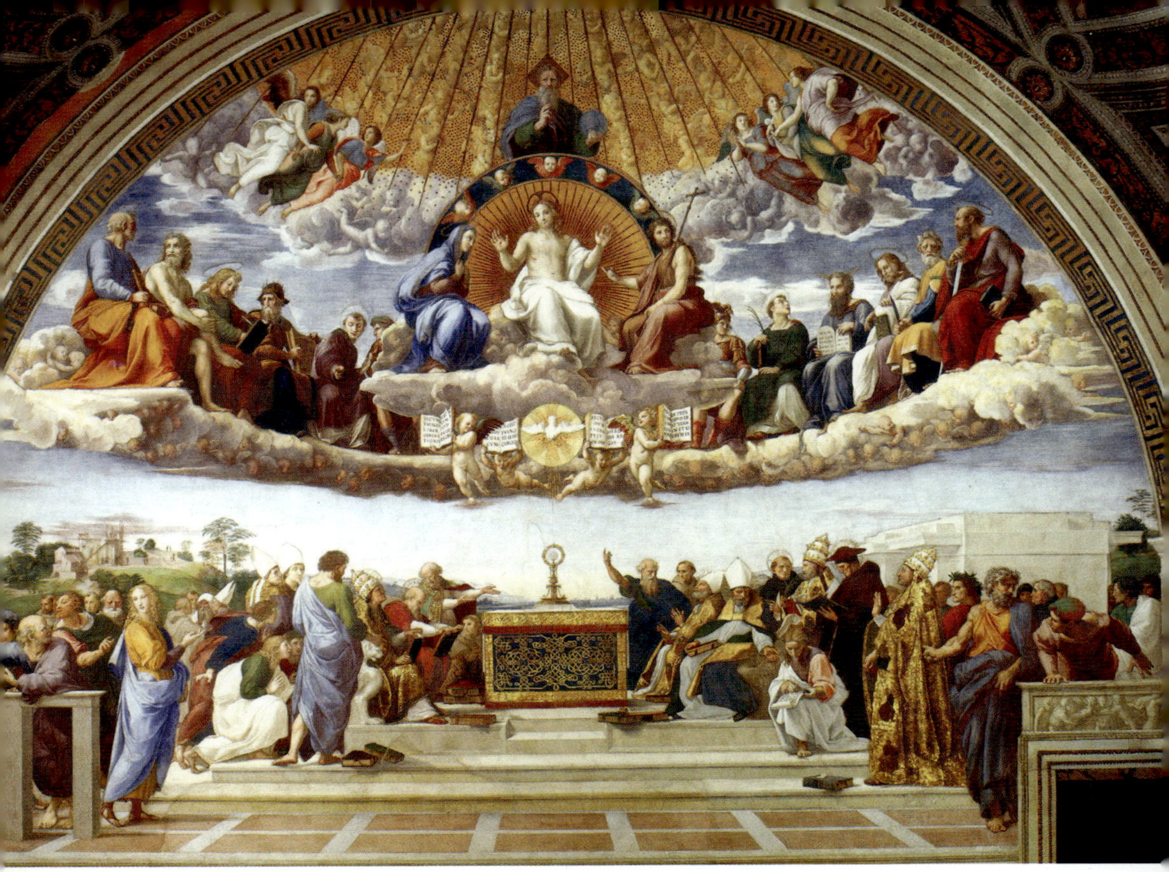

† 라파엘로의 「성체에의 논의」

브라만테의 주선으로 바티칸에 도착한 라파엘로가 가장 먼저 맡게 된 임무는 율리우스 2세가 집무실로 사용하던 네 개의 방들 중 서명의 방Sala della segnatura을 벽화로 장식하는 일이었다. 결재 서류에 서명을 하거나 재판을 여는 등 주로 업무상의 용도로 사용되었던 서명의 방 벽화는 브라만테가 이미 그리기 시작했던 상태로, 1511년 라파엘로의 손에 맡겨졌다. 서명의 방을 제외한 나머지 세 개의 방 - 엘리오도로의 방, 콘스탄티누스의 방, 보르고 화재의 방 - 벽화는 라파엘로가 제자들과 함께 그리기 시작했으나 그의 급작스러운 죽음 이후 제자들의 손에 의해 마무리 되었다. 제 아무리 선량한 마음을 지닌 사람이라도 스스로 떠나도록 만들고야 말았던 미켈란젤로와 달리 많은 제자들을 곁에 두었던 라파엘로는 나이는 비록 어렸지만 제자들을 살뜰하게 챙길 줄 아는 다정다감한 성격의 소유자였다. 현재 바티칸 박물관의 일부가 된 네 개의 방은 '라파엘로의 방들'이라 불리고 있다.

서명의 방은 교황의 서재로 사용될 예정이었다. 라파엘로는 책들의 주제에 따라 네 개의 벽면을 철학, 신학, 시, 법학으로 구분하고 각각의 벽에 주제에 맞는 벽화를 그려 넣었다. 그중 신학을 주제로 한 벽면에 그려진 「성체에의 논의La Disputa」와 더불어 철학을 주제로 한 벽면의 그림은 라파엘로의 작품들 중 규모로 보나 완성도로 보나 가장 훌륭한 작품으로 손꼽히고 있다.

원근법의 진수를 보여 주는 고대 건축물을 배경으로 그리스의 유명한 철학자들이 등장하는 그 작품의 제목은 「아테네 학당School of Athens」이다. 플라톤과 아리스토텔레스가 주인공으로 등장하는 그림 속에는 피타고라스, 헤라클레이토스, 디오게네스, 유클리드, 프로레마이오스, 조로아스터 등 쟁쟁한 철학자들이 대거 등장한다. 철학을 주제로 한 그림이니만큼 무겁고 난해할 것이라는 편견을 버리고 「아테네 학당」을 주의 깊게 살펴본다면 라파엘로가 얼마나 재치 있고 유머 감각이 뛰어난 젊은이였는지 알 수 있다. 라파엘로는 「아테네 학당」에 등장하는 철학자들의 얼굴 속에 자신이 잘 알고 있던 사람들의 모습을 슬쩍슬쩍 그려 넣었다. 「아테네 학당」은 얼핏 그리스 철학을 주제로 삼고 있는 심각한 내용의 그림인 것 같지만 좀 더 자세히 관찰해 보면 라파엘로와 동시대를 살아갔던 인물들의 성격을 따끔하게 꼬집어 낸 풍자화에 가깝다.

라파엘로의 「아테네 학당」 ▶

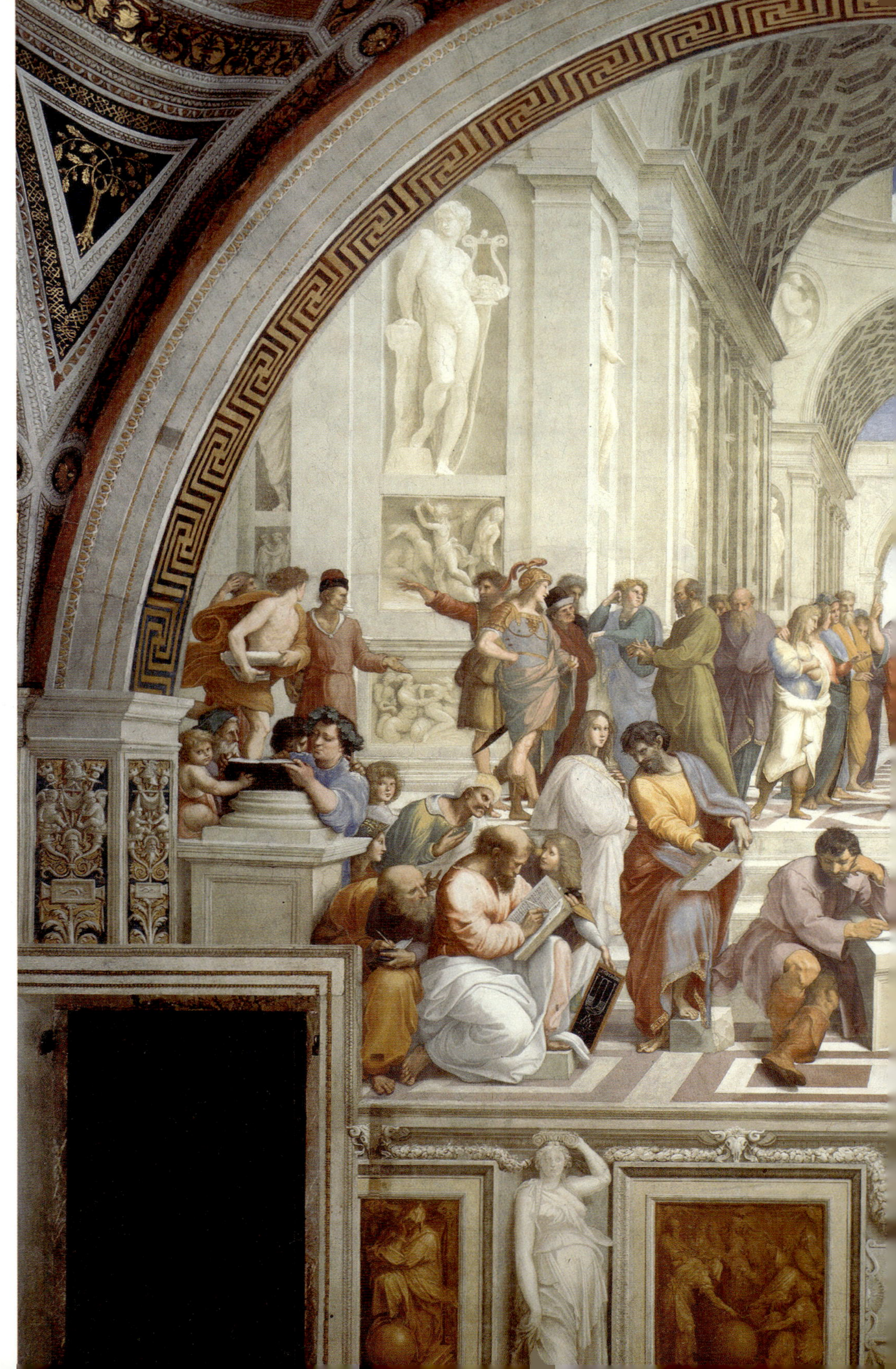

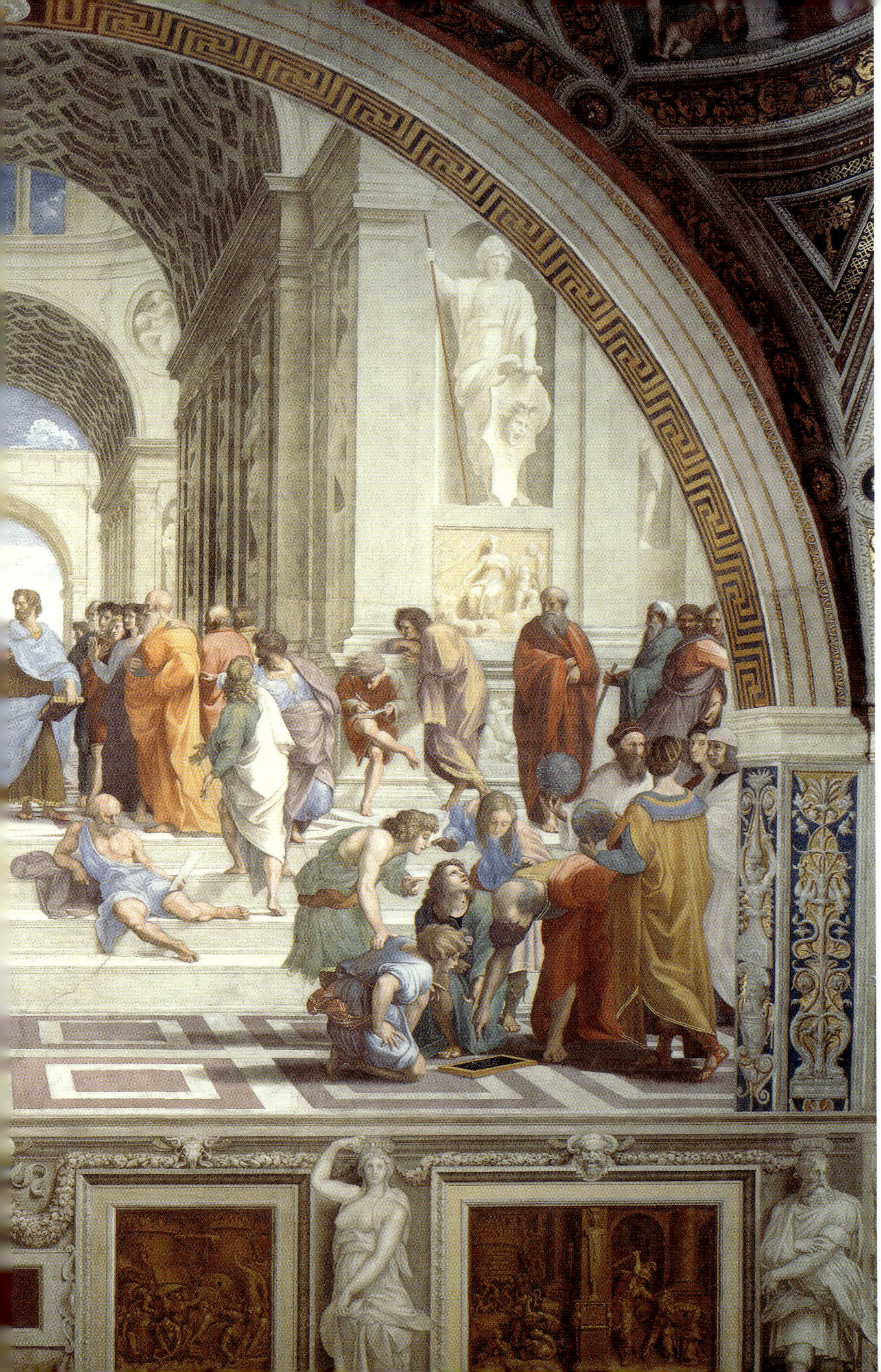

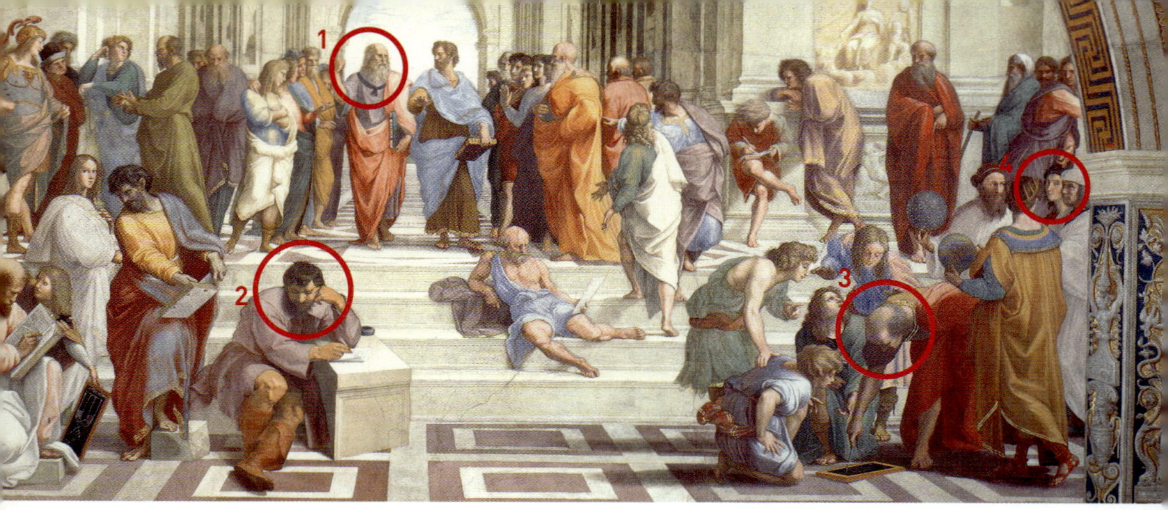

† 1 플라톤: 레오나르도 다 빈치의 얼굴, 2 헤라클레이토스: 미켈란젤로의 얼굴, 3 유클리드: 브라만테의 얼굴, 4 라파엘로

그림의 중앙에는 두 철학자, 붉은 옷을 입은 플라톤과 푸른 옷을 입은 아리스토텔레스가 주인공으로 등장한다. 라파엘로는 그들 중 플라톤의 얼굴에 레오나르도 다 빈치의 얼굴을 그려 넣었다. 책을 들고 있는 아리스토텔레스가 현실주의를 대변하는 것과 달리 손가락으로 하늘을 가리키고 있는 플라톤은 이상주의자를 의미한다. 임산부의 시체를 해부해 태아를 스케치하는가 하면 하늘을 나는 기계를 발명한답시고 새의 뒤꽁무니를 따라다니던 레오나르도 다 빈치는 다른 행성에서 온 외계인 취급을 받을 정도로 현실과는 동떨어진 인물이었다. 화가였던 라파엘로의 아버지는 일찍이 레오나르도 다 빈치의 천재성을 알아보았고 그의 스승이었던 베로키오에게 훌륭한 제자를 둔 것을 칭찬하는 내용의 편지를 보내기도 했다. 어린 시절 자신의 스승이기도 했던 아버지로부터 레오나르도 다 빈치에 관한 신화적인 이야기들을 듣고 자란 라파엘로는 자연스럽게 그의 숭배자가 되었다. 어려서부터 마음에 품고 있었던 자신의 우상을 「아테네 학당」의 주인공 플라톤으로 등장시킨 것이다.

「아테네 학당」에 등장하는 또 하나의 인물은 자신을 바티칸에서 일할 수 있도록 이끌어 주었던 브라만테였다. 자신의 재능을 인정하고 커다란 임무를 맡겨 준 브라만테에 대해 라파엘로는 감사의 마음을 지니고 있었을 것이다. 브라만테는 기하학의 창시자로 알려진 유클리드로 묘사되어 있다. 제자들에게 둘러싸인 유클리드가 무언가를 열심히 계산하고 있는 모습은 당시 바티칸에서 활동했던 예술가들 사이에 팽배했던 지방색의 중심에 브라만테가 있었다는 사실과 그가 유난히 계산과 술수에 능했다는 사실 또한 은근히 내비치고 있다.

그렇다면 그 무렵 시스티나 예배당에서 「천지창조」를 그리고 있던 미켈란젤로에 대해 라파엘로는 무슨 생각을 하고 있었을까. 라파엘로와 미켈란젤로, 둘은 서로의 존재에 대해 익히 알고 있었을 것이다. 실제로 바티칸 안에서 마주친 두 화가가 서로를 비난하며 막말을 퍼부었다는 기록이 있는데, 보나마나 미켈란젤로 쪽에서 먼저 라파엘로의 심기를 건드렸을 것이다. 극비에 부쳐져 있던 미켈란젤로의 「천지창조」가 절반 정도 완성된 상태로 대중에게 공개된 이후 라파엘로의 「아테네 학당」 속에는 전에 없던 새로운 인물이 한 명 등장한다. 스케치에는 없었던 철학자 헤라클레이토스의 모습을 추가로 그려 넣은 것이다. 비관주의자로 알려진 헤라클레이토스는 조각가나 신을 법한 두툼한 가죽 장화를 신고 무리로부터 동떨어진 채 턱을 괴고 앉아 혼자만의 깊은 상념에 빠져 있다. 여러 명의 제자들에게 둘러싸여 있는 유클리드와는 무척이나 대조적인 모습이다. 브라만테를 추종하는 마르케파 예술가들의 극성스러움 속에서 시스티나 예배당 천장에 그림을 그리는 무거운 짐을 홀로 감당해야만 했던 미켈란젤로의 인간적인 고뇌를 라파엘로는 놓치지 않았고 그림 속에서 헤라클레이토스의 모습을 빌려 표현하고 있다.

라파엘로의 재치는 거기서 그치지 않는다. 「아테네 학당」의 오른편 한구석, 예술가 냄새가 폴폴 나는 짙은 베레모를 쓰고 있는 인물은 바로 라파엘로 자신의 모습이다. 흰 베레모를 쓰고 있는 스승 페루지노Perugino 옆에 딱 달라붙어 장난기 어린 눈빛으로 관람객들을 똑바로 주시하며 라파엘로는 맹랑한 어투로 이렇게 중얼거리고 있는지도 모른다.

'아테네 학당이라…… 푸훗, 바티칸 안에서 무슨 일이 벌어지고 있는지 나 라파엘로는 다 알고 있다고!'

라파엘로 특유의 아름다움을 보여 주는 또 한 점의 벽화는 로마의 빌라 파르네지나Villa Farnesina에 가면 볼 수 있다. 「아테네 학당」을 그리기 시작한 라파엘로는 부유한 은행가였던 아고스티노 키지의 저택을 장식하기 위해 「갈라테아의 승리Il Trionfo di Galatea」라는 벽화를 그렸다. 바다의 여신 갈라테아

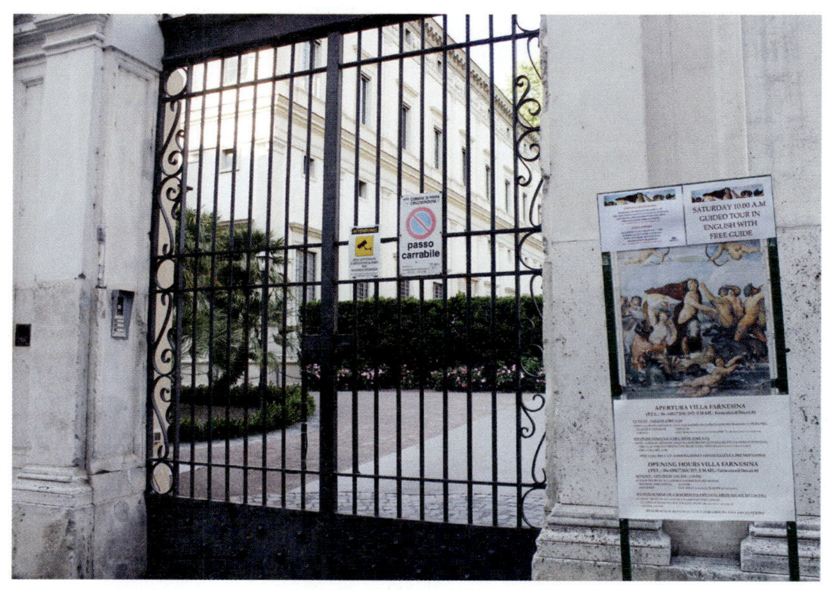

† 빌라 파르네지나. 오후 5시에 문을 닫는다.

‡ 라파엘로의 「갈라테아의 승리」 ▶

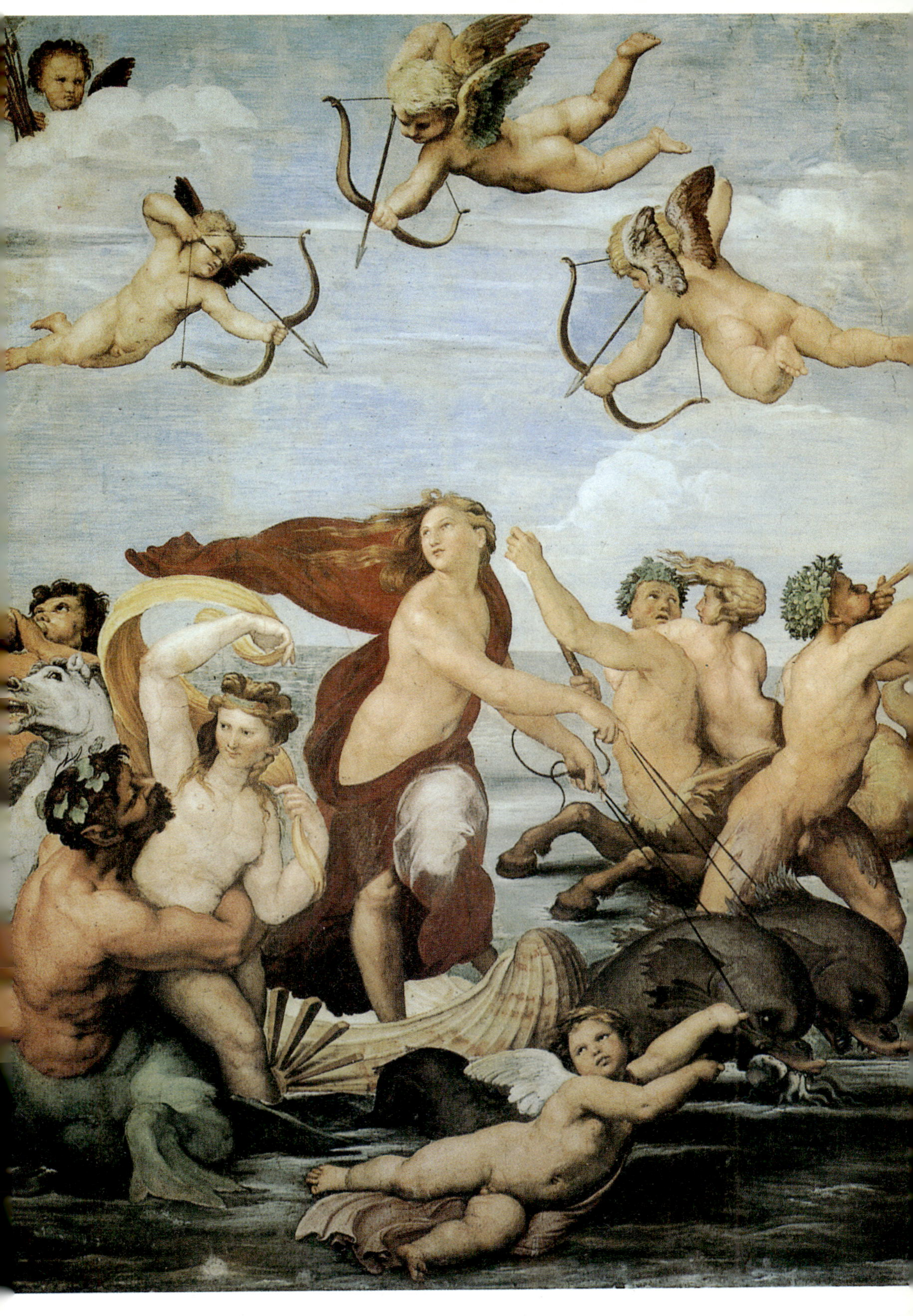

가 두 마리 돌고래를 몰고 등장하는 바다 위로 고동을 부는 트리톤을 비롯한 신화 속 인물들이 그녀를 에워싸고 힘차게 개선을 응원하고 있다. 에메랄드 빛 하늘에서는 라파엘로의 특허와도 같은 아기 천사들이 큐피드가 되어 짓궂게 화살을 겨눈다. 본연의 사랑스러움으로 되돌아간 라파엘로는 「갈라테아의 승리」를 통해 한 편의 아름다운 서사를 그림으로 보여 주고 있다.

3.

라파엘로의 관심이 비단 여성들에게로만 향해 있었던 것은 아니다. 그의 관심은 성별을 초월해 한 인간의 내면에 숨겨진 모든 것을 들춰내 한 폭의 그림으로 옮기는 데 온통 집중되어 있었다. 부드러운 용모 뒤에 가려진 세상만사를 꿰뚫어 보는 라파엘로의 날카로운 시선은 그가 그린 교황들의 초상화를 통해서도 여실히 드러난다. 라파엘로는 살아있는 동안 자신이 모셨던 교황들, 율리우스 2세와 레오 10세의 초상화를 그렸다. 전혀 다른 성향을 지녔던 두 명의 교황이 왜 하나같이 라파엘로에게 찾아와 자신의 초상화를 의뢰했는가 하는 이유는 쉽사리 추측해 볼 수 있다.

한 점의 초상화가 완성되기까지 긴 시간 동안 화가 앞에서 포즈를 취해야만 했던 당시의 상황에 비추어 볼 때 화가와 의뢰인 사이의 인간적인 친밀감은 화가의 실력 못지않게 중요한 요건이었다. 라파엘로는 선천적으로 부드럽고 온화한 성품을 타고난 화가였다. 로마에서 라파엘로에게 적의를 품은 사람이 있었다면 미켈란젤로 정도가 유일했을 것이다.

만일 율리우스 2세가 미켈란젤로에게 초상화를 의뢰했다고 상상해 보라.

몇 시간도 채 지나지 않아 둘 사이에는 고성이 울려 퍼졌을 것이다. 못해 먹겠다고 붓을 바닥에 내동댕이치며 '피렌체로 돌아가 버리겠노라' 문을 나서는 미켈란젤로의 등을 향해 율리우스 2세는 '빨리 하늘나라로 가고 싶은 게냐'고 고함을 퍼부으며 지팡이를 집어던졌을 것이다.

율리우스 2세의 뒤를 이어 교황이 된 레오 10세에 대해서는 더 이상 말할 여지도 없다. 라파엘로를 유난히도 아꼈던 그는 메디치 가문 출신으로, 어린 시절 한솥밥을 먹으며 자란 미켈란젤로의 성격을 누구보다도 잘 알고 있었다. 레오 10세는 미켈란젤로에게 작품을 의뢰하는 것은 고사하고 그를 상대하는 것만으로도 이미 지쳐 버릴 지경이라고 누누이 말할 정도였다.

라파엘로가 그린 두 점의 초상화는 그가 단순히 겉으로 보이는 모습을 묘사하는 데에만 능숙한 기술자가 아닌 인간의 내면을 꿰뚫어 보는 날카로운 시선을 지닌 진정한 예술가였음을 보여 준다. 율리우스 2세와 레오 10세. 사진으로는 도저히 포착해 낼 수 없는 두 사람의 내면 깊숙이 자리 잡은 그 무엇을 라파엘로는 그림을 통해 적나라하게 표현하고 있다. 그리 많지 않은 나이였음에도 라파엘로가 그토록 인생을 관조할 수 있었던 이유는 무엇이었을까.

부잣집 도련님 같은 외모와 달리 라파엘로가 살아온 삶은 결코 평탄치 않았다. 모친과 누이, 아내와 어린 남매를 거느린 대가족을 이끌며 화목하게 살아 왔던 그의 아버지 조반니에게 불행이 닥친 시기는 라파엘로가 여덟 살 되던 해였다. 그 한 해 동안 어린 라파엘로는 할머니와 어머니, 어린 여동생을 차례로 잃었다. 나이 어린 아들 걱정에 노심초사하던 아버지는 일찌감치 재혼했으나 그로부터 2년 뒤 병으로 세상을 떠나고 만다. 하루아침에 오갈 데

없는 고아가 되어 버린 라파엘로를 친자식처럼 받아 주었던 인물은 우르비노 성의 주인이었던 몬테펠트로 공작부인이었다. 라파엘로의 아버지 조반니가 몬테펠트로 공작을 위해 그림을 그리던 화가였기에 라파엘로는 공작부인의 보호 속에 티모테오라는 화가의 공방에 들어가 도제 생활을 시작할 수 있었다. 미켈란젤로의 아버지가 아들이 화가가 되는 것을 극구 반대했던 것과 달리 라파엘로는 어려서부터 아버지가 그림 그리는 모습을 곁에서 보고 배우며 자라났다. 아버지는 그의 든든한 방패이자 존경하는 스승이기도 했다. 어린 나이에 세상의 거친 풍파 한가운데 홀로 내던져졌음에도 라파엘로가 부드러운 성품을 잃지 않고 자신의 재능을 꽃피울 수 있었던 것은 어린 시절 아버지로부터 받았던 극진한 사랑과 아낌없는 격려 때문이었을 것이다.

라파엘로에게 초상화를 의뢰했을 무렵 율리우스 2세의 나이는 이미 환갑이 지나 있었다. 한때 바티칸은 물론 이탈리아 반도를 호령했던 율리우스 2세였지만 라파엘로는 그를 초로의 나이에 접어든 수수한 노인으로 묘사하고 있다. 한 가지 독특한 점은 율리우스 2세가 교황임에도 불구하고 턱 밑으로 긴 수염을 늘어뜨리고 있다는 사실이다. 교회법상 교황이 수염을 기르는 것은 금지되어 있었지만 율리우스 2세는 이에 개의치 않았고, 산

† 라파엘로의 「율리우스 2세의 초상화」

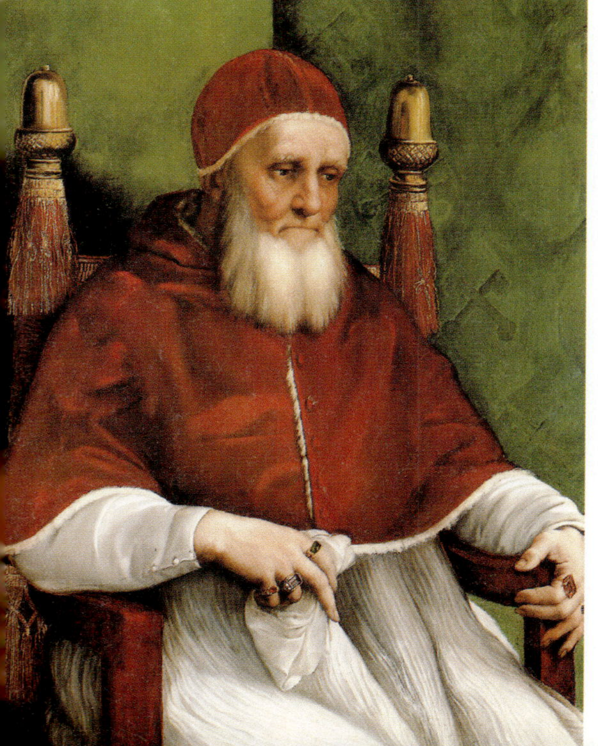

타클로스처럼 흰 수염을 늘어뜨린 모습으로 라파엘로를 찾아와 초상화를 의뢰했다. 율리우스 2세에게 수염 정도의 위법은 새 발의 피에 불과했다. 젊었을 적에는 교회법으로 금지되어 있는 꿩 사냥을 하러 나갔다가 말라리아에 걸려 돌아온 적이 있을 정도였다. 이탈리아 반도를 호시탐탐 넘보는 야만인들을 모조리 처단할 때까지 자신은 절대로 수염을 자를 수 없다며 율리우스 2세는 한사코 고집을 부렸다. 우연인지 필연인지 모르겠으나 로마 시대에도 그와 같은 이유로 수염을 자르지 않았던 인물이 있었다. '카이사르'라는 칭호로 더 잘 알려져 있는 인물, 율리우스 2세와 같은 이름을 지녔던 율리우스 시저였다.

율리우스 2세는 고기잡이였던 아버지 밑에서 '줄리아노 델라 로베레 Giuliano della Rovere'라는 이름을 갖고 태어났다. '로베레'는 도토리나무를 뜻하는 말로, 로베레 가문을 상징하는 문장이기도 하다. 초상화 속 율리우스 2세가 앉아 있는 의자의 윗부분은 가문을 상징하는 깜찍한 도토리 문양으로 장식되어 있다. 성장한 뒤 로마법과 신학을 공부하고 성직자의 길을 택했던 그에게 찾아온 가장 큰 행운은 숙부가 식스투스 4세라는 이름으로 교황의 자리에 오르게 된 일이었다. 출세의 가도를 달리며 붙잡을 줄이 있다는 것은 한편으로 매우 다행스러운 일이기도 하지만 다른 한편으로는 위험천만한 일이기도 하다. 온 힘을 다해 붙잡고 있던 줄이 툭 끊어져 버릴 경우 순식간에 바닥으로 곤두박질칠 수도 있기 때문이다. 숙부의 후광을 등에 업고 승승장구하던 줄리아노는 앙숙 관계였던 보르자 가문 출신의 알렉산데르 6세가 교황으로 선출되면서 최대의 위기를 맞게 된다. 자신의 목숨을 노리는 보르자 가문의 칼날을 피해 줄리아노는 급히 프랑스로 몸을 피했다.

망명 생활에 종지부를 찍고 이탈리아 땅을 다시 밟을 수 있게 된 것은 알렉산데르 6세의 뒤를 이어 교황이 된 피우스 3세 덕분이었다. 역시 보르자 가문 출신이었던 교황 피우스 3세가 3주 만에 세상을 떠나자 시스티나 예배당 안에 모인 추기경들은 그의 후임으로 율리우스 2세를 교황으로 추대했다. 선택의 배후에 협박과 금품을 적절히 배합한 줄리아노의 철저한 물밑 작업이 있었음은 말할 것도 없다.

율리우스 2세는 자애로운 교황이라기보다 호전적인 장군에 가까운 인물이었다. 21세기에 태어났다면 별 세 개쯤은 너끈히 달고도 남았을 그는 애초부터 금욕이라는 미덕과는 거리가 먼 성직자로, 자신이 원하는 것이라면 무엇이든 끝까지 밀어붙여 손에 넣고야 마는 호랑이 같은 성격의 소유자였다.

라파엘로가 그린 그의 초상화를 바라보며 파란만장했던 율리우스 2세의 인생 여정을 되짚어보기란 쉽지 않다. 걸핏하면 지팡이를 무기로 둔갑시켰던 그의 고약한 성질머리를 떠올려 보기도 쉽지 않다. 노인네가 마지막으로 부리는 억지스러운 고집이라도 되는 양 수염을 길게 기른 그의 축 처진 눈매 속에는 어느덧 고단한 인생살이에 지친 기색만이 역력하다.

한때 말에 올라 칼을 휘두르며 군대를 진두지휘했던 용감무쌍한 교황 율리우스 2세. 그러나 최고의 권력을 상징하는 붉은 망토와 손가락에 낀 형형색색의 반지들마저도 어느덧 잠잠해진 그의 허탈한 눈빛을 다시금 빛나게 해주지는 못한다. "헛되고 헛되며 헛되고 헛되니 모든 것이 헛되도다"라는 전도서의 한 구절처럼 제 아무리 찬란했던 인생이라 할지라도 아침이 밝아 오면 사라져 버리는 한낱 물거품에 불과한 것임을 라파엘로는 간파했던 것이다.

율리우스 2세의 뒤를 이어 교황의 자리에 오른 레오 10세는 율리우스 2세와는 전혀 다른 성향을 지닌 인물이었다. 메디치 가문의 후손이었던 그는 가문의 피를 이어 받아 학문과 예술을 사랑했으며 타고난 귀족의 면모를 지니고 있었다. 커다란 덩치로 인해 뚱뚱보라는 별명으로 불리기도 했으나 덩치가 큰 사람들 중 의외로 부드러운 감수성을 지닌 사람들이 많은 것처럼 레오 10세 역시 예민하면서도 섬세한 감성의 소유자였다. 라파엘로를 유난히 총애했던 그는 라파엘로에게 작품을 의뢰했을 뿐만 아니라 앞에서도 언급했던 것처럼 고대 로마의 유적들을 발굴하고 복원하는 일을 할 수 있는 특권까지 부여했다. 라파엘로는 고고학자로서의 일을 사랑했으며 유적을 발굴하고 연구하는 일에 매우 열정적이었다고 전해진다.

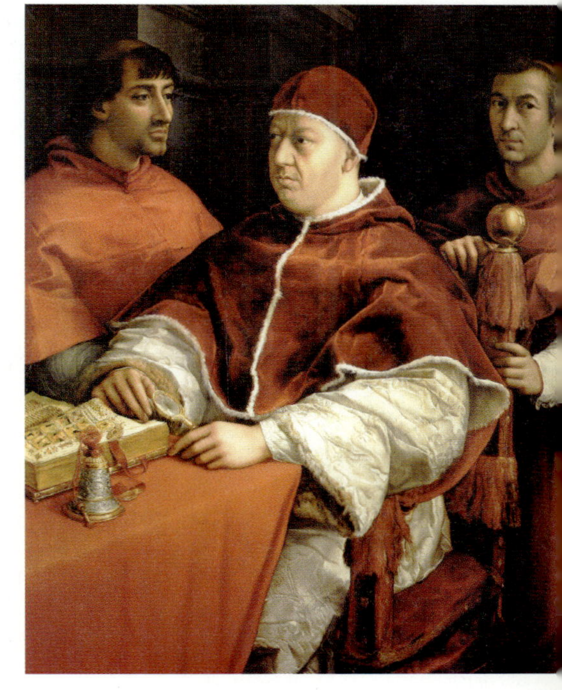

† 라파엘로의 「레오 10세의 초상화」

라파엘로가 그린 율리우스 2세의 눈빛 속에 허탈함과 동시에 왠지 모를 근심과 초초가 서려 있다면 열렬한 후원자였던 레오 10세의 눈빛은 한없이 자애롭게 표현되어 있다. 투실투실한 몸집과 서글서글한 눈매의 레오 10세는 교황이라기보다 마음씨 좋은 이웃집 아저씨 같은 인상을 준다. 그런 레오 10세의 초상화 속에 또 다른 두 명의 인물이 등장하지 않았더라면 그의 초상화는 자칫 밋밋한 결말을 낳고 말았을 것이다. 곧이어 벌어지게 될 권력의 암투를

암시하기라도 하듯 레오 10세의 모습 뒤로 버티고 서 있는 두 사람. 라파엘로는 어두컴컴한 배경 속에 차기 교황의 자리를 노리는 둘의 모습을 그려 넣었다. 그들 사이에 흐르는 묘한 긴장감으로 인해 자칫 무미건조하게 끝날 뻔했던 레오 10세의 초상화는 결말을 예측할 수 없는 흥미진진한 한 편의 드라마로 탈바꿈하게 된다.

라파엘로는 37세가 되던 해에 원인을 알 수 없는 질병으로 고열에 시달리다 병석에 누운 지 15일 만에 세상을 떠났다. 그의 황망한 죽음 앞에서 수많은 사람들이 안타까워하며 오열을 금치 못했고, 바티칸 전체가 그의 죽음을 슬퍼했다. 훌륭한 인품의 소유자였던 라파엘로라는 한 인간에 대한 애도이자 그의 손끝에서 탄생하는 아름다운 작품들을 더 이상 볼 수 없는 데 대한 아쉬움 때문이었다.

라파엘로의 죽음은 종종 예수 그리스도의 죽음과 비견되기도 한다. 라파엘로가 세상을 떠난 1520년 4월 6일은 예수 그리스도가 십자가에 못 박혀 돌아가신 성 금요일이었다. 예수께서 십자가에서 돌아가시자 땅이 진동하고, 슬픔을 이기지 못한 하늘에서 폭우를 퍼부었던 것처럼 라파엘로가 눈을 감자 바티칸 지역에 살던 사람들은 미미한 지진으로 인한 진동을 느꼈고 청명했던 하늘이 갑자기 어두컴컴해졌다고 한다.

어깨까지 내려오는 검은 곱슬머리와 턱수염, 온화한 눈빛.

라파엘로가 남긴 「친구와의 자화상Autoritratto con un amico」을 바라보며 상상 속에서만 그려 왔던 예수 그리스도의 모습을 보는 것 같다는 이들도 적지 않다. 아테네 학당에서 장난기 어린 눈빛으로 관람자들을 주시하던 라파엘

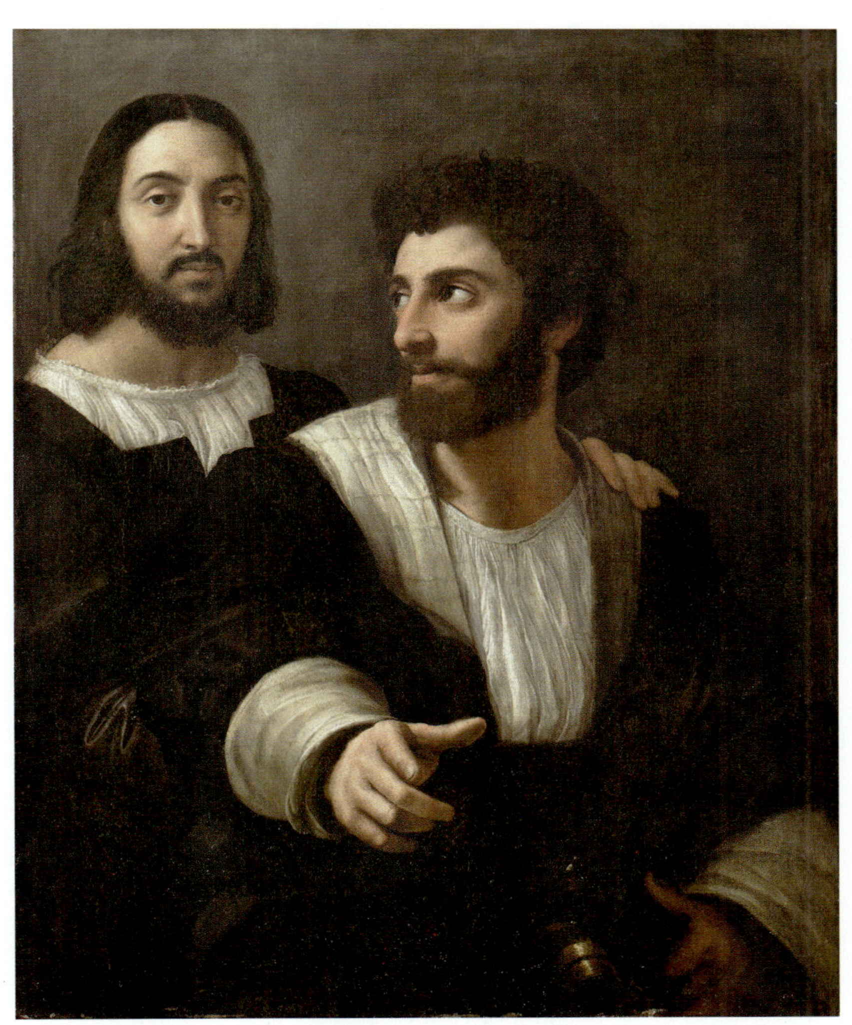

† 라파엘로의 「친구와의 자화상」

로는 누구인지 정확히 밝혀지지 않은 그의 지인의 어깨 위에 한 손을 얹은 채 고요한 눈빛으로 여전히 우리를 응시하고 있다.

꽃다운 나이에 세상을 등진 젊은 화가를 위해 레오 10세는 라파엘로가 가장 사랑했던 장소, 판테온 안에 그의 무덤을 마련해 주었다.

그의 무덤에는 다음과 같은 글귀가 새겨져 있다.

"라파엘로, 여기 잠들다.

그가 살아 있었을 때 만물의 어머니는 그에게 패배할까 두려워하였고

그가 죽고 나자 그녀 또한 죽음에 이를까 두려워하였다."

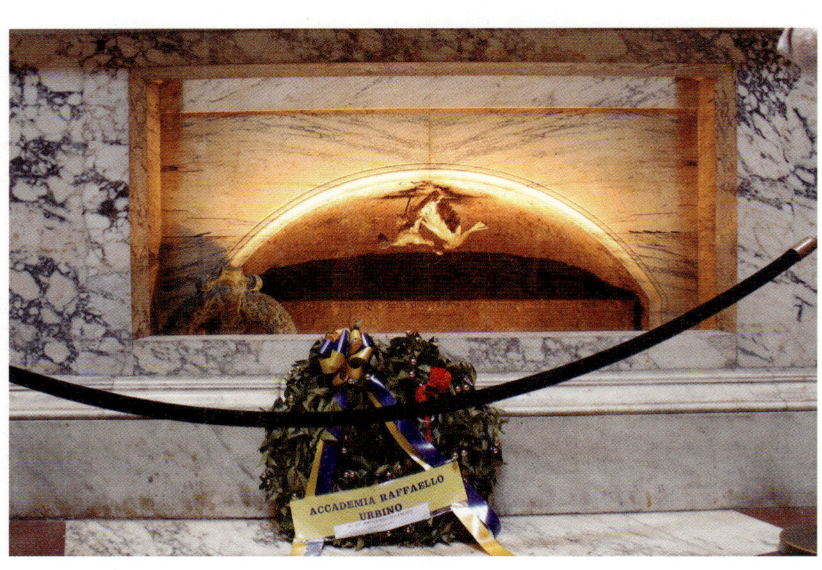

† 판테온 안에 있는 라파엘로의 무덤

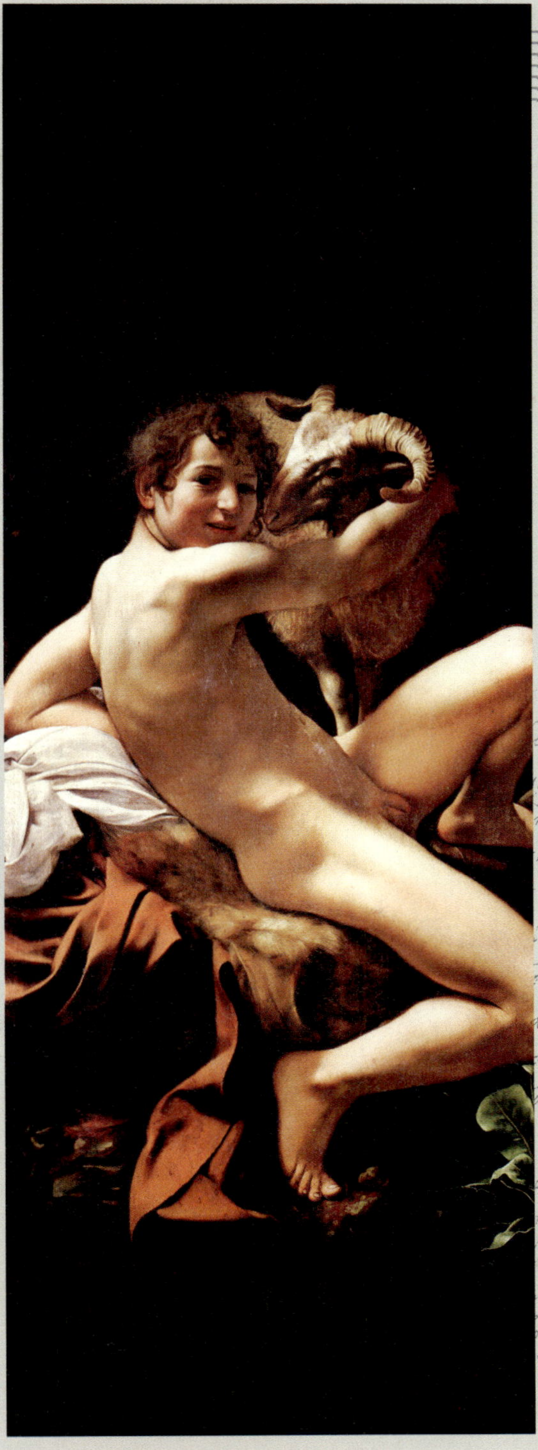

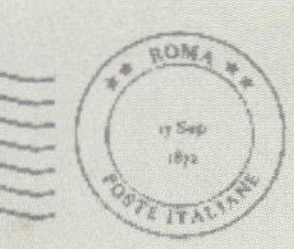

제3장

콘타렐리 예배당에 미친 존재감을 남긴 카라바조

로마라는 도시

1.

20대 초반부터 30대 초반까지 10년이 조금 넘는 시간을 로마에서 보냈다.

로마를 떠나온 지 어느덧 10년이 다 되어 가지만 지금도 '로마'라는 말을 들으면 오래 전 헤어진 첫사랑과 우연히 마주치기라도 한 것처럼 가슴이 두근거리고 눈시울이 붉어진다. 로마라는 도시가 도대체 뭐가 그리 좋은 게냐고 누군가 물어 온다면 무어라 대답해야할지 막막할 뿐이지만.

로마는 혼돈의 도시이다. 누군가에게 로마가 '영원의 도시'라면 나에게 있어서 로마는 '영원한 혼돈의 도시'이다. 로마라는 도시에 첫발을 들여 놓게 되는 바로 그 순간부터 당신은 서서히 실망의 늪으로 빠져 들기 시작할 것이다.

여기저기 개똥이 널려 있는 지저분한 거리들, 어디가 유적지이고 어디가 주거지인지 그 흔한 간판 하나 없이 비슷비슷하게 생겨 먹은 오래된 건물들. 지도만으로 길을 찾기는 웬걸, 구불구불 뒤엉켜 있는 골목에 잘못 들어섰다가는 전혀 다른 방향으로 나가게 되니 이거야 원 하루에도 몇 번씩 미아 신세가 될 판이다. 울퉁불퉁한 산 피에트리니 돌이 깔린, 최소한의 승차감조차 기대할 수 없을뿐더러 차선마저 과감히 생략된 시내의 도로들. 차들은 나름 창조적인 방법으로 차선을 만들어 가며 요란하게 질주하고 차들 사이로 벌어진 좁은 틈새마다 오토바이들이 연기와 굉음을 동시에 뿜어내며 곡예사처럼 요

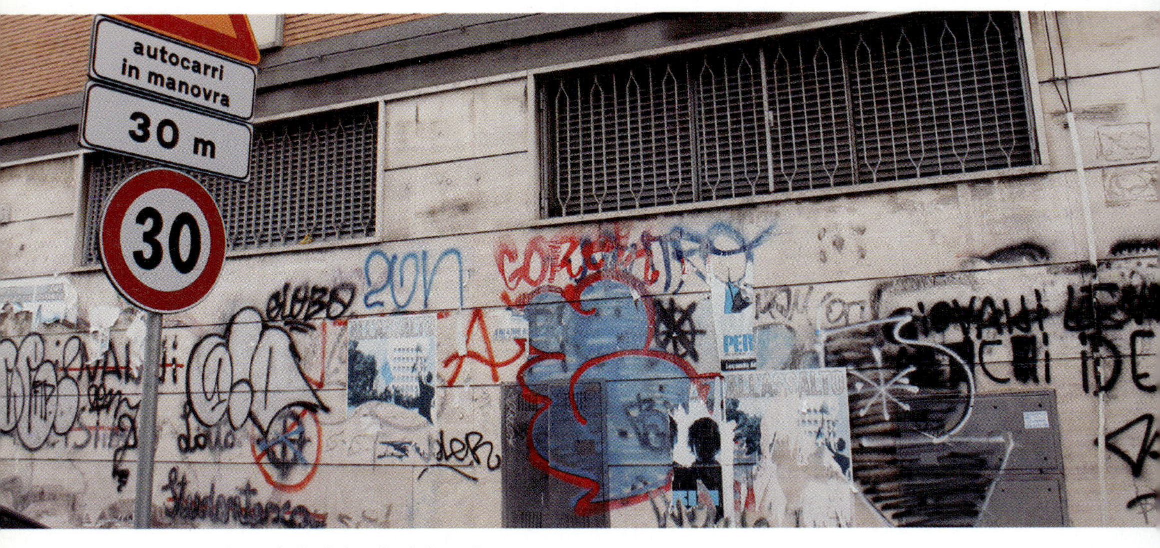

✝ 로마의 지저분한 거리 풍경

리조리 빠져나간다. 그 와중에 아름다운 여성이 긴 머리를 휘날리며 지나갈라치면 어느새 차를 바짝 갖다 붙이고 그녀에게 작업을 거는 것 또한 절대로 빼놓을 수 없는 그 유명한 이탈리아 남성들의 신성한 의무이다. 어느새 신호가 바뀌어 뒤에서 요란한 경적이 울려 퍼지든 말든 사랑에 눈이 멀다 못해 귀까지 막혀 버린 그는 전혀 개의치 않는다.

로마에서는 무엇보다도 주머니를 조심해야 한다. 당신의 주머니를 노리는 자들이 어디서 어떤 모습으로 당신을 지켜보고 있을지 당신은 감히 상상조차 할 수 없을 것이다. 천진난만한 아이부터 나이 먹은 노파에 이르기까지 각양각색의 털이범들이 당신의 주머니를 호시탐탐 노리고 있다. '설마 나에게'라는 안일한 사고방식에 사로잡혀 단 한순간이라도 마음을 놓았다가는 빈털터리가 되기 십상이다. 눈을 뜨고 있어도 코를 베어 간다는 말이다.

아직도 로마라는 도시에 대해 한 치의 환상이라도 간직하고 있다면 정나미가 떨어질 만한 이야기는 얼마든지 많다. 섭씨 30도를 웃도는 한여름에도 냉방 시설을 찾아보기는 하늘의 별따기이며 눈 대신 비만 주구장창 내리는 겨울은 어찌나 으스스하고 질퍽거리는지.

아침에 일어나 밥을 꼭 챙겨 먹었다면 달랑 빵 한 덩어리에 커피 한 잔 뿐인 아침 식사를 받아들고 눈물이 핑 돌 것이며, 피자와 스파게티를 아무리 좋아한다 해도 며칠을 내리 먹었다가는 어느 순간 '퉤'하고 뱉어 버리고 싶은 울분을 참기 어려울 것이다. 주로 여성들에게만 지나칠 정도로 과분한 친절을 베푸는 로마 사람들에게 길이라도 물어 볼라치면 영어를 할 줄 아는 사람은 눈을 씻고 찾아봐도 드물거니와 손짓을 곁들인 그럴 듯한 설명만 굳게 믿고 찾아 갔다가는 다른 곳으로 가 있기 십상이다. 관광지 특유의 한탕주의로 단단히 무장한 장사꾼들에게 당하지 않으려거든 정신을 똑바로 차리고, 커피 한 잔을 마시더라도 매사에 신중해야 한다. 차양이 드리워진 근사한 카페에 멋도 모르고 엉덩이를 붙였다가는 커피 값의 배에 달하는 자릿세가 붙어 나오기 마련이다. 한마디로 요약하자면 로마라는 도시는 조상님을 잘 만난 덕에 가만히 앉아 제 발로 찾아오는 관광객들의 호주머니

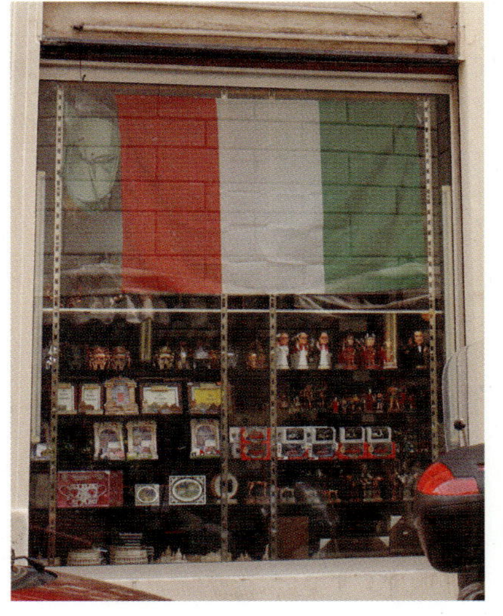
닮고 닮은 관광 도시임을 느끼게 해 주는 것 중 하나인 기념품점.

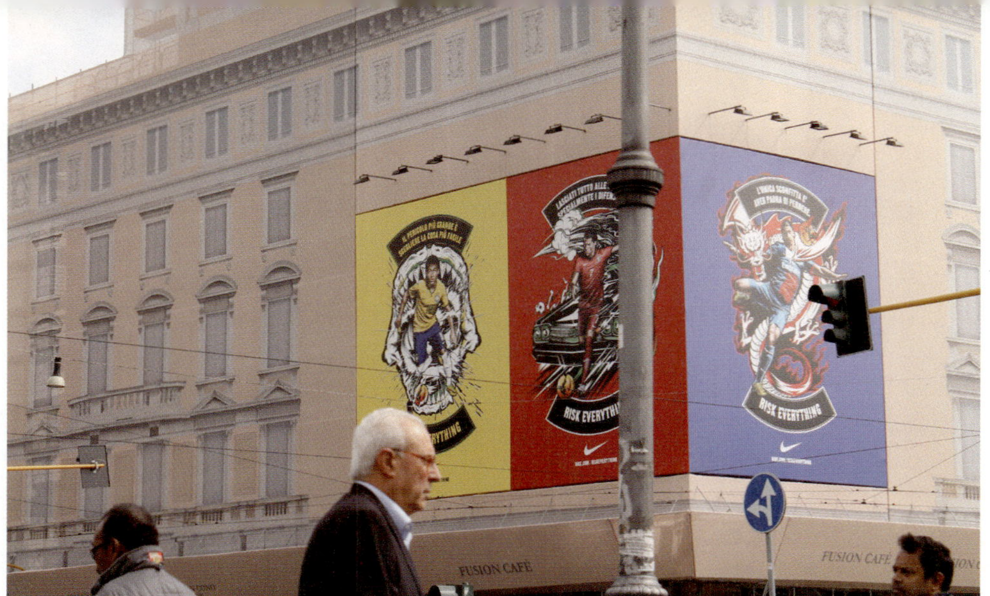

† 로마의 거리 풍경

에서 흘러나오는 돈을 날름날름 받아먹으며 사는 닳고 닳은 관광 도시이다.

그러나 그토록 지긋지긋한 도시임에도 그곳만 떠올리면 왜 이리도 목이 칼칼해지고 코끝이 찡해지는 것인가. 끊임없이 실망하고 상처를 입으면서도 우리는 왜 누군가를 잊지 못해 밤잠을 설치고 끝내 뜬 눈으로 밤을 지새우고야 마는가. 밤하늘의 별들은 왜 그리 총총하며 달은 또 왜 저리 휘영청 떠 있는 것인가. 수많은 인파 속에 둘러싸여 있을 때조차 우리는 왜 단 한 사람만을 그리워하고 애태우며 행여 그의 모습이 보이지나 않을까 주위를 두리번거리게 되는 것인가. 그까짓 막돼먹은 도시의 기억 속에 파묻혀 밤새 뒤척이는 것으로도 모자라 나는 왜 먼동이 트기도 전에 머리맡을 더듬어 기어이 연필을 손에 쥐고야 마는가.

오래전 미켈란젤로 메리시Michelangelo Merisi라는 한 젊은이가 로마에 첫발을 들여놓았을 때도 상황은 별반 다르지 않았다. 본명 대신 아버지의 고향 마을 이름을 따 '카라바조'라 불리던 그는 북부 출신임이 의심스러울 정도로 짙고 검은 눈썹과 새카만 눈동자, 구불구불한 검은 머리카락을 지니고 있었다. 방년 21세, 열두서너 살 무렵부터 밀라노의 한 공방에서 도제 생활을 하며 갈고 닦아 온 그림 실력 하나만 믿고 그는 이제 막 로마 땅을 밟은 참이었다.

여섯 살 되던 해, 밀라노 주변에 무시무시한 전염병만 퍼지지 않았더라도 카라바조는 아버지의 일을 가업으로 물려받아 건축업에 종사하며 평범한 삶을 꾸려 나갔을지도 모른다. 전염병으로 할머니와 아버지, 숙부를 한꺼번에 잃게 되자 카라바조의 어린 남동생은 장차 사제가 되기 위해 교회로 들어갔고 카라바조는 살 길을 찾아 밀라노를 향해 떠났다.

밀라노에서의 생활이 어느 정도 안정되어 가고 있을 무렵 고향 집에 남아 있던 어머니가 세상을 떠났고 카라바조는 어머니로부터 상속받은 집을 급히 처분한 뒤 밀라노를 떠나 로마로 향했다. 로마에서 A1번 고속도로를 타고 규정 속도를 준수하며 밀라노까지 달리는 데 소요되는 시간은 대략 여덟 시간 남짓, 카라바조가 왜 굳이 밀라노를 떠나 아무런 연고도 없는 머나먼 도시로 떠났는가에 대해서는 알 길이 없다. 서류상의 정황으로 보아 그가 서둘러 고향집을 처분했으며 황급히 밀라노를 떠났다는 사실만 알 수 있을 뿐이다. 그는 과연 무엇으로부터 도망치려 했던 것일까. 꼭꼭 숨겨진 누군가의 과거는 무한한 상상을 유발하는 법이다.

「카라바조 초상화」

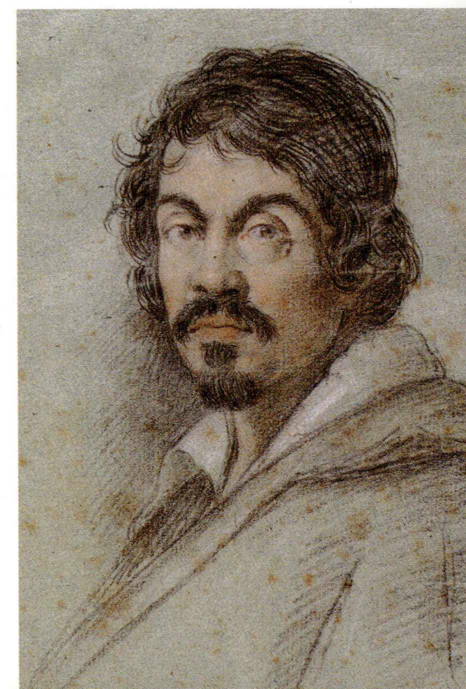

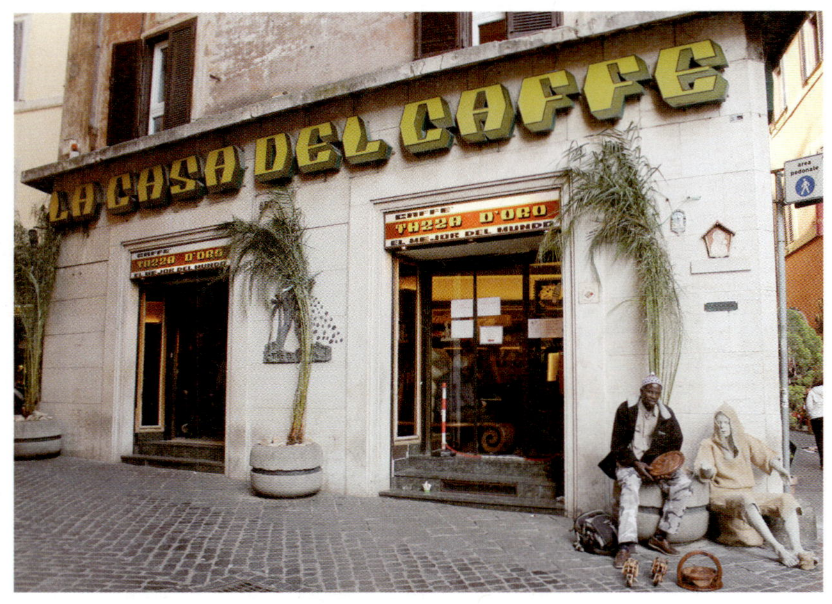

† 로마의 잡상인과 거리의 예술가(우)

2.

"전 사랑하는 사람에게 맨 얼굴을 보여 준 적이 한 번도 없답니다"라며 자랑스럽게 고백하는 여성들을 볼 때마다 그녀들의 초인적인 능력에 감탄해마지 않다가도 '맨 얼굴도 한 번 보지 못한 사람을 과연 사랑한다고 말할 수 있는 걸까?'라는 의구심에 빠져들기도 한다.

도시에도 민낯이 있다. 핑크빛 립스틱과 반짝이는 아이 쉐도우, 두툼한 마스카라로 가려져 있던 도시의 민낯과 정면으로 마주치는 것은 상당히 민망한 일일 수도 있다. 그러나 짙은 화장을 싹 지워 낸, 모공이 숭숭 뚫린 도시의 맨 얼굴을 단 한 번도 보지 못했다면 과연 그 도시를 알고 있다고 말할 수 있기는 한 걸까.

"실례합니다. 커피는 어떻게 해 드릴까요?"라며 정중하게 물어 오는 웨이터의 시중 속에 근사한 아침 식사를 즐기고 있다면 도시의 민낯과는 결코 마주칠 수 없다. 진정 도시의 맨 얼굴을 엿보고 싶다면 호텔 문을 박차고 나와 길모퉁이마다 하나씩 있는 후줄근한 동네의 바Bar에 들어가 봐야 한다. 어제 저녁 벌어진 축구 경기가 지상 최후의 경기라도 되는 양 침을 튀겨 가며 열띤 논쟁을 벌이고 있는 남자들, 구석진 곳에 놓인 테이블을 차지하고 앉은 구부정한 노인은 수염에 우유 거품을 잔뜩 묻히고 신문을 읽는 척하며 커피를 마시는 늘씬한 아가씨들의 다리를 연신 흘낏거리고, 커피와 곁들여 오늘의 날씨에 대해 수다스러운 예보를 늘어놓는 숙련된 바리스타는 손님들이 팁으로 두고 간 동전들을 틈틈이 그러나 민첩한 손놀림으로 쓸어 담기를 잊지 않는다.

도시의 민낯을 보려거든 어깨가 떡 벌어진 검은 양복 차림의 남자들이 버티고 서 있는 상점이 아닌 성문 밖에서 열리는 벼룩시장으로 가 보아야 한다. 별의별 우스꽝스러운 물건들을 가지고 나와 파는 사람들, 그 별의별 물건들을 심각하게 고르며 흥정하는 사람들, 여기저

성문 밖 벼룩시장

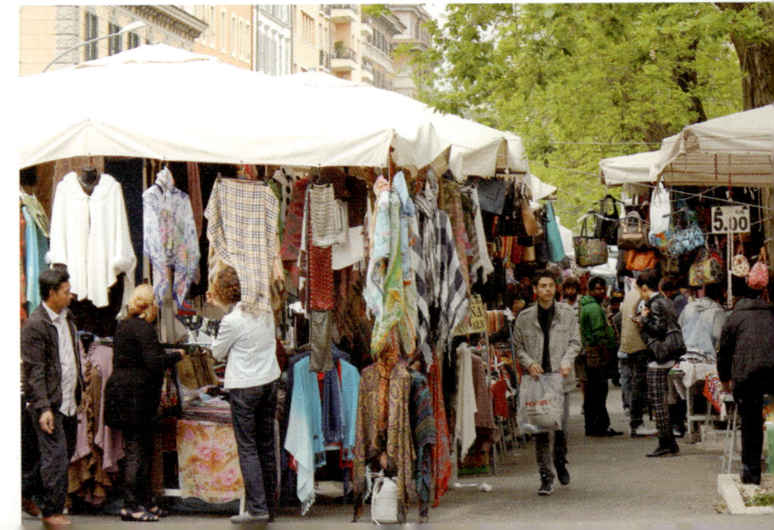

기 들려오는 온갖 상소리와 외침들, 길거리 음식 특유의 매캐한 냄새, 어느새 옆으로 다가와 주머니를 더듬으며 착 달라붙는 털이범들, 제 엄마의 치맛자락에 매달려 떼를 쓰며 보채는 아이들.

꿈틀대고 득실대며 희번덕거리고 몸부림치는 도시의 민낯은 관광버스 유리창 너머로 보이는 한가로운 풍경과는 사뭇 다르다.

카라바조가 마주쳤던 것 역시 로마라는 도시의 민낯이었다.

그는 로마의 뒷골목을 터전으로 삼아 허드렛일을 도우며 다른 사람의 집에 기거하기도 했고 지나가는 사람들의 초상화를 헐값에 그려 주며 근근이 연명하기도 했다.

로마의 보르게제 미술관Galleria Borghese에 있는 「병든 바쿠스Il Bacco」(1593~1594)는 카라바조가 로마에 온 지 1년이 조금 지났을 무렵 그린 작품이다. 그리스 신화의 디오니소스와 마찬가지로 로마 신화에서 포도주와 관련된 업무를 담당했던 바쿠스는 늘 취기로 가득한 활달하고 혈기왕성한 인물로 알려져 있는 반면 카라바조의 그림 속 바쿠스는 어찌된 일인지 병색이 완연하다. 퀭한 눈빛에 입술이 허옇게 마른 바쿠스의 모습은 그즈음 로마에서 극심한 말라리아에 걸려 앓아누웠던 카라바조의 자화상으로 알려져 있다.

유명한 화가가 되겠다는 포부를 안고 밀라노에서 로마까지 내려오긴 했으나 이름 없는 화가이자 이방인이었던 그에게 로마는 그리 만만한 도시가 아니었다. 객지에서 몸속으로 파고 든 병균은 마음속으로까지 퍼지게 되는 법이다. '살아남고자 몸부림치며 겨우 여기까지 왔는데 몹쓸 병으로 앓아누워 버렸으니 이제 어떻게 해야 하나.' 홀로 병상에 누워 멍하니 하늘을 바라보는 것이 얼마나 서글픈 일인지는 객지 생활을 해 본 사람만이 알 것이다. '이대로 모든 것이 끝이로구나' 하는 서글픈 생각에 사로잡혀 고열에 시달리던 카라바조는 여섯 살 되던 해 차례로 자신의 곁을 떠난 식구들과의 만남을 떠올리고 있었는지도 모른다. 승리를 상징하는 바쿠스의 월계관은 집주인이 휴가를 떠난 집 창가의 식물처럼 기운을 잃고 시들어 가고 있으며 이것만큼은 절대 놓칠 수 없다는 듯 양 손으로 꽉 움켜쥔 포도송이에도 벌레들이 꼬이기 시작했다.

그로부터 몇 년 뒤, 카라바조가 그린 또 하나의 「바쿠스」와 비교해 보면 첫 번째 「바쿠스」를 그릴 당시 그가 얼마나 깊은 병에 시달렸던가를 이내 알 수 있다. 토실토실 살이 오른 탐스러운 볼과 깨물어 주고 싶을 정도로 발그스름한 입술……. 색정적인 분위기가 물씬 풍기는 관능적인 소년들은 카라바조의

† 카라바조의 「병든 바쿠스」와 「바쿠스」(우)

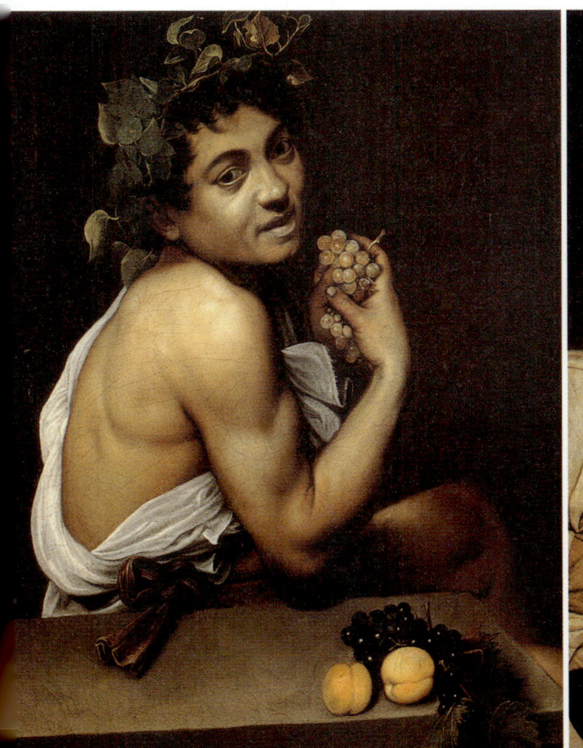

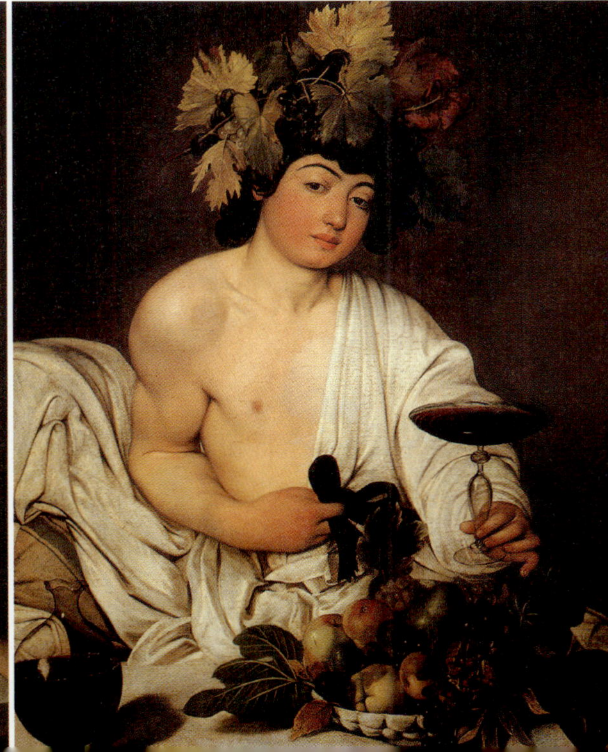

그림 속에 수시로 등장하고 있으며 그 때문에 카라바조가 동성애자였다고 주장하는 사람들도 종종 있다.

그런가 하면 그의 그림 속에 단골처럼 등장하는 소재인 과일들 역시 눈여겨볼 만하다.

로마 생활 초기, 카라바조가 몸담았던 직장은 '주세페 체사리'라는 화가가 운영하는 공방이었다. 초상화를 비롯해 종교화, 정물화에 이르기까지 주문자들이 요구하는 갖가지 그림들을 제작해 주는 로마에서 가장 큰 공방으로 손꼽히던 체사리 공방에서 카라바조는 꽃과 과일을 그리는 업무를 담당했다. 로마를 비롯한 남부 지방에서는 과일과 같은 정물을 그리는 것은 생소한 일이었으나 카라바조가 소년 시절을 보냈던 북부 지방에서는 정물화가 어엿한 그림의 한 장르로 자리 잡고 있었다. 밀라노의 공방에서 갈고 닦았던 실력을 카라바조는 그림 속에서 유감없이 발휘하고 있다. 화가로서 명성을 떨치게 되면서 꽃과 과일이라는 소재는 그의 그림 속에서 점점 사라져 갔지만 그가 꽃과 과일의 화가로 활동하던 시절, 우연의 일치였는지는 몰라도 로마의 귀족들 사이에서 생소하기만 했던 정물화를 수집하는 일이 유행처럼 퍼져 나갔던 것은 주목할 만한 사실이다.

'저, 실은 오래 전부터 당신을 지켜보아 왔습니다만……'이라며 수줍게 고백하는 남정네처럼 기회란 놈은 모퉁이를 돌자마자 꽃 한 송이를 들고 불쑥 나타나 우리의 가슴을 두근거리게 만든다. 병상에 누워 있는 내내 암울한 공상의 늪에 빠져 허우적거리던 카라바조에게도 기회는 어김없이 찾아왔다. 주세페 체사리의 공방에서 더부살이를 하며 그렸던 카라바조의 그림 두 점을 마음에 들어 하는 인물이 나타난 것이다. 그림을 구입한 주인공은 '델 몬테Francesco Maria Del Monte'라는 이름의 추기경이었다. 예술 애호가였던 델 몬테 추기경의 저택은 로마에서 이름난 미술가들을 비롯해 시인과 음악가들, 진보적인 성향의 과학자들이 드나들기로 유명한 곳이었다. 카라바조의 그림을 거저와 다름없는 가격에 구입한 델 몬테 추기경은 딱한 처지에 놓인 카라바조가 자신의 저택에서 편안히 지내며 작품 활동을 할 수 있도록 배려해 주었다.

델 몬테 추기경은 독특하면서도 파격적인 취향을 지닌 사람이었다. 그가 구입했던 카라바조의 그림 두 점은 「카드놀이 사기꾼」과 「점쟁이 집시」로, 말 그대로 노름판을 어슬렁거리며 사기 칠 기회만을 엿보면서 눈을 부라리는 남자의 모습과 점을 보아 준다며 순진한 청년에게 접근해 반지를 슬쩍하려는 여자의 모습을 담은 그림이었다. 저잣거리에 판을 치는 평범한 사람들의 일상을 그림으로 그린다는 것은 당시로서는 상당히 낯선 일이었다. 아름다움이란 저만치 위에 있는 성스럽고 고결한 그 무엇이며 시장 통이나 복잡한 골목에서 벌어지는 일 따위는 감히 그림으로 담을 수 없는 천박한 짓거리에 불과했다. 배운 사람이라면 무턱대고 성서와 신화를 주제로 삼은 그림들만을 제대로 된 것이라 취급했던 그 시절 그토록 경박한 주제의 그림을 서슴지 않고 구입했을 뿐만 아니라 카라바조를 자신의 저택으로 불러들이기까지 한 델 몬테 추기경은 상당히 아방가르드한 취향의 소유자였음이 분명하다.

델 몬테 추기경은 미술뿐만 아니라 음악에도 상당히 조예가 깊은 인물이었다. 델 몬테 추기경의 저택이었던 마다마 궁Palazzo Madama으로 거처를 옮긴

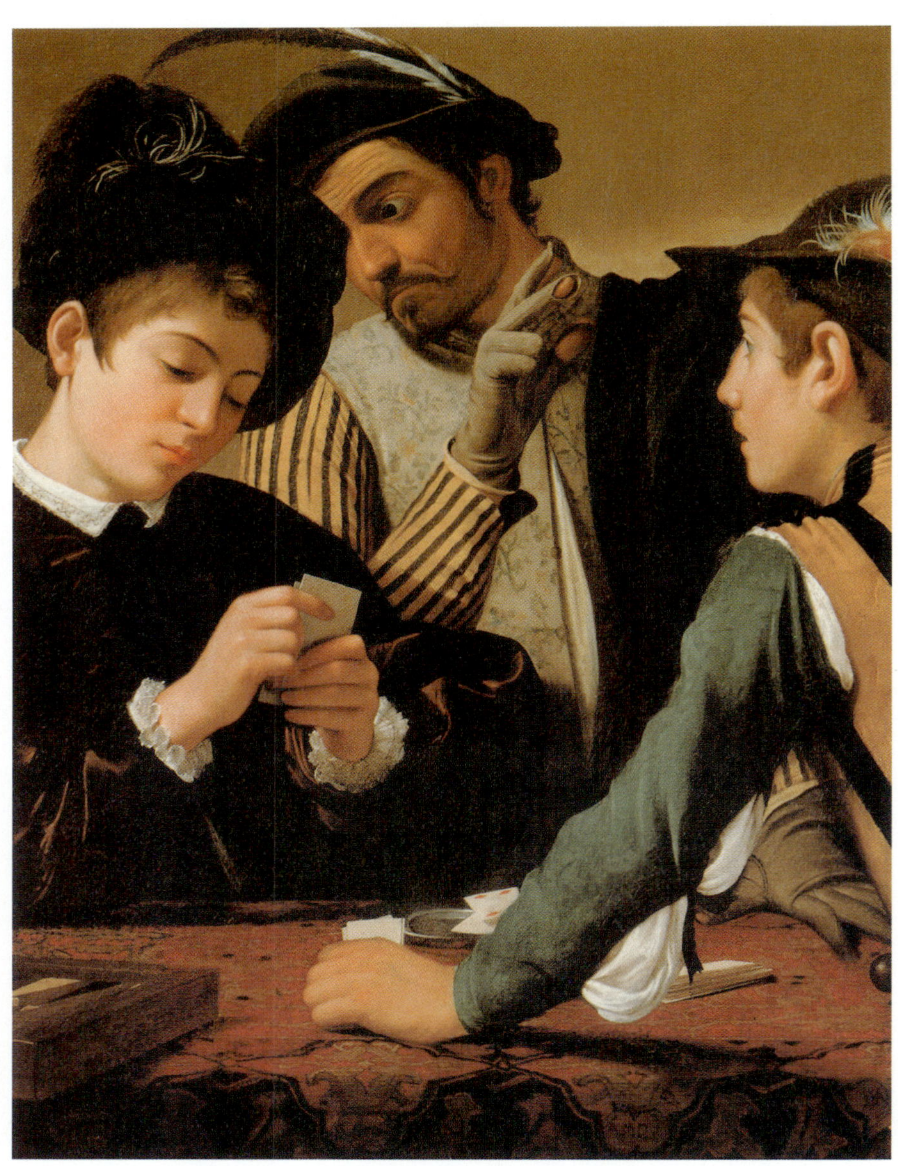

† 카라바조의 「카드놀이 사기꾼」

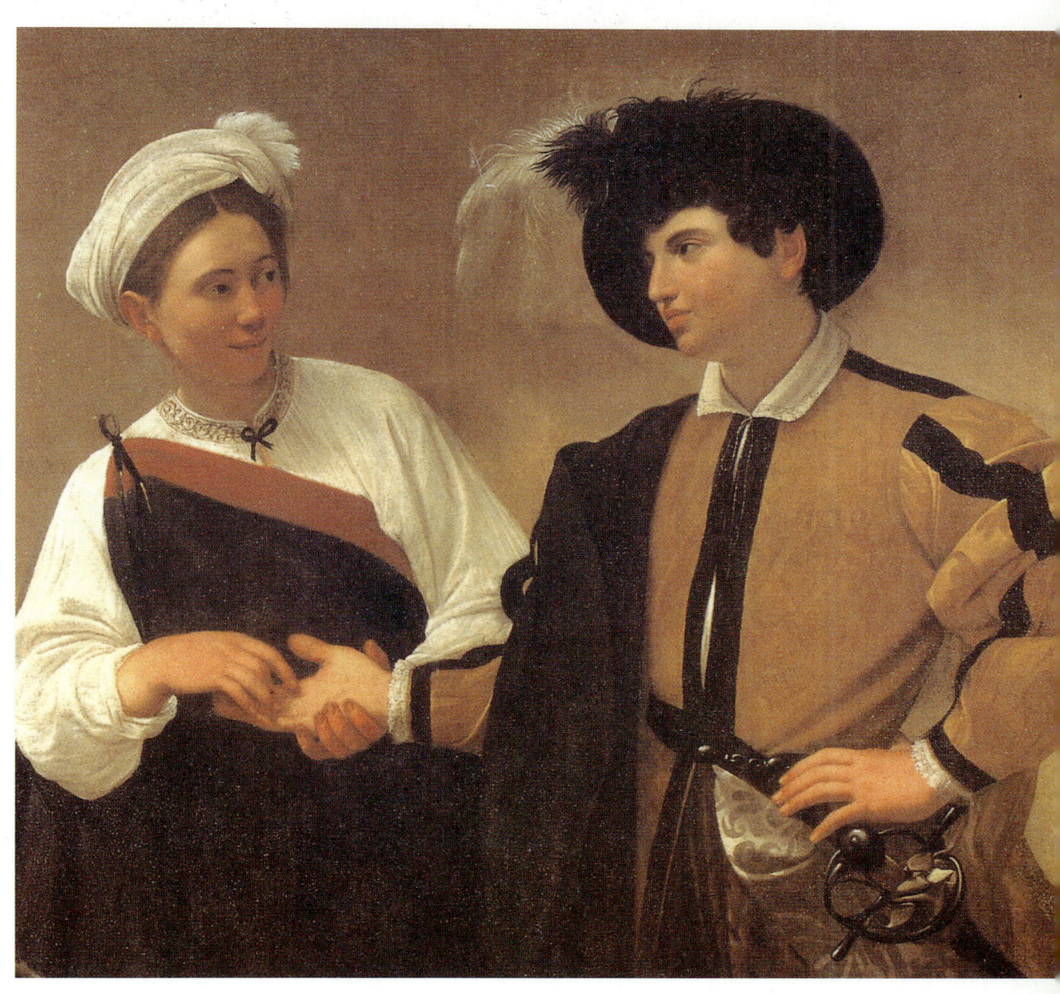

카라바조의 「점쟁이 집시」

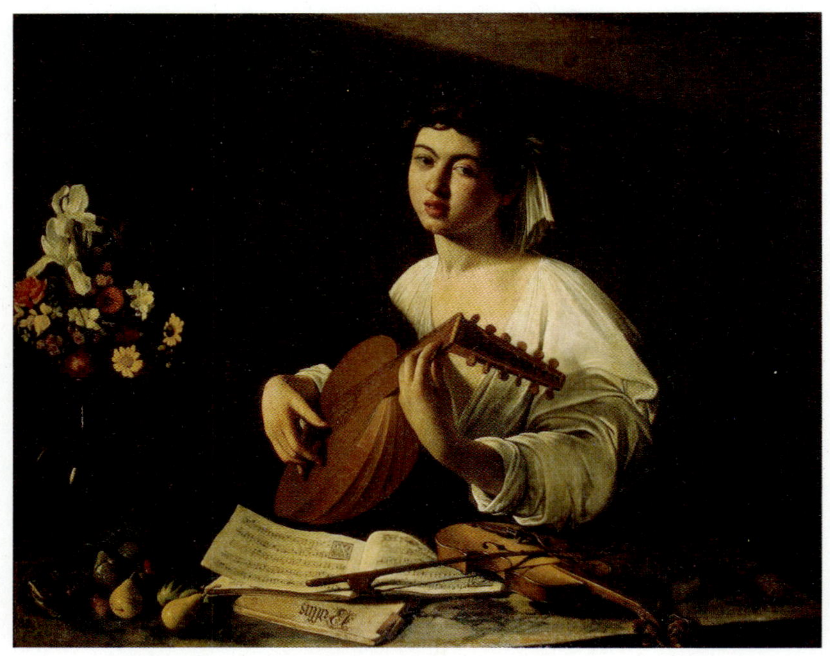

† 카라바조의 「류트 연주자」

카라바조의 그림 속에는 류트*를 비롯한 악기를 연주하는 소년들이 등장하기 시작한다. 델 몬테 추기경과 친분이 있었던 음악가들 중에는 수학자이자 천문학자인 갈릴레오 갈릴레이Galileo Galilei의 아버지였던 빈첸조 갈릴레이Vincenzo Galilei도 있었다. 갈릴레이의 동생이 음악가의 길로 접어들어 궁정 음악가로 활동하게 되자 갈릴레이만은 의학을 공부해 궁핍한 집안을 일으켜 주길 간절히 원했던 아버지의 기대는 이내 부서져 버리고 말았다. 어렵사리 입학한 피사Pisa의 대학에서 갈릴레이는 의학을 공부하는 대신 수학과 물리학에 빠져 들게 된 것이다. 갈릴레이가 고향의 명물인 피사의 사탑에서 중력

* 16세기를 중심으로 유럽에서 유행했던 기타와 비슷한 발현악기.

의 법칙을 실험했다는 일화는 너무도 잘 알려져 있다. 공부를 끝마치고 밥벌이가 없어 전전긍긍하던 갈릴레이가 피사의 대학에서 수학을 가르칠 수 있도록 피렌체의 유력한 공작을 통해 손을 써 주었던 이가 바로 델 몬테 추기경이었다.

미켈란젤로가 죽은 해에 태어난 갈릴레이는 68세 되던 해에 『대화*Dialogo*』라는 저서를 출간했다. 지구가 우주의 중심이라 굳게 믿고 있었던 시대에 태양이 우주의 중심임을 내비치는 그의 저서는 커다란 반향을 불러 일으켰다. 책 속에서 갈릴레이는 태양계의 생김새에 대해 프톨레마이오스의 천동설과 코페르니쿠스의 지동설이라는 두 가지 관점을 제시하고 있다. 갈릴레이의 실제 친구였으나 이미 세상을 떠난 두 친구들이 대화의 주인공으로 등장하고 가공의 인물인 또 한 명의 친구가 등장해 천동설과 지동설에 관해 대화를 나누는 방식으로 기술된 그의 저서는 반향을 넘어 결국 사회적으로 물의를 일으키고야 말았다.

신이 지구를 우주의 중심으로 창조하셨다는 성서의 내용에 부합되지 않는 지동설을 주장하는 갈릴레이를 위험한 사상을 지닌 자로 주시하고 있던 교황청에서는 『대화』가 발간된 지 1년만인 1633년 사상범으로 간주해 그를 로마로 불러들였다. 루터의 종교개혁에 맞서기 위해 구교에서는 반종교개혁을 선포했고 화려한 볼거리들로 성당 내부를 장식해 사람들을 교회로 끌어들이는 한편 냉혹한 종교재판으로 이단자들을 처단하던 시대였다. 그해 4월 12일에 시작되어 몇 차례에 걸쳐 진행된 재판에서 사상을 철회하지 않으면 끔찍한 고문을 받게 될 것이라는 협박으로 인해 극심한 두려움에 시달리던 갈릴레이는 결국 "저는 순종하기 위해 이 자리에 있으며 저의 의견은 신빙성이 없는 것입니다"라는 애매한 말로 자신의 목숨을 부지하는 길을 택했다.

로마의 판테온 근처에 있는 산타 마리아 소프라 미네르바Santa Maria sopra Minerva 성당에서 열린 마지막 판결에서 갈릴레이는 비록 목숨을 건졌으나 암흑과도 같이 캄캄한 인생의 마지막 10년을 보내야만 했다. 가택 연금 형을 선고받은 그는 집 밖으로 나올 수 없었으며 일체의 강의와 저술 활동을 할 수 없음은 물론이고 이따금 허용되는 가족들과의 만남을 제외하고는 그 누구와도 대화를 나눌 수 없었다. 그가 쓴 『대화』는 결국 갈릴레이 인생의 마지막 대화가 되고야 말았다.

1992년 10월 31일, 교황 요한 바오로 2세는 갈릴레이의 재판에 대한 교황청의 부당함을 공식적으로 인정하고 깊은 사과의 뜻을 표명했다. 359년 만에 이루어진 뒤늦은 사과가 아니었더라도 자신의 주장이 진실이었음을 온 세상 사람들이 믿어 의심치 않게 된 그 순간, 갈릴레이는 고문에 대한 두려움 앞에서 움츠러들었던 자신의 비굴함과 집 안에 갇혀 보내야만 했던 캄캄한 세월들을 까맣게 잊고 빙글빙글 도는 지구를 천국에서 내려다보며 이렇게 외쳤을지도 모른다. "그것 봐, 내가 뭐랬어. 그래도 지구는 돈다고 했잖아, 이 얼간이들아."

3.

식욕이나 성욕과 같이 태어날 적부터 갖고 있는 인간의 가장 1차적인 욕구 속에는 분명 잔혹성이 포함되어 있을 것이다. 엄마 젖을 빨다 말고 피가 날 정도로 물어뜯던 아이가 자라 도마뱀의 꼬리를 자르거나 잠자리의 날개를 쥐어뜯기도 하고 심한 경우 고양이의 꼬리에 불을 놓거나 높은 곳에 올라가 병아리를 날리기도 한다.

우리 모두는 마음속 깊은 곳에 잠재되어 있는 욕망들을 억누르는 효과적인 방법들을 배우며 자라난다. 해야 할 일들과 하지 말아야 할 일들이 철저히 구분되어 있음을 배우고, 하지 말아야 할 일을 하고 싶어질 때 어떤 방법으로 그 욕구를 억눌러야 하는지 서서히 터득해 나가는 것이다. 그 결과 대부분의 사람들은 사회가 요구하는 규범에 충실한 인간형으로 개조되지만 때로 지나치게 개조되어 버린다거나 아예 개조가 불가능한 경우가 발생하기도 한다. 정상적인 사람들의 마음속에 내재된 잔혹성은 세면대 아래라든가 음식물 쓰레기통 옆 어둡고 축축한 곳에 몸을 숨기고 있다가 주인이 잠시 한눈을 파는 틈을 타 슬금슬금 기어 나오는 징그러운 벌레와 같지만 어떤 이들의 경우는 다르다. 그들 속에 잠재하는 잔혹성은 시뻘건 눈과 날카로운 이빨을 지닌 사나운 맹수와도 같아서 물고 뜯고 으르렁거리며 시도 때도 없이 우리 밖으로 뛰쳐나오려 몸부림을 쳐 댄다.

카라바조의 경우가 그랬다. 그는 사소한 일에도 울분을 참지 못했으며 걸핏하면 말보다 주먹이 먼저 올라갔다. 주먹뿐일 경우에는 그나마 나은 편이었으나 칼이라도 한 자루 쥐고 있을 경우에는 사태가 매우 심각해졌다. 구타와 상해, 불법무기 소지 등 카라바조와 연루된 각종 사건들의 뒤처리를 하느라 델 몬테 추기경은 종종 골머리를 앓아야만 했다.

카라바조에게 명성을 안겨 주었던 첫 작품 역시 '잔혹성'이라는 인간의 속성을 빼놓고서 이야기할 수 없다. 델 몬테 추기경이 피렌체의 한 귀족에게 선

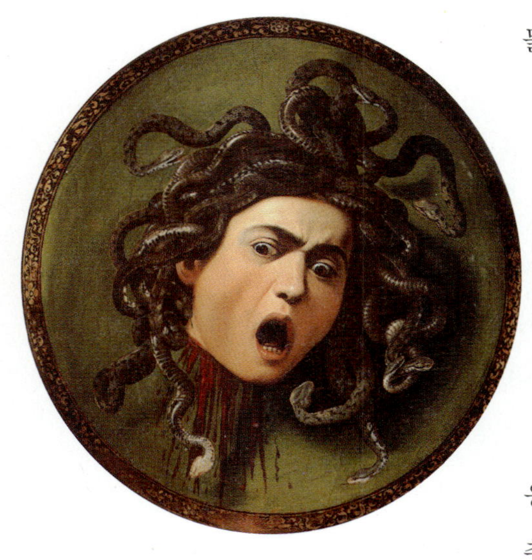

† 카라바조의 「메두사」

물로 보냈던 그림 「메두사」를 통해 카라바조라는 화가의 이름은 로마뿐만 아니라 피렌체에까지 널리 알려지게 된다. 그리스 신화에 등장하는 메두사는 뱀으로 된 머리카락을 지닌 여인으로, 그녀의 모습을 본 사람들을 모조리 돌로 만들어 버리는 무시무시한 괴물이었다. 메두사를 죽이기 위해 그녀를 찾아간 영웅 페르세우스는 메두사를 향해 거울을 비추었고, 그녀가 자신의 흉측한 모습을 보고 깜짝 놀라 허둥대던 그 순간 메두사의 머리를 칼로 내리쳤다. 욕구를 다스리기 위한 합법적인 처방책들이 도처에 마련되어 있는 오늘날 어떤 이들은 가상의 세계를 떠돌며 피가 흥건한 게임에 빠져들기도 하고 잔인한 공포 영화를 보며 비명을 질러 대는가 하면 그나마 고상한 취향을 지닌 이들은 땀을 쫙 빼는 격렬한 스포츠를 즐기기도 한다. 방법은 다를지라도 그 모두가 우리 속에 내재된 욕구들을 어떻게든 순화시켜 보고자 하는 눈물겨운 노력들이다. 잔혹성이라는 본성을 해결할 만한 가상의 장치가 제대로 마련되어 있지 않았던 시대에 죄수들의 공개 처형은 대단한 볼거리였다. 죄수들을 처형하는 장면을 직접 보기 위해 어린아이부터 노인에 이르기까지 수많은 인파가 광장으로 몰려들었다. 볼거리를 원하는 대중들의 욕구를 채워 주는 한편 은근히 겁을 주기 위해 다른 도시에서 처형하기로 되어 있던 죄수들까지 데려와 보란 듯이 처형하는 일이 벌어지기도 했다.

「메두사」를 그리기 위해 카라바조는 광장으로 나가 처형당하는 죄수들의 얼굴을 직접 보고 관찰하는 한편, 자신의 모습을 볼록거울에 비춰보기도 했다. 볼록거울은 새로운 망원경의 개발에 대해 갈릴레이와 토론을 벌일 정도로 과학에 조예가 깊었던 델 몬테 추기경의 값비싼 수집품들 중 하나였다. 델 몬테 추기경의 저택에 기거했던 카라바조는 볼록거울에 비친 자신의 모습을 이리저리 살펴가며 「메두사」를 그렸을 것이다. 피렌체 우피치 미술관Galleria degli Uffizi에 소장되어 있는 방패 위에 그려진 「메두사」는 자신의 끔찍한 모습과 마주친 뒤 피를 쏟으며 죽어 가는 그녀의 외마디 절규가 어두운 박물관 어딘가에서 들려올 것만 같아 보는 이의 간담을 서늘하게 한다.

「메두사」를 그린 이듬해, 카라바조는 「홀로페르네스의 목을 베는 유딧」이라는 그림을 통해 죽어 가는 이의 표정을 다시 한 번 생생하게 재현해 내고 있다. 로마의 바르베리니 궁 고대 미술관에 소장되어 있는 그의 작품은 구약성서 외경에 나오는 이야기를 바탕으로 그려진 그림이다. 이스라엘과 아시리아의 전쟁 당시, 아시리아 편으로 기울어진 전세를 되돌리고자 유딧이라는 이스라엘의 아름다운 과부가 투항을 위장해 적군의 막사에 잠입하는 데 성공한다. 승리의 분위기에 한껏 도취되어 정신 줄을 놓아 버린 적장 홀로페르네스는 거부할 수 없는 유딧의 유혹에 넘어가 그녀와 하룻밤을 보냈고 적장이 깊은 잠에 빠져들자 자신의 몸종에게 칼을 가져오라 이른 유딧은 침대 위에 널브러져 있는 홀로페르네스의 목을 베어 버린다. 그리고 그녀의 용감한 행동을 전해들은 이스라엘 군사들은 때를 놓칠세라 아시리아의 장막을 공격해 대승을 거두게 된다.

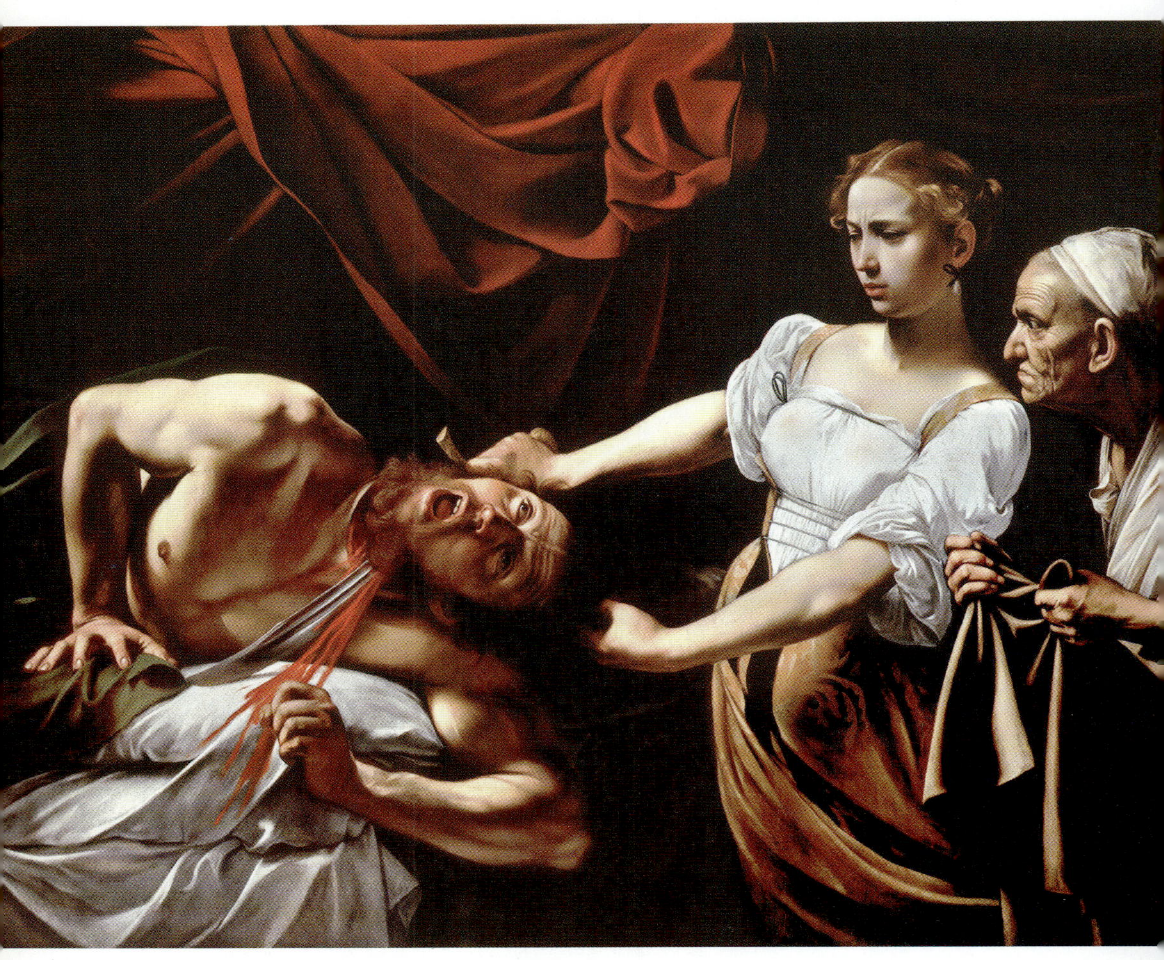

† 카라바조의 「홀로페르네스의 목을 베는 유딧」

징그러운 벌레라도 본 것처럼 미간을 살짝 찌푸린 그림 속 유딧은 과연 칼이나 제대로 가눌 수 있을까 싶을 정도의 가녀린 여인으로 묘사되어 있는 것에 비해 바로 옆에서 살육의 현장을 들여다보고 있는 그녀의 몸종인 노파의 얼굴은 보다 적나라하게 묘사되어 있다. 시뻘건 피가 솟구치는 처참한 장면을 좀 더 자세히 관찰하려는 것처럼 고개를 약간 앞으로 내민 노파는 흐뭇해하는 것 같기도 하고 죽어 가는 이에게 저주를 퍼부으며 입을 우물우물하는 것 같기도 하다. 동화 속에 등장하는 마녀의 얼굴을 연상시키는 늙은 여인의 표정이야말로 카라바조가 광장에서 직접 목격한 처형 장면을 바라보던 여인네들 중 누군가의 표정이었을 것이다.

「메두사」와 「홀로페르네스의 목을 베는 유딧」 이후 카라바조의 그림 속에는 '잘려진 머리'라는 소재가 심심찮게 등장하게 된다. 「골리앗의 머리를 든 다윗」이라든가 「세례 요한의 참수」 등이 대표적인 작품들이다.

공포와 고통으로 일그러진 표정으로 볼록 거울을 들여다보던 카라바조는 자신의 내면에 격렬하게 몸부림치는 주체할 수 없는 그 무언가가 존재하고 있음을 이내 알아차렸을 것이다. 그리고 원한다면 그 무언가를 자신을 위한 최대의 무기로 사용할 수 있으리라는 사실도 눈치챘을 것이다.

그러나 그가 미처 깨닫지 못했던 사실이 하나 있었다. 무기라는 것은 상대방을 찌를 수도 있지만 자신을 찌르는 치명적인 물건으로 탈바꿈할 수도 있다는 것을.

성스러움과 속됨을 넘나들며

1.

판테온을 지나 나보나 광장Piazza Navona으로 가는 길목 오른편에 아담한 성당이 하나 있다. 산 루이지 데이 프란체지Chiesa San Luigi dei Francesi라는 성당이 위치한 지역은 오래 전 로마에 거주하던 프랑스인들이 모여 살았던 곳이다. 성당의 이름을 풀어 말하자면 '프랑스 사람들의 루이 성인을 위한 성당' 정도 될 것이다. 성인으로 추대된 프랑스의 왕 루이 9세는 십자군 전쟁에 출전했다가 객지에서 병사한 인물이었다.

모퉁이를 돌자마자 으리으리한 성당이 하나씩 출몰하는 로마라는 도시의 특성상 수수한 외관만 흘낏 보고 발걸음을 돌리기 십상인 곳이지만 우연찮게라도 성당 안으로 발걸음을 옮긴다면 카라바조의 작품을 세 점이나 감상할 수 있는 뜻밖의 호사를 누릴 수 있다. 카라바조의 후원자였던 델 몬테 추기경의 장례가 치러진 성당이었다는 점으로 미루어 보아 무명에서 갓 벗어난 카라바조를 성당 측에 소개했던 사람은 델 몬테 추기경이었을 것이다. 화가로서 성당을 장식할 성화를 주문받는다는 것은 성공을 향한 디딤돌을 의미했다. 대작을 그릴 만한 경지에 올랐음을 인정받는 동시에 보수도 두둑했으며, 누구나 드나들 수 있는 성당에 작품이 걸린다는 것은 무엇보다도 화가의 이름을 널리 알릴 수 있는 절호의 기회이기도 했다. 마태 성인을 주제로 산 루이지 데이 프란체지 성당 안의 콘타렐리 예배당을 장식할 작품들을 주문받

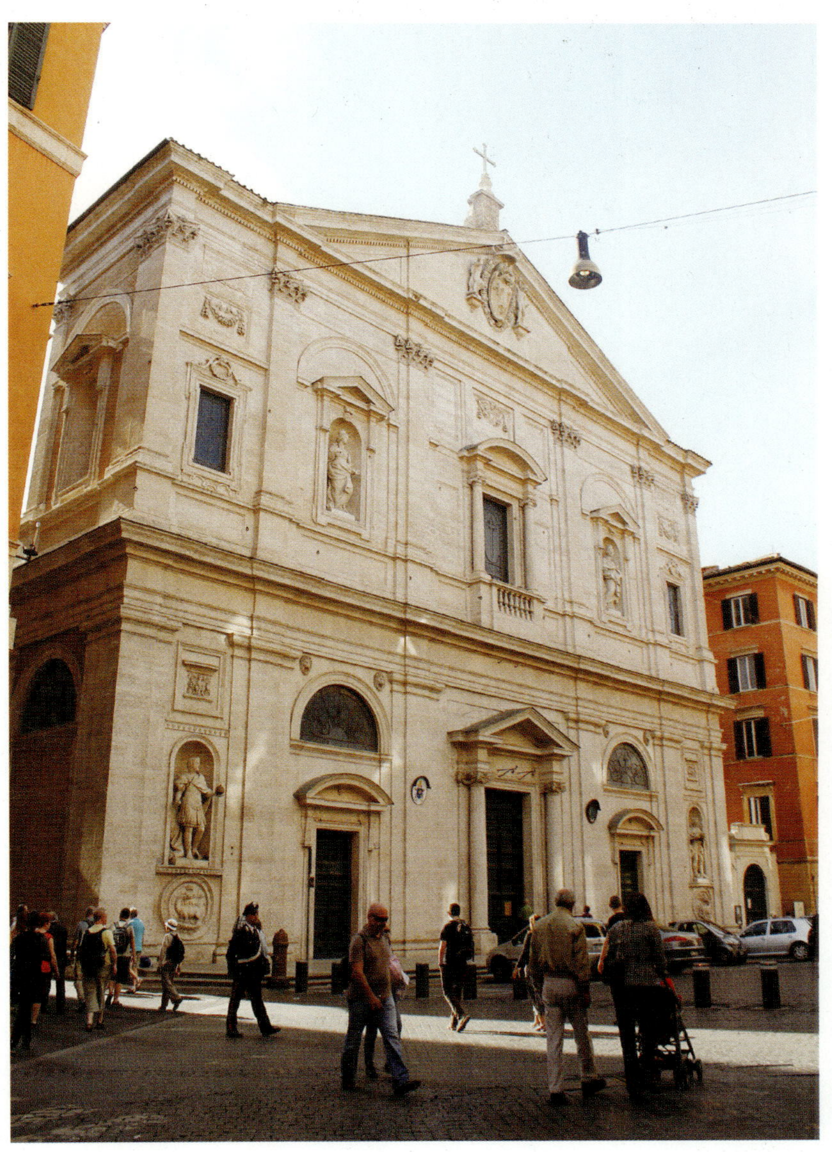

✝ 산 루이지 데이 프란체지 성당

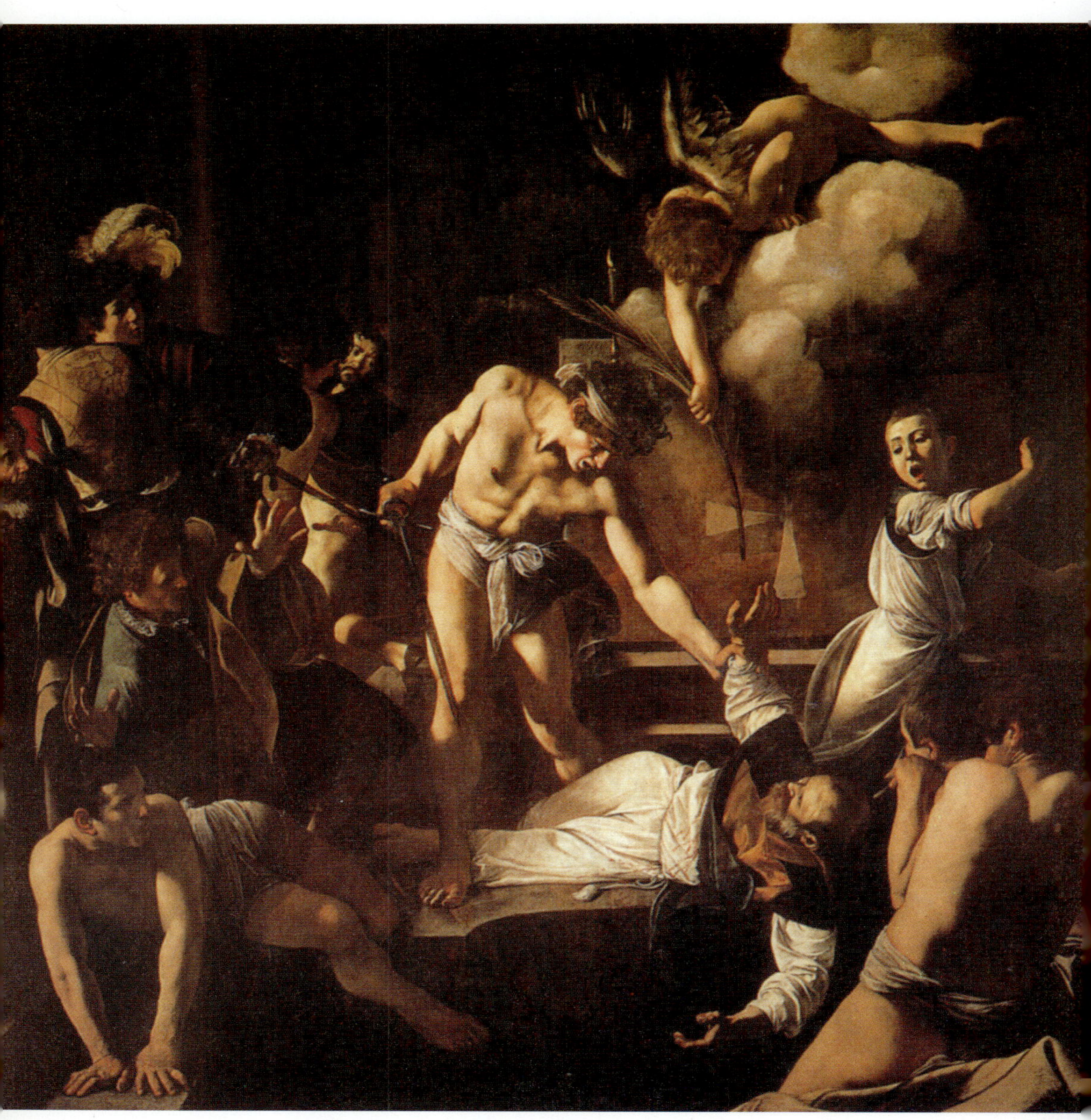

† 카라바조의 「마태의 순교」

은 카라바조는 1597년부터 1602년에 걸쳐 세 점의 작품을 완성했다.

예수의 열두 제자들 중 하나이자 신약성서 마태복음의 저자이기도 한 마태는 본래 세리 출신이었으나 부르심을 받은 이후 평생 제자의 삶을 살다 순교한 인물이다.

「마태를 부르심」, 「마태와 천사」, 「마태의 순교」로 이어지는 세 작품 중 「마태의 순교」에 대한 정밀 검사 결과 카라바조는 그답지 않게 여러 번에 걸쳐 밑그림을 고쳤던 것으로 판명되었다. 카라바조가 유명세를 타게 되었던 이유 중 하나는 그림을 그리는 그만의 독특한 방법 때문이었다. 밑그림을 먼저 그린 뒤 채색을 하는 일반적인 방법 대신 카라바조는 밑그림을 그리지 않고 곧바로 채색에 들어가기로 유명했다. 밑그림 대신 붓의 막대기 부분을 이용해 등장인물들의 위치를 긁어서 표시하는 것은 카라바조만의 독특한 방식으로, 유달리 위작과 모작이 많은 카라바조 작품의 진위를 판명하는 데 중요한 단서가 되고 있다. 하지만 처음 시도하는 성화 앞에서는 제 아무리 카라바조라 해도 마음이 영 불안했던 모양이다. 오랜 고민 끝에 완성된 「마태의 순교」를 성당 측에서는 매우 흡족해 했고 카라바조는 한결 편안해진 마음으로 작업에 몰두할 수 있었다.

1970년대, 이탈리아는 물론 세계 미술계를 발칵 뒤집어 놓은 사건이 하나 있었다. 사건의 무대는 피렌체 서쪽 해안가에 위치한 리보르노Livorno. 피렌체를 비롯해 기울어진 사탑으로 유명한 피사Pisa 같은 유수의 도시들을 지척에 둔 무채색의 조용한 항구 도시 리보르노에서 미술계를 뒤흔들어 놓을 만한 조각 작품 한 점이 발견된 것이다.

작품의 주인공은 리보르노 태생의 유태인으로, 일찍이 파리에서 화가로 활동하다가 36세에 요절한 비운의 화가 모딜리아니Amedeo Modigliani였다. 그의 고향 리보르노의 강가에서 발견된 때 묻은 여인의 두상은 모딜리아니의 초기 작품으로, 미완성작인 것으로 판명되었다. 저명한 평론가들이 앞다투어 모딜리아니 조각의 아름다움을 찬양하는 글을 내놓기 시작했고 세계 굴지의 미술관들로부터 작품을 구입하겠노라는 러브콜이 쏟아져 들어오기 시작했다. 작품의 가격은 하늘 높은 줄 모르고 치솟았고 개중 가장 높은 가격을 제시했다는 일본의 한 미술관으로 거처가 결정되었을 무렵, 위대한 발견에 찬물을 끼얹는 또 하나의 사건이 벌어졌다. 두세 명의 어린이들이 리보르노의 한 경찰서에 찾아와 모딜리아니의 작품으로 판명된 그 작품은 자신들이 만든 것이라는 진술을 한 것이다. 친구들 몇몇이 모여 강가에 굴러다니던 돌덩어리에 여자 얼굴을 새기며 놀다 내버렸다는 것이 어린이들의 주장이었다. 조사 결과 순진무구한 어린이들의 이야기가 거짓이 아니었음이 드러났고 모딜리아니의 조각이라 믿고 싶었고 믿기로 했던 그 작품의 실체는 꼬맹이들의 장난에 불과한 것이었다.

수십 년의 세월이 흘러 장난기라고는 찾아볼 수 없는 점잖은 어른들로 성장한 사건의 주인공들이 TV의 토크쇼에 출연해 당시의 어처구니없던 상황을 담담하게 털어 놓는 장면을 바라보며 마음 한구석이 왠지 씁쓸해졌다. 만일 아이들이 나서지 않았더라면 모딜리아니의 작품이라 판명된 그 조각품은 지금까지도 미술관에서 버젓이 방문객들을 맞고 있을 것이다.

진짜보다 더 감쪽같은 가짜들이 판을 치는 세상이고, 그중에서도 예술 작품의 진위를 판단하기란 쉬운 일이 아니다. 돌아가신 백남준 선생의 직설적인 표현을 빌리자면 예술이란 어쩌면 사기에 불과한 것인지도 모른다.

가짜를 두고 진짜라 치켜세우기도 하는 반면 진짜를 바로 곁에 두고 알아보지 못하는 경우도 있다. 또다시 1970년대 이탈리아의 국민 자동차 피아트Fiat의 본거지인 토리노Torino에서 기차 분실물 경매가 열렸다. 기차 안에 탑승한 승객들이 두고 내린 뒤 수년 동안 주인이 나타나지 않은 물건들을 한데 모아 경매에 붙이는 행사였다. 우산, 여행 가방, 지팡이 등의 시시콜콜한 물건들 속에는 5년이 지나도록 분실물 보관소 한구석에서 썩어 문드러질 지경으로 먼지가 쌓인 두 점의 그림도 있었다. 당시로 치자면 제법 거금이라 할 수 있었던 4만 5천 리라, 우리 돈으로 약 3만 3천 원에 그림을 낙찰받은 주인공은 이탈리아 남부의 시칠리아 섬에서 일자리를 찾아 토리노까지 올라와 피아트 공장에서 일하며 생계를 꾸려 가던 노동자였다. 그림을 들고 집에 돌아온 그날 저녁, 그 돈이면 우리 식구가 몇 끼를 해결할 수 있는데 당신 머리가 돌아 버린 게 아니냐며 쏘아 대는 아내의 잔소리 속에 남편은 입을 꾹 다물었고 찬밥 신세가 된 그림들은 초라한 집 안 한구석에 겨우 자리를 잡았다.

어려웠던 시절 아내와의 불화를 감내하며 사 들인 그림들을 그는 애지중지했고 나이가 들어 공장에서 은퇴하고 고향에 내려가 노년을 보낼 적에도 부엌 한구석에는 두 점의 그림이 나란히 걸려 있었다. 대학에서 건축을 공부하던 그의 아들이 이따금 벌어지는 격렬한 부부싸움의 도화선이 되곤 했던 그림들을 수상한 눈길로 바라보게 된 것은 비교적 최근의 일이었다. 미술사 책을 들춰 보던 중 매일 저녁 스파게티를 우적우적 씹으며 무심코 바라보던 그림들과 흡사한 그림들을 발견한 것이다. 아들의 의뢰로 전문가의 감정이 이루어졌고 부엌 한구석에서 눈칫밥을 먹던 그 그림들은 44년 전 분실된 고갱의 「테이블 위의 과일」과 보나르의 「두 개의 안락의자와 여인」인 것으로 밝혀졌다. 영국 런던에서 도난당한 뒤 자취를 감추어 버린 그림들의 감정가는 각각 4백억 원 대에 달했다.

런던의 한 부호의 저택에 침입해 그림을 훔친 일당들이 점점 좁혀 드는 검찰의 수사망을 피하려 파리에서 토리노로 가는 기차 안에 그림을 내팽개치고 도주했던 것이다.

가짜들이 그럴듯한 가면을 쓰고 떵떵거리는가 하면 진짜들은 괄시와 천대 속에서 쓸쓸한 생을 마감하기도 하니 사람이든 그림이든 진짜와 가짜를 분간해 내기 어렵기는 매한가지인가 보다.

카라바조의 작품들 중 「점쟁이 집시」라는 작품은 동일한 작품이 두 점이나 존재한다. 그중 한 점은 로마의 캄피돌리오 광장에 있는 캄피톨리니 박물관Musei Coupotoeini에 있고 또 다른 한 점은 파리의 루브르 박물관이 소장하고 있다. 최근 이루어진 엑스레이 정밀 분석 결과에 따르면 로마에 남아 있는 「점쟁이 집시」의 경우 카라바조의 그림 아래 또 하나의 그림이 숨겨져 있다고 한다. 로마에 당도했을 무렵 지독한 생활고에 시달렸던 카라바조의 상황을 감안해 볼 때 다른 사람이 그림을 그리다 내팽개친 캔버스마저도 감지덕지하며 그림을 그렸을 것이라는 사실을 쉽게 추정해 볼 수 있다. 카라바조보다 앞서 캔버스에 그림을 그렸던 주인공은 한때 그가 몸담았던 공방의 주인이었던 것으로 추정된다. 카라바조의 그림 아래 숨겨진 그림 속 성모 마리아의 형상이 그의 직장 상사였던 주세페 체사리의 화풍과 흡사하다는 점으로 비추어 보아 로마에 보존되어 있는 카라바조의 작품이 진품이라는 주장은 사실일 가능성이 매우 높다.

한편 루브르 박물관이 소장하고 있는 또 하나의 「점쟁이 집시」에 대해서도 전문가들은 구도로 보나 색채로 보나 어느 모로 보아도 빠지지 않는 카라바조의 진품이 틀림없다는 일관된 주장을 펼치고 있다. 「점쟁이 집시」가 루브르 박물관에 도달하게 된 경로 또한 의심의 여지가 없이 확실하다. 카라바조의 죽음 이후 바티칸에서 소장하고 있던 「점쟁이 집시」는 루브르 궁전 건축에 대해 자문해 주기 위해 파리를 방문했던 베르니니가 프랑스의 국왕 루이

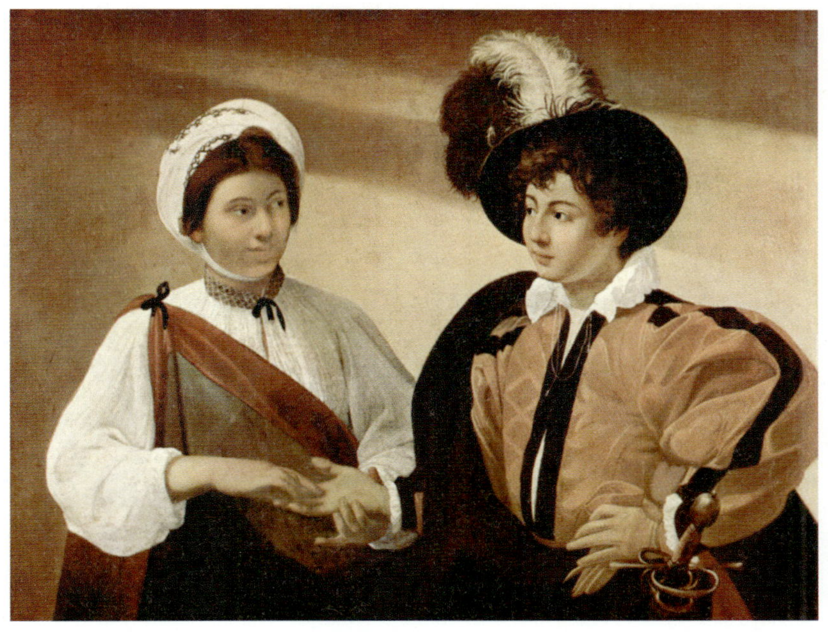

† 루브르 박물관에 있는 또 하나의 「점쟁이 집시」

14세를 위해 준비했던 선물들 중 하나였다고 한다.

과연 카라바조는 똑같은 작품을 두 점이나 그렸던 것일까.

델 몬테 추기경과 같이 독특한 취향을 지닌 극소수의 의뢰인들을 제외하면 인기를 누리지 못했던 주제의 그림을 누군가 또다시 주문했을 확률은 매우 적다고 볼 수 있다. 자신을 무명에서 벗어나도록 힘을 써 준 의뢰인이 소장하고 있는 작품을 다시 복사해 누군가에게 팔았을 리도 만무하다. 더구나 델 몬테 추기경이 「점쟁이 집시」를 구입했던 가격은 그야말로 푼돈에 불과한 것이었다. 의뢰를 받은 것이 아니었다면 카라바조는 자신을 위해 같은 작품을 복제했다고 밖에는 볼 수 없는데 그 또한 가능성이 매우 희박하다. 밑그림도 그리지 않고 바로 채색에 덤벼들 정도로 순간적인 영감에 사로잡혀 작업을 했던 미친 존재감의 카라바조가 차분히 자리에 앉아 자신의 그림을 꼼꼼히 복제하는 장면은 좀처럼 상상이 가질 않는다.

2.

콘타렐리 예배당을 위한 또 다른 작품 「마태를 부르심」을 그리기 전 카라바조는 깊은 고민에 빠져 들었다. 기존 화가들의 그림과는 전혀 다른, 오로지 자신만이 그릴 수 있는 진짜 그림을 그리기 위해 그는 배고팠던 시절 로마의 뒷골목을 배회하며 자신이 그렸던 그림들 그리고 그 속에 등장했던 사람들을 떠올렸다. 우중충한 로마의 뒷골목 길모퉁이에 있는 허름한 선술집 안에서 카드놀이판에 둘러앉아 눈이 반쯤 풀린 채 포도주를 홀짝거리는 남정네들, 그들 중 마태라 불리는 한 남자의 고단했을 그날 하루를 떠올리며 카라바조는 붓을 집어 들었다.

> 예수께서 거기서 떠나 지나가시다가 마태라 하는 사람이 세관에 앉은 것을 보시고 이르시되 나를 좇으라 하시니 일어나 좇으니라 - 마태복음 9:9

이른 아침, 아내가 차려 주는 식사도 마다한 채 M은 서둘러 집을 나섰다.

며칠째 발바닥이 부르트도록 이리저리 뛰어다녀 보았지만 금고 안에 모인 돈은 로마 세관에서 요구하는 액수에 비하면 턱없이 부족했다. 그날 역시 이렇다 할 실적도 없이 반나절이 훌쩍 지나가 버렸다. 체납 액수가 높은 이들을 위주로 찾아다녀 보았으나 대부분 출타 중이거나 아예 문조차 열어주려 하지 않았다. 방금 다녀 온 집에서는 몸져누운 남편 대신 맨발로 뛰쳐나온 아내가 배라도 째라며 길바닥에 드러눕는 바람에 한바탕 곤욕을 치른 참이었다.

동족들의 피땀 어린 세금을 걷어 로마 정부에 갖다 바쳐야만 하는 세리라는 혹독한 역할을 연기하기에 그는 지나치게 부드러운 성품을 지녔는지도 모른다. 고된 하루 일과를 마치고 집으로 돌아와 어렵사리 걷은 몇 푼의 돈을 셀 때마다 그는 심한 모욕감을 느꼈다. 언제부터인가 인생은 몸에 제대로 맞지 않는 옷을 억지로 껴입은 것처럼 흘러가고 있었다. 돌이켜보면 그도 한때 뜻 깊은 일을 하며 살고픈 꿈을 꾸었던 적도 있었다. 아니, 어쩌면 지금도 매일 밤 같은 꿈을 꾸며 잠들고 있는지도 모른다. 그러나 무심코 바라본 거울 속에는 근사한 검정 벨벳 조끼를 차려입은 중년의 남자가 인생의 얼룩이 덕지덕지 묻은 표정 없는 얼굴로 서 있었다. 매일 밤 그는 여우 같은 마누라와 토끼 같은 자식들을 떠올리며 조용히 금고의 문을 닫았다.

아침도 거른 채 반나절이나 뛰어다닌 탓인지 슬슬 배가 고파오기 시작했다. 목이라도 축일 겸 그는 마침 길 건너편에 보이는 허름한 선술집을 향해 발걸음을 옮겼다. 비좁은 선술집 안은 해가 들지 않아서인지 환한 대낮인데도 어두컴컴했다. 창가 옆 구석진 테이블에 서너 명의 남자들이 둘러앉아 카드놀이를 하는 중이었다. 판돈을 잃었는지 그들 중 한 젊은이가 주먹으로 식탁을 내리치며 고개를 파묻자 옆 테이블에 앉아 포도주를 홀짝거리던 노인이 다가와 안경 너머로 노름판을 흘낏거리기 시작했다. 호기심이 발동한 M 역시 빈자리를 비집고 노름판에 끼어들었다.

그때였다. 어두컴컴했던 선술집 안으로 한 줄기의 부드러운 빛이 살며시 흘러 들어왔다. 환한 빛이 들어오는 곳을 향해 눈살을 찌푸리며 고개를 돌리자 어느 틈에 들어왔는지 허름한 옷차림의 청년이 늙수그레한 남자와 함께 그 자리에 서 있었다. 청년이 손을 내밀어 "나를 따르라"며 손짓하던 그 순간, M은 그것이 자신을 향한 부르심임을 단박에 알아차렸다. 그가 매일 밤 꿈꾸어 왔던 그 순간이 바로 지금, 선술집의 노름판에서 기적처럼 그에게 다가온 것이다.

이제 그는 자리에서 일어나 청년의 손을 잡고 집으로 향할 것이다. 융숭한 저녁을 대접한 뒤 간단한 옷가지를 넣은 작은 보따리 하나를 챙겨 들고 청년의 뒤를 따라 나설 것이다. 두툼한 벨벳 조끼를 차려 입고 사람들 앞에서 거들먹거리는 일 따위는 다시는 하지 않으리라. 그러나 아뿔싸, 너무 들뜬 나머지 그의 입에서는 그만 엉뚱한 말이 튀어나오고 말았다. 손가락으로 자신을 가리키며 M은 퉁명스럽게 대답했다. "나요? 나 말이오? 당신이 찾는다는 그

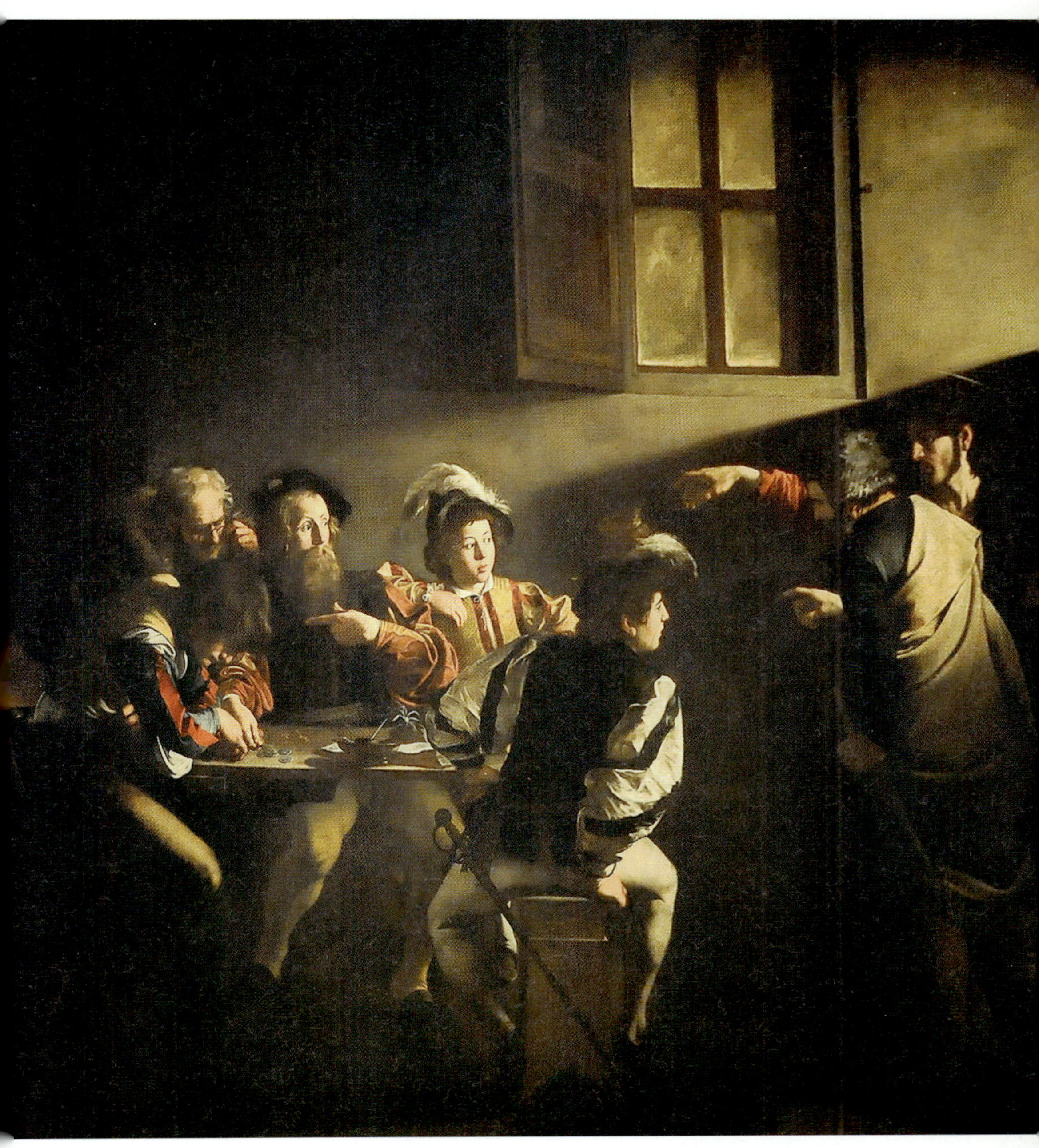

† 카라바조의 「마태를 부르심」

사람이 진정 나란 말이오?"

「마태를 부르심」에서 볼 수 있는 것처럼 카라바조는 빛의 효과를 극대화시키는 법을 누구보다도 잘 아는 화가였다. 모름지기 빛이란 어두움 속에서 더 빛나는 법이다. 캄캄한 어둠 속을 파고드는 강렬한 한 줄기 빛 가운데 벌어지는 사건들을 다룬 그의 기법을 일컫는 테네브리즘Tenebrism은 본래 암흑을 뜻하는 말이다. 당시로서는 가히 파격적이었던 카라바조의 테네브리즘은 후대의 여러 화가들에게 영향을 끼쳤고 카라바조의 뒤를 이어 암흑의 기법을 능수능란하게 사용했던 대표적인 화가로는 렘브란트Rembrandt 1606-1669를 들 수 있다.

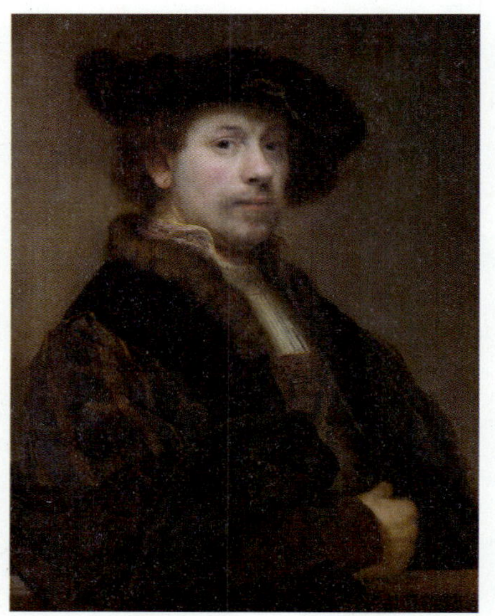

† 「렘브란트 자화상」

3.

자신이 추구하는 작품과 대중이 인정해 주는 작품 사이에서 예술가들은 부단히 고민한다.

고집과 타협이 끊임없이 엎치락뒤치락하는 가운데 최고의 접점을 찾아내기도 하지만 그렇지 못할 경우 자신만의 아집에 빠져 영영 헤어 나오지 못하거나 마음에도 없는 비굴한 타협을 일삼기도 한다. 그 사이에 벌어지는 간극으로 말미암아 뾰족한 가시처럼 가슴속을 파고드는 예술가로서의 양심은 종종 깊은 상처를 남긴다. 한시라도 빨리 소독을 하지 않으면 곪아터지거나 썩어 문드러져 도려내야 할 지경에 이르기도 한다.

「마태를 부르심」의 성공에 힘입은 카라바조는 「마태와 천사」에서 자신만이 그릴 수 있는 그림을 그려 보기로 단단히 결심한다.

삶의 고단함이 주름이 되어 켜켜이 내려앉은 얼굴, 비렁뱅이들이나 입을 법한 남루한 누더기를 걸치고 의자에 걸터앉아 성경을 써 내려가는 마태의 모습은 성인이라는 호칭은 고사하고 연민의 정을 불러일으킬 정도로 가련하기 짝이 없다. 꼬질꼬질 때가 낀 부르튼 발과 투박한 손은 그가 세리라는 안정된 직업을 헌신짝처럼 내던져 버린 뒤 예수의 제자로서 얼마나 고된 삶을 살아왔는가를 역력히 보여 준다. 어쩌면 글조차 읽지 못할 것만 같은 가여운 노인을 돕고자 커다란 날개를 퍼덕이며 하늘로부터 날아온 천사가 그의 손을 꼭 붙잡고 성경을 써 내려가고 있다.

「마태와 천사」를 받아 든 성당 측에서는 당혹감을 감추지 못했다. 형편없이 늙고 추한 마태 성인이 맨 발로 성경을 써 내려가는 모습을 보고 경악한 성당 측에서는 카라바조에게 작품을 되돌려 보냈고 카라바조는 성당 측의 요구에 부합하는 「마태와 천사」를 다시 그려야만 했다. 현재 산 루이지 데이 프란체지 성당 안에 걸려 있는 그림은 그가 두 번째로 그린 「마태와 천사」이다. 불행 중 다행으로 델 몬테 추기경의 친구였던 한 후작이 카라바조가 그

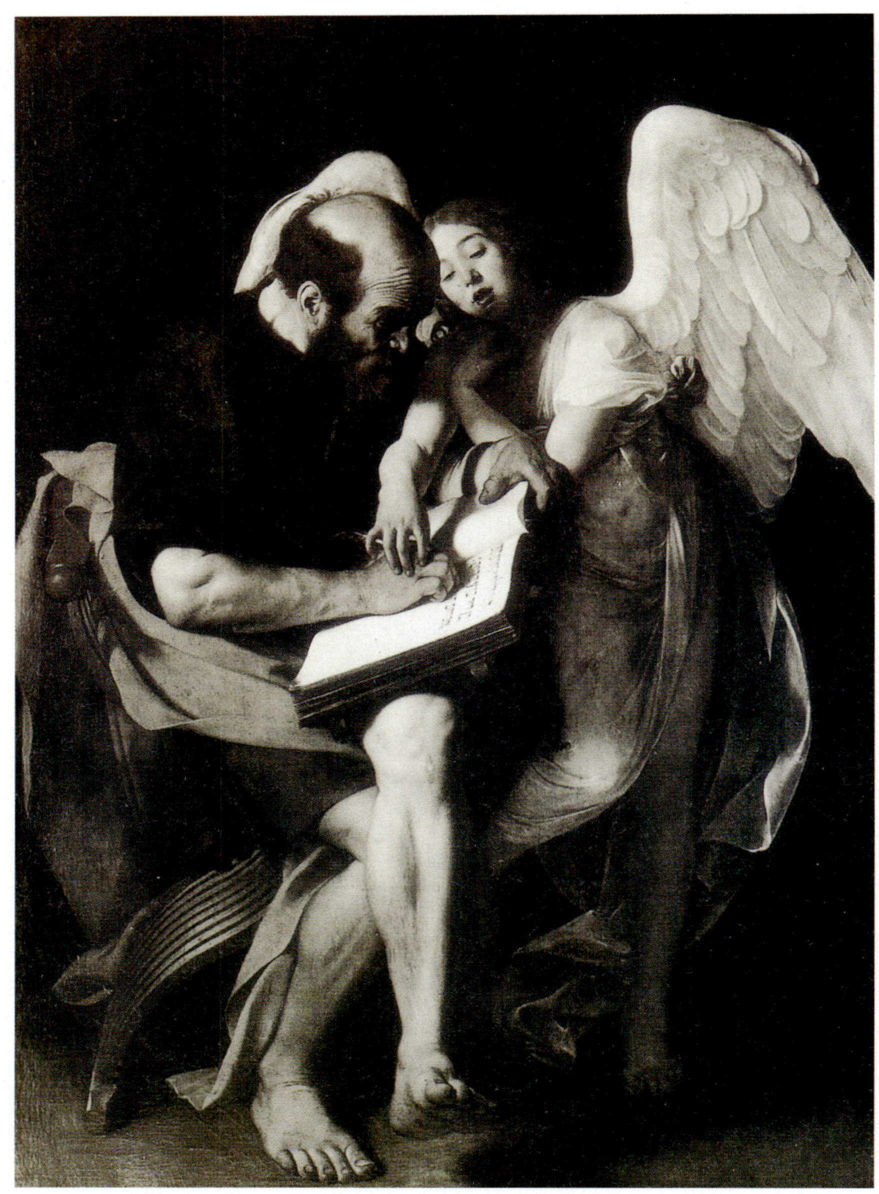

† 카라바조의 「마태와 천사」

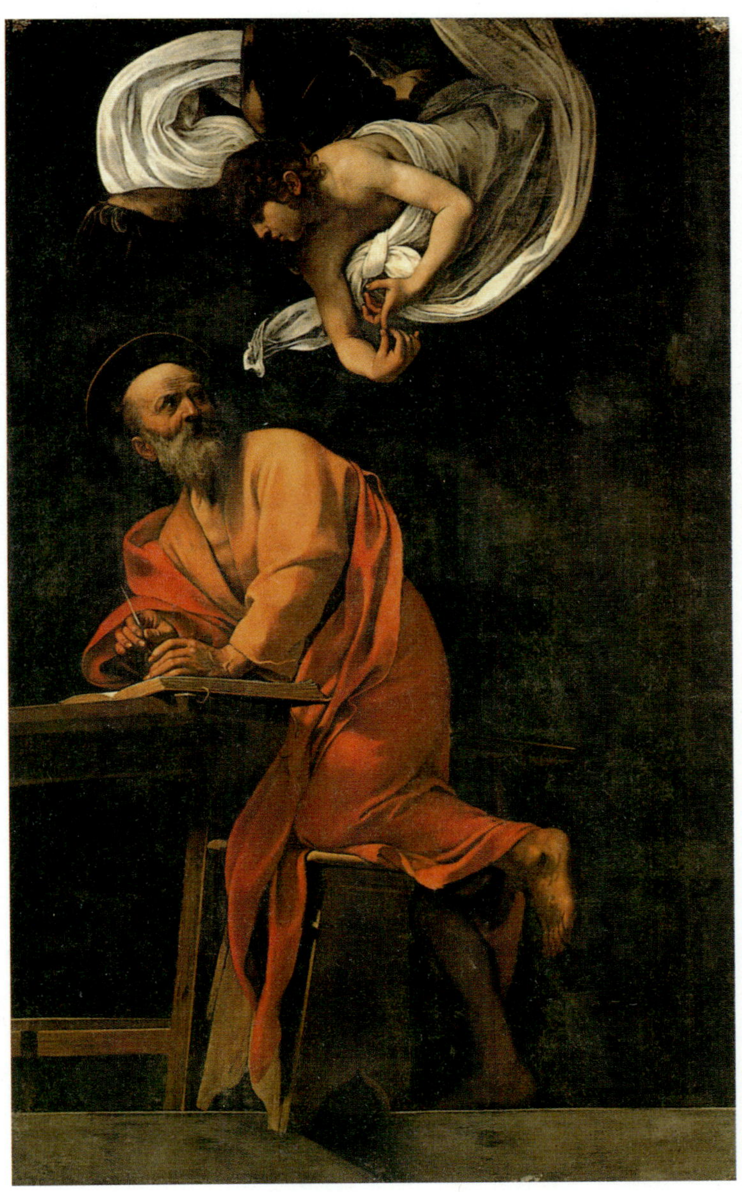

카라바조가 두 번째로 그린 「마태와 천사」

린 첫 번째 「마태와 천사」를 구입하겠다며 선뜻 나섰고 그 뒤로 이리저리 세상을 떠돌던 카라바조의 첫 번째 「마태와 천사」는 베를린에 보존되어 있다는 소식을 마지막으로 제2차 세계 대전 이후 영영 종적을 감추어 버렸다.

카라바조의 작품이 성당 측으로부터 거부 판정을 받았던 경우는 「마태와 천사」뿐만이 아니었다. 산 루이지 데이 프란체지 성당으로부터 의뢰받은 작품들을 그리던 무렵 카라바조는 또 다른 성당으로부터 주문을 받게 된다. 작품을 의뢰했던 산타 마리아 델 포폴로Santa Maria del Popolo 성당은 로마를 방문하는 순례자들이 반드시 통과해야만 하는 세관이 있던 포폴로 광장에 위치한 중요한 성당이었다. 포폴로 광장에서 죽 뻗어 나가는 코르소 거리Via del Corso, 풀어 말하면 '경주의 거리'는 로마 시내의 길들 중 가장 곧게 뻗은 대로로, 현재는 상점들이 밀집해 있지만 과거에는 말들의 경주로 이름난 곳이었다. 경주라고는 하지만 쇠사슬을 칭칭 감아 놓은 말들 뒤에서 불꽃을 놓아 깜짝 놀란 말들이 정신없이 질주하게끔 만든 가학적인 놀이였다. 한 술 더 떠 다리를 절거나 한쪽 다리가 없는 사람들을 모아 놓고 경주를 시키기도 했다 하니 말들의 경주는 그에 비하면 양반이었다. 코르소 거리가 시작되는 지점인 포폴로 광장에서는 1800년대까지 죄수들의 공개 처형이 벌어졌다.

좀 더 거슬러 올라가면 포폴로 광장은 네로 황제의 무덤이 있었던 곳으로, 네로의 저주라는 으스스한 전설이 전해 내려오는 곳이기도 하다. 네로의 무덤이 있던 자리에서 자라난 호두나무에 시커먼 까마귀들이 떼로 몰려와 살기 시작했는데 사람들은 그 새들이 네로를 벌하기 위해 나타난 악마들이라 믿었

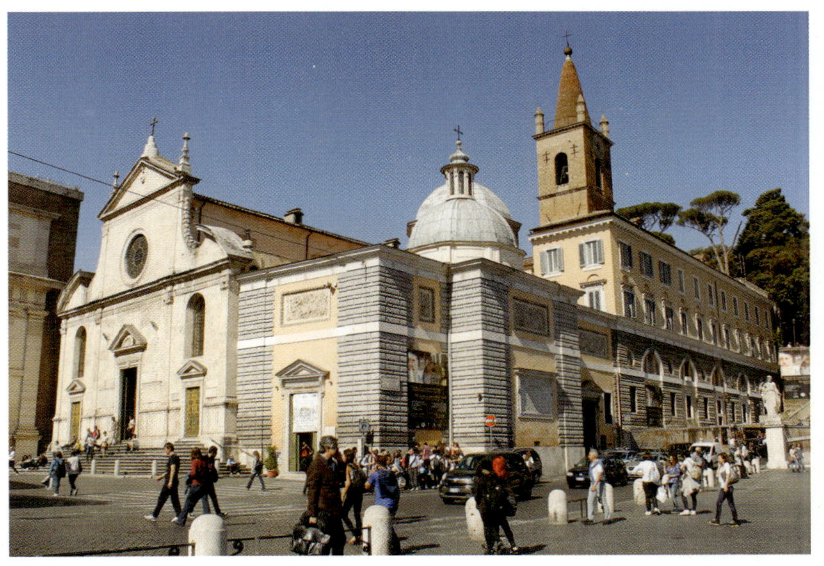

† 포폴로 광장 안에 있는 산타 마리아 델 포폴로 성당

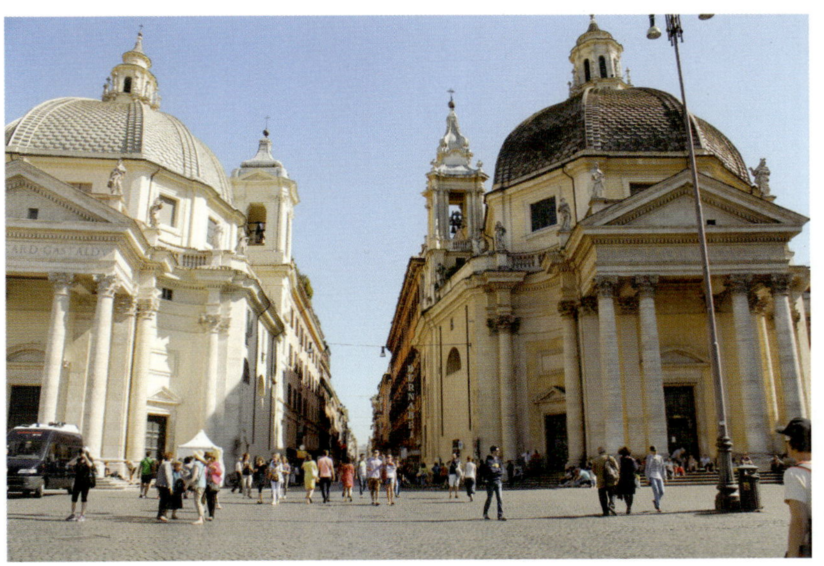

† 포폴로 광장에서 바라 본 코르소 거리

는가 하면 그곳에서 네로의 유령을 보았다는 사람들도 속출했다. 1099년 교황 파스칼 2세가 포폴로 광장에 최초로 성당을 짓게 되면서 가장 먼저 한 일은 악령이 깃들었다는 호두나무를 베어 버린 일이었다.

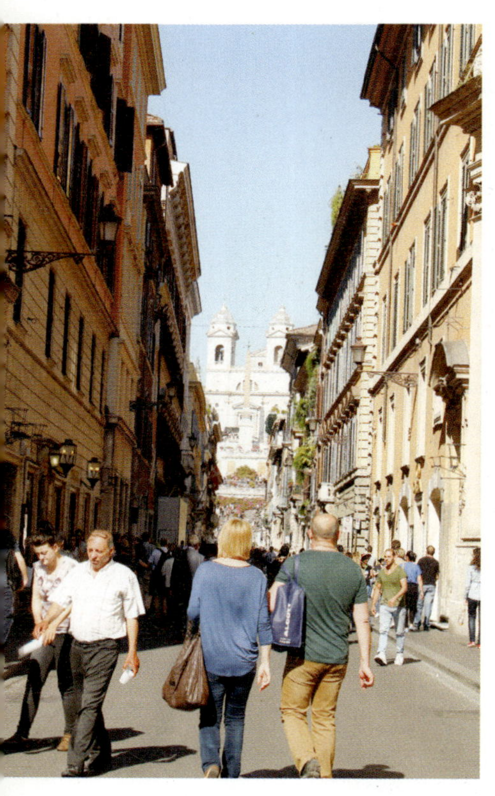

† 코르소 거리를 가로지르는 길들 중 하나인 콘도띠 거리Via dei Condotti. 로마의 가장 유명한 명품 상점들이 밀집된 곳으로, 멀리 스페인 광장이 보인다.

민중들의 성모 마리아 성당, 산타 마리아 델 포폴로 성당을 지금의 모습으로 짓기 시작했던 사람은 교황 율리우스 2세의 숙부였던 식스투스 4세였다. 성당이 완공되자 로마의 내로라하는 가문들이 산타 마리아 델 포폴로 성당 안에 자신들의 가문을 위한 예배당을 만들고자 했고, 라파엘로는 키지 가문을 위한 예배당Capella Chigi을 설계하기도 했다.

카라바조가 그림을 의뢰받았던 체라시 예배당Cappella Cerasi의 장식은 두 명의 화가에게 맡겨졌다. 볼로냐 출신으로, 당시 최고의 화가로 이름을 떨치고 있었던 안니발레 카라치Annibale Caracci가 제단 중앙에 「성모의 승천」을 그리게 되었고 카라바조는 제단의 양편을 장식할 두 점의 그림 「베드로의 순교」와 「바울의 회심」을 맡게 되었다. 베드로와 바울이 함께 등장하는 것은 교회의 오래된 관행으로, 열쇠를 쥐고 있는 베드로의 곁에는 대부분 칼을 들고 있는 바울의 모습이 등장한다.

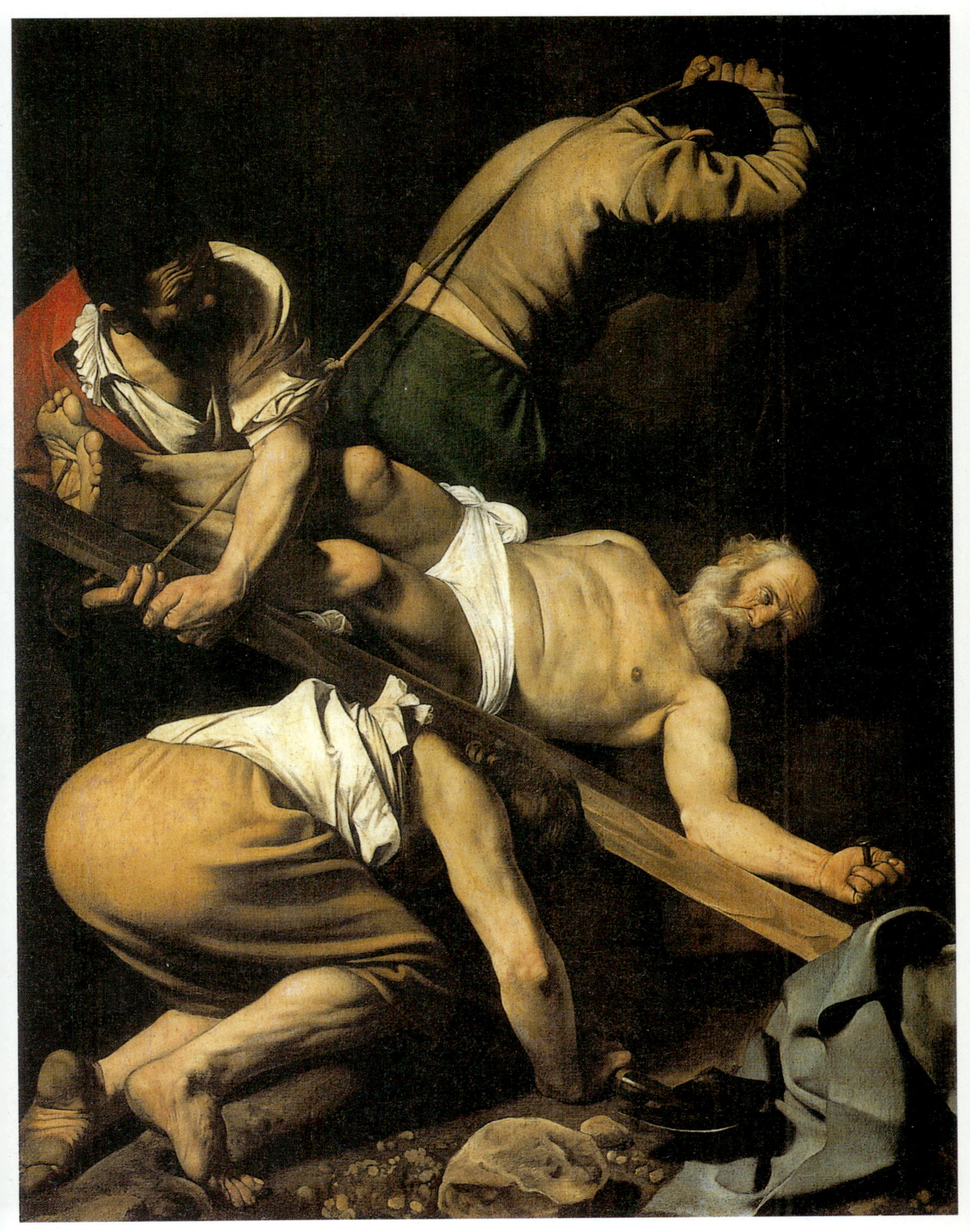

카라바조의 「베드로의 순교」

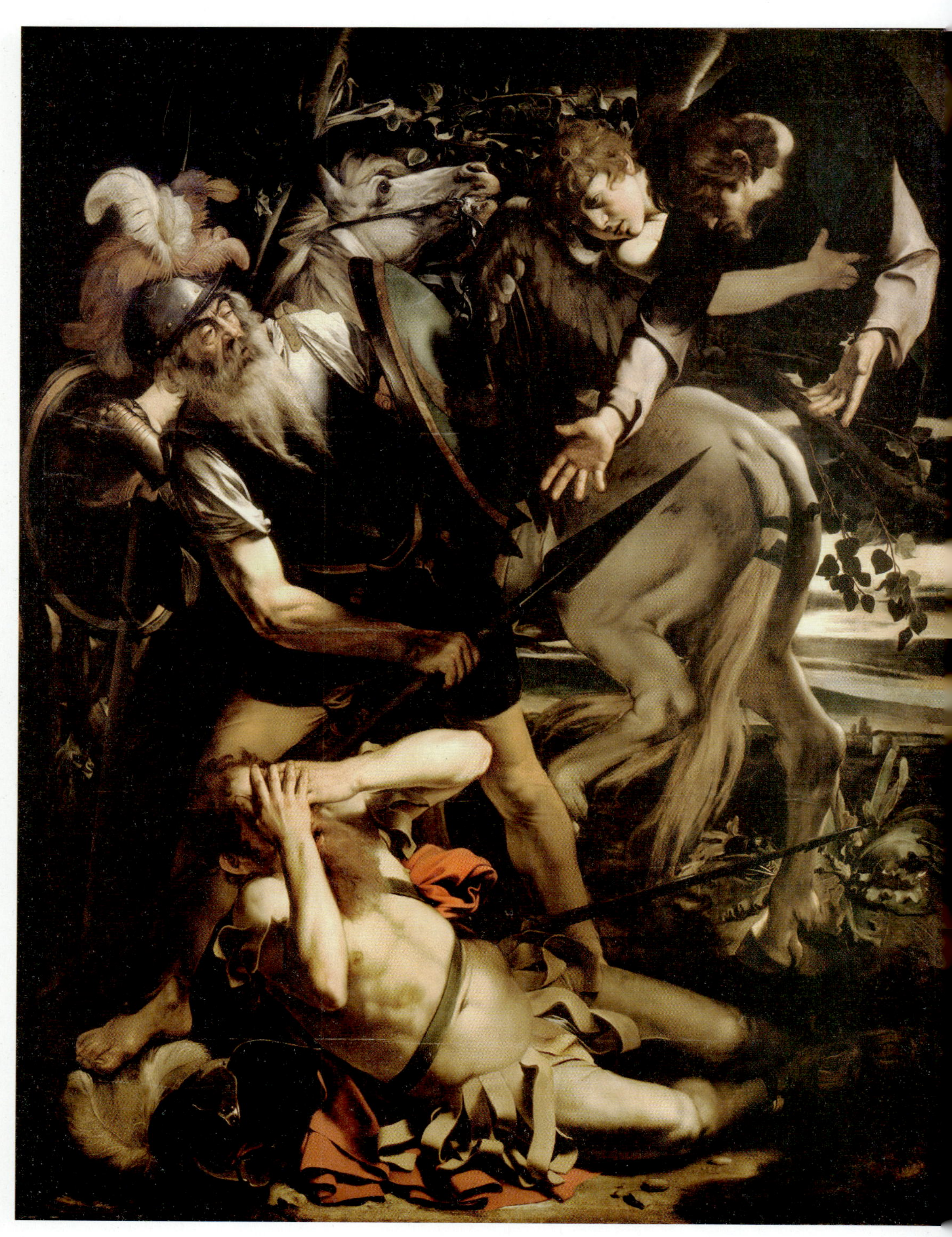

† 카라바조의 「바울의 회심」

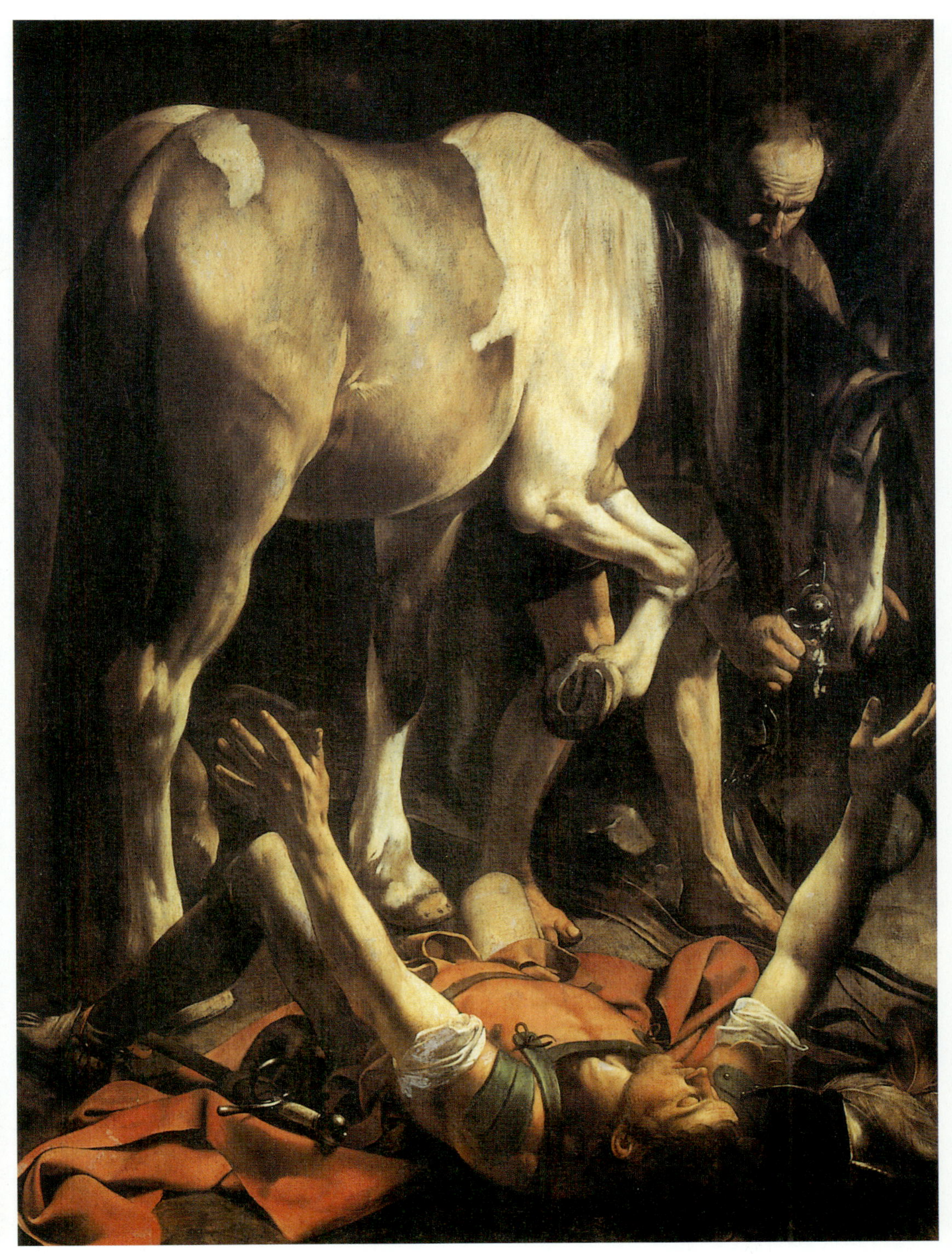

카라바조가 두 번째 그린 「바울의 회심」

바울은 본래 '사울'이라 불리던 유대인 청년이었다. 철저한 율법주의자이자 로마의 시민이었으며 철학과 신학에 능통했던 그는 시대가 요구하는 스펙을 두루 갖춘 최고의 엘리트 청년이었다. 사울은 유대 사회의 물을 흐려 놓는 미꾸라지 같은 예수의 추종자들을 심판하기 위해 다메섹이라는 도시를 향해 말을 타고 달려가던 중 강한 빛으로 나타난 예수를 만났고 눈이 멀게 되었다. 다시 눈을 뜨게 된 그는 자신의 이름을 바울이라 고치고 수차례에 걸친 여행을 통해 예수의 이야기를 널리 전파하는 데 남은 생애를 바친다. 바울의 마지막 종착지는 로마였다. 다른 제자들과 달리 로마의 시민이었던 그는 로마법에 따라 재판에 회부되었고 예수의 이름을 전파했다는 죄목으로 성 밖에서 참수형에 처해졌다.

카라바조의 작품 「바울의 회심」은 사울에게 나타났던 예수가 지상과 너무 가까운 곳, 지나치게 낮은 곳까지 내려와 있다는 이유로 성당 측으로부터 거부당했고 이로써 카라바조는 성당으로부터 두 번씩이나 작품이 거부당한 불명예스러운 화가의 명부에 오르게 되었다. 하지만 그리는 족족 성당 측으로부터 거부를 당한다는 악명 높은 화가 카라바조의 이름은 이탈리아 전역으로 널리 퍼져나가고 있었다.

카라바조 작품에 대한 성당 측의 거부는 안타깝게도 거기서 그치지 않았다. 성당이라는 장소에 적합한 최소한의 품위를 갖춘 작품이 탄생하기만을 학수고대하던 주문자들의 소박한 요구를 조롱이라도 하듯 카라바조 그림의 수위는 하늘 높은 줄 모르고 점점 높아져만 갔다.

카라바조에 대한 거부감이 극에 달하게 된 것은 1606년 완성된 「성모의 죽음」이라는 작품에 이르러서였다. 로마의 트라스테베레Trastevere 지역에 있는 산타 마리아 델라 스칼라Santa Maria della Scala 성당의 제단화로 쓰일 예정이었던 작품은 제단을 장식하지 못했을 뿐만 아니라 어디까지가 진실인지조차 불투명할 정도로 수많은 소문과 논란의 근원이 되었다.

숨이 끊어진 지 얼마나 지난 것일까. 허름한 침대 위에 누워 숨을 거둔 그림 속 여인의 낯빛은 푸르스름하고 다리는 뻣뻣하다. 그녀의 주위를 둘러싼 사람들의 침통한 표정과 시신을 씻기 위해 물을 떠 오기는 했으나 차마 그녀의 몸에 손을 댈 수 없다는 듯 오열하는 또 다른 여인의 모습을 통해 우리는 그녀가 얼마나 사랑받는 여인이었는지 짐작해 볼 수 있다.

목수의 아내로 평생 검박한 삶을 살았던 예수의 어머니 마리아가 임종했을 당시의 광경은 어쩌면 카라바조가 그린 그대로였는지 모르겠으나 성당 측 입장에서는 사실 여부 같은 건 그다지 중요한 것이 아니었다. 성모 마리아의 죽음을 한낱 평범한 여염집 여인네의 죽음으로 탈바꿈시켜 버린 카라바조의 그림을 본 사람들은 충격에 휩싸였다.

그뿐만이 아니었다. 카라바조의 그림 속 성모 마리아가 테베레 강에 몸을 던져 자살한 한 매춘부의 시신을 모델로 삼아 그려진 것이라는 엄청난 사실이 밝혀지면서 사태는 더욱 심각한 국면으로 접어들었다. 이야기는 거기서 끝나지 않는다. 그 매춘부가 카라바조의 애인이었으며 그림 속에서 그녀의 배가 불룩한 이유는 물에 빠질 당시 카라바조의 아이를 갖고 있었기 때문이라는 소문이 꼬리에 꼬리를 물고 이어지면서 상황은 더 이상 건잡을 수 없는 막장을 향해 치닫고 있었다.

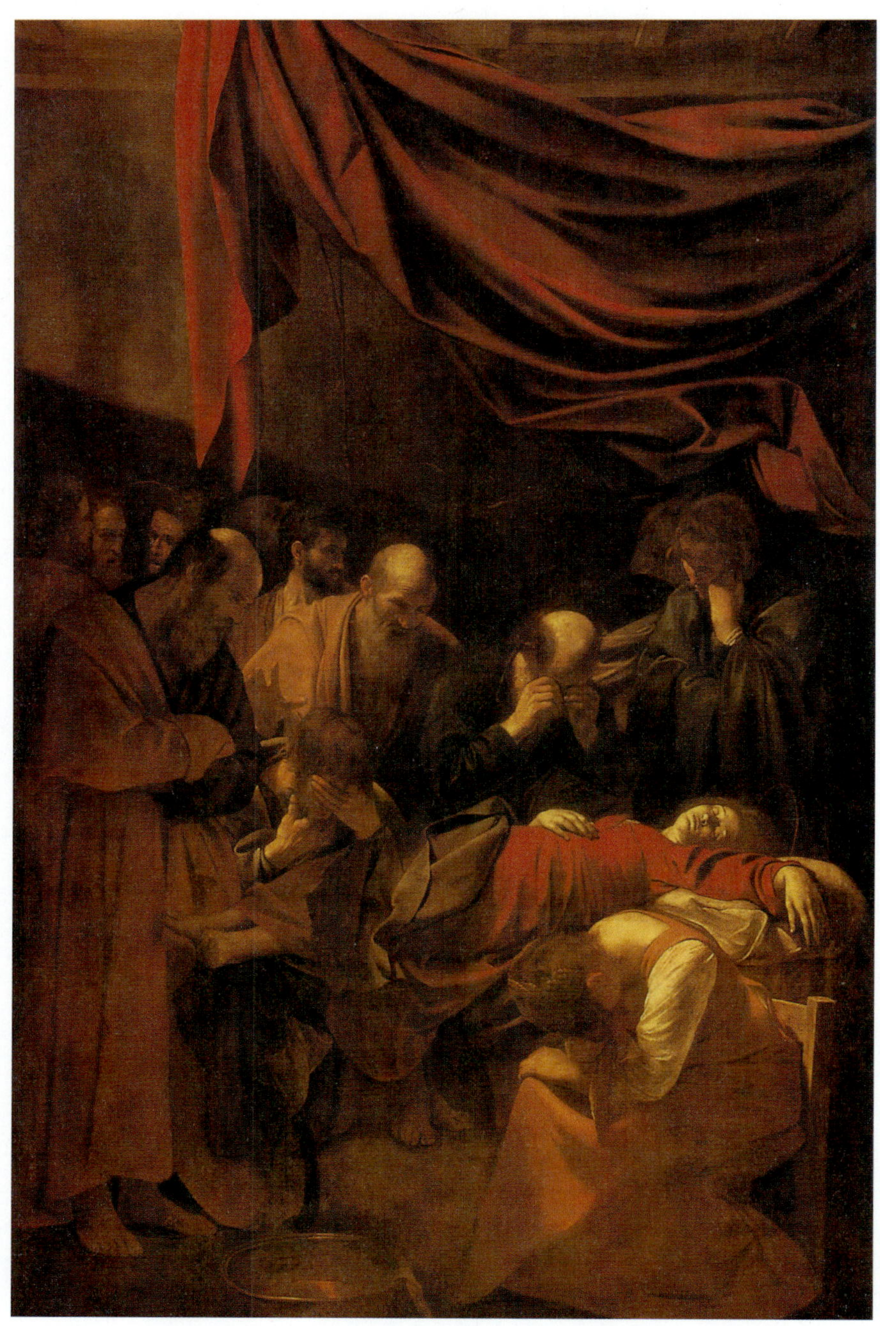

† 카라바조의 「성모의 죽음」

카라바조의 작품을 거부했던 산타 마리아 델라 스칼라 성당 바로 옆에는 같은 이름을 지닌 오래된 약국이 자리 잡고 있다. 1523년부터 각종 식물들을 이용해 약을 제조했던 산타 마리아 델라 스칼라 약국의 신통한 효험이 알려지자 귀족들이나 추기경들은 물론 왕과 교황들까지 드나들며 치료를 받았다는 유명한 약국이다. 옛 모습을 그대로 간직한 채 1978년까지 영업을 했던 약국 안은 현재 예약을 통해 방문할 수 있다.

5백 년이 다 되어 가는 약국만 보아도 알 수 있는 것처럼 트라스테베레는 로마에서 가장 유서 깊기로 손꼽히는 지역이다. 바티칸과 더불어 테베레 강 건너편에 있다 하여 테베레 강 건너편이라는 뜻의 '트라스테베레'라 불리게 된 동네는 동방에서 로마로 건너온 외국인들, 그중에서도 유대인들과 시리아인들이 모여 살던 지역이었다. 고작 나무로 만들어진 다리 하나로 로마 시내와 연결되어 있었던 트라스테베레 지역의 개발은 중앙 집권적인 형태의 개발에서 벗어나 주먹구구식으로 이루어졌고 거미줄처럼 촘촘히 엉켜 있는 비좁은 골목들과 닥지닥지 붙어 있는 건물들은 지금까지도 트라스테베레 지역만의 커다란 매력으로 남아 있다.

고만고만한 동네에 뭐 그리 볼거리가 있을까 싶겠지만 트라스테베레 지역에서 감상할 수 있는 작품들은 그림에서부터 조각, 건축, 모자이크에 이르기까지 상당히 다채로운 편이다.

라파엘로의 벽화 「갈라테아의 승리」를 감상할 수 있는 파르네지나 저택 Villa Farnesina에서부터 다음 장에 소개할 「성 테레사의 환희」와 더불어 아름다운 동시에 외설적인 베르니니의 조각 「성녀 루도비카 알베르토니la Beata Ludovica Albertoni」를 소장하고 있는 산 프란체스코 아 리파San Francesco a Ripa

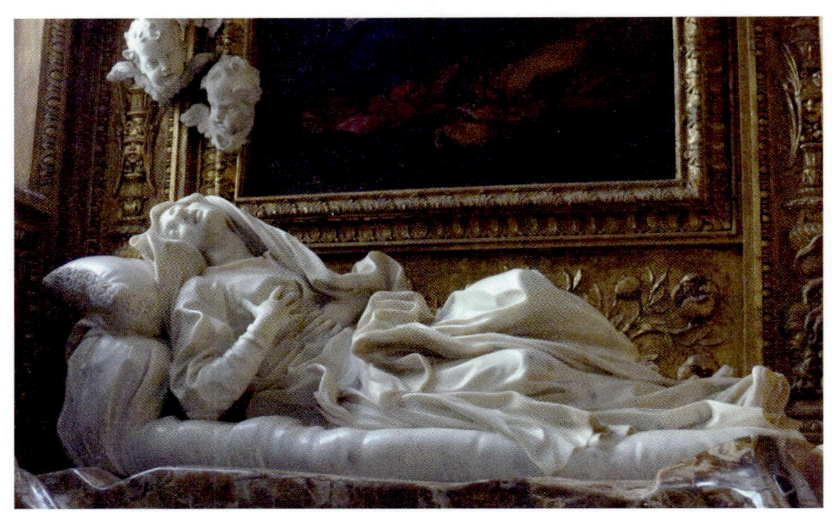

† 베르니니의 「성녀 루도비카 알베르토니」

성당도 트라스테베레 안에 있다.

고색 찬연한 작품을 감상하고 싶다면 트라스테베레 지역의 중심지인 트라스테베레의 성모 마리아Santa Maria in Trastevere 광장 안에 있는 같은 이름의 성당 안에서 중세의 모자이크를 감상해 보아도 좋을 것이다.

마지막으로 르네상스 건축의 진수를 맛볼 수 있는 브라만테의 작품 템피에토Tempietto를 소개하고 싶다. 트라스테베레 꼭대기에는 로마 시내를 한눈에 내려다 볼 수 있는 잔니콜로Giannicolo 언덕이 있다. 잔니콜로 언덕 부근에 있는 몬토리오의 산 피에트로San Pietro in Montorio 성당 뜰에 세워진 그의 건축물은 작은 신전이라는 뜻의 '템피에토'라 불린다. 원형으로 이루어진 중세의 무덤들을 모방해 만들어진 템피에토가 지닌 엄숙한 조화와 균형이야말로 르

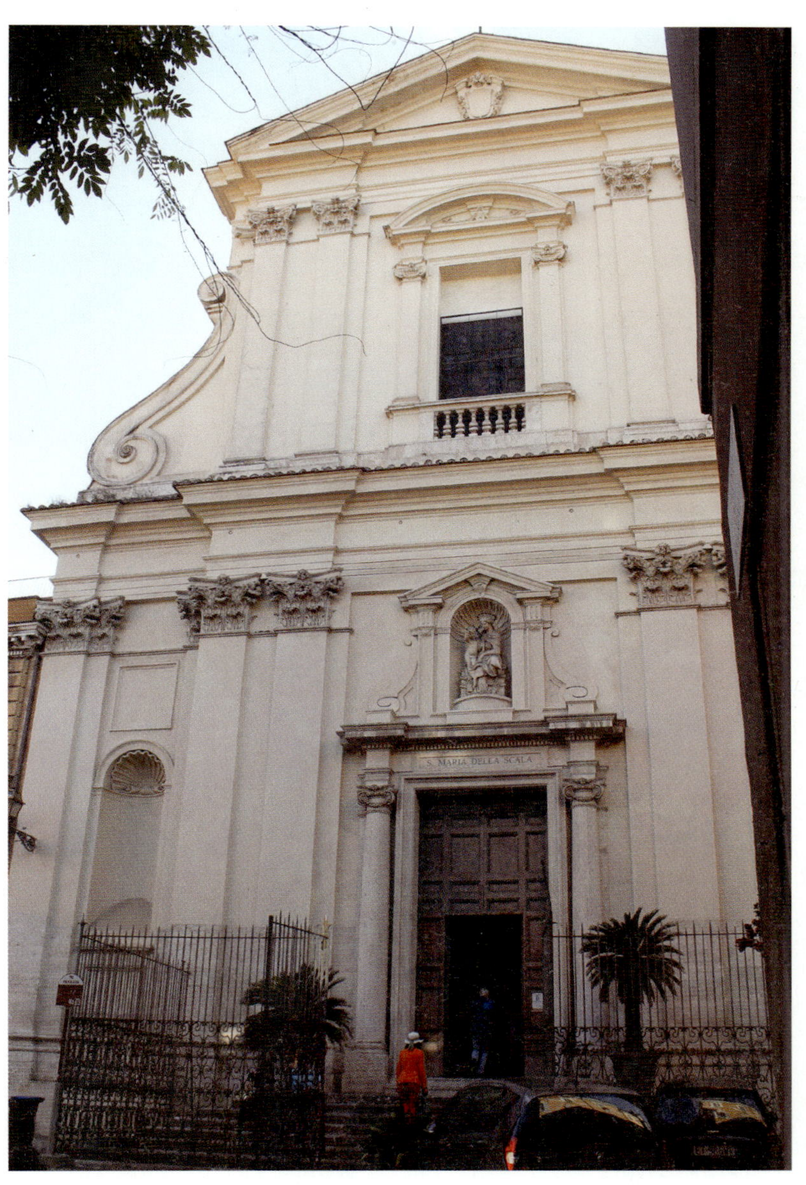

산타 마리아 델라 스칼라 성당

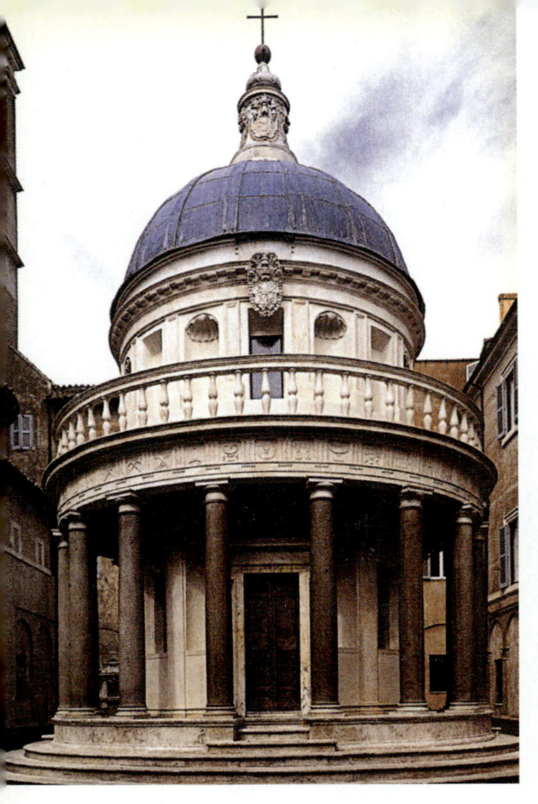

† 브라만테의 템피에토

네상스 건축의 진수를 그대로 보여 준다. 템피에토는 지금까지도 결혼식을 비롯한 중요한 예식들을 위한 공간으로 사용되고 있다. 앞서 온갖 음모와 술수로 미켈란젤로를 대적하는 악역으로 등장했던 건축가 브라만테의 작품 템피에토를 소개하며 그에게 심심한 사과의 뜻을 표하는 바이다. 얄미울 정도로 처세에 밝긴 했으나 그 역시 훌륭한 건축가였음은 의심의 여지가 없다.

굳이 예술 작품을 감상하려는 의욕이 없다 해도 트라스테베레에 가 볼만한 이유는 얼마든지 있다. 트라스테베레는 로마에서 가장 유명한 먹자 거리이기도 하다. 골목마다 빼곡하게 들어선 크고 작은 레스토랑들과 피자 가게들, 커피숍들마다 주민들과 관광객들이 한데 어울려 늘 북적거린다. 가장 로마다운 분위기에 젖어 왁자지껄한 한 끼의 저녁 식사를 즐겨 보고 싶다면 트라스테베레만 한 곳은 어디에도 없을 것이다.

4.

"하여간에 예술가라는 작자들이란."

자칭 예술가라는 부류의 인간들과 한 번이라도 교류를 해 본 사람이라면 누구나 한 번쯤 내뱉었던 말인지는 잘 모르겠지만 솔직히 고백하자면 남편에 대한 불만이 쌓이고 쌓여 최고조에 달하는 순간 나도 모르게 입에서 툭 튀어나오는 말이다.

예술가들 대부분은 열린 사고의 소유자들로, 어딘가에 얽매이길 싫어하고 자기 세계가 강하며 금전적인 보수만을 위해 일하려 하지 않는다. 다시 말해 그들은 시공을 초월하는 이상주의자들인 동시에 사회적으로는 비주류들이며 가진 건 개뿔도 없는 주제에 자존심은 하늘을 찌르고 경제관념이 매우 희박하다. 그들 중 어떤 이들의 인생은 창작을 빌미로 과도한 음주와 흡연, 지나친 여성 편력, 심한 경우에는 마약과 폭력으로 얼룩져 있다.

예술가라 불리는 사람들에 대해 우리는 무척이나 관대한 경향이 있다. 옷차림에서부터 생활 방식에 이르기까지 예술가가 아닌 사람이 그 따위로 했다면 당장 쫓아가 멱살이라도 잡겠지만 예술가의 경우는 예외다. "그게 뭐 어때서 그 난리법석이야? 그이가 받는 엄청난 창작의 고통을 한 번 생각해 보라고. 이 무식한 작자야"라며 은근 슬쩍 넘어가 버리기 십상이다. 기괴한 행각을 벌임으로 인해 위대한 작품을 창조해 낼 수 있는 것인지 아니면 위대한 작품을 창조하기 위해 어쩔 수 없이 기행을 벌이게 된 것인지는 닭이 먼저냐 달걀이 먼저냐에 가까운 질문이므로 이즈음에서 그만 접어 두기로 하자.

1606년 5월, 눈부시게 빛나는 로마의 태양 아래 드디어 올 것이 오고야 말았다. 사건 현장은 스크로파 거리에 있는 테니스장이었다. 평소에도 사이가 좋지 않았던 카라바조와 라누치오는 그날 테니스 경기의 결과를 두고 내기를 걸었다. 경기가 끝나자 두 사람은 내기의 공정성에 대해 말다툼을 벌이기 시작했다. 지극히 사소한 연유에서 비롯된 말다툼은 곧 격렬한 주먹다짐으로 번졌고 주위에서 말릴 겨를도 없이 라누치오는 카라바조가 휘두른 칼에 맞아 그 자리에서 목숨을 잃고 말았다.

카라바조와 연루된 크고 작은 사건들의 뒤처리를 도맡아 해 왔던 델 몬테 추기경도 살인 사건 만큼은 손쓸 도리가 없었다. 재판에서 사형을 언도받고 궁지에 몰린 카라바조는 10여 년 전 도망치듯 밀라노를 떠나 로마로 왔던 그 때처럼 서둘러 로마를 빠져나갔다. 살인을 저지른 도망자였음에도 카라바조의 작품을 손에 넣기 위해 과거의 불순한 행적쯤이야 슬쩍 눈을 감아 주는 의뢰인들은 얼마든지 많았다. 그들의 도움에 힘입어 카라바조는 도망자의 신분으로 이탈리아 남부에 체류하며 주옥같은 명작들을 남겼다. 대표적인 작품으로 나폴리에 체류하며 그렸던 「일곱 가지의 자비로운 행동(선행)」을 꼽을 수 있다.

그 무렵 카라바조는 자신에 대한 선처를 호소하고자 로마의 유력 인사였던 쉬피오네 보르게제 추기경에게 그림을 그려 보내기로 마음먹는다. 쉬피오네 추기경은 보르게제 미술관의 전신인 보르게제 저택의 주인이자 훗날 베르니니에게 다량의 작품을 주문하는 미술 애호가이기도 하다. 보르게제 박물관 안에는 카라바조가 쉬피오네 보르게제 추기경을 위해 준비했던 작품들이 남아 있다. 차분하고도 의연한 표정의 다윗이 채 피가 식지 않은 골리앗의 머리를 손에 들고 있는 장면을 묘사한 「골리앗의 머리를 든 다윗」에서 카라바조는 자신의 얼굴을 골리앗의 잘린 머리 안에 그려 넣었다. 자신을 악의 상징인 골리앗으로 묘사한 것이다. 다윗이 들고 있는 기다란 검 위에는 "겸손함이 오만함을 죽이다"라는 반성의 글귀가 흐릿하게 적혀 있다.

한때 그의 그림 속에 등장했던 한줄기 강렬한 빛은 어느 순간 자취를 감추

† 카라바조의 「일곱 가지 자비로운 행동(선행)」 ▶

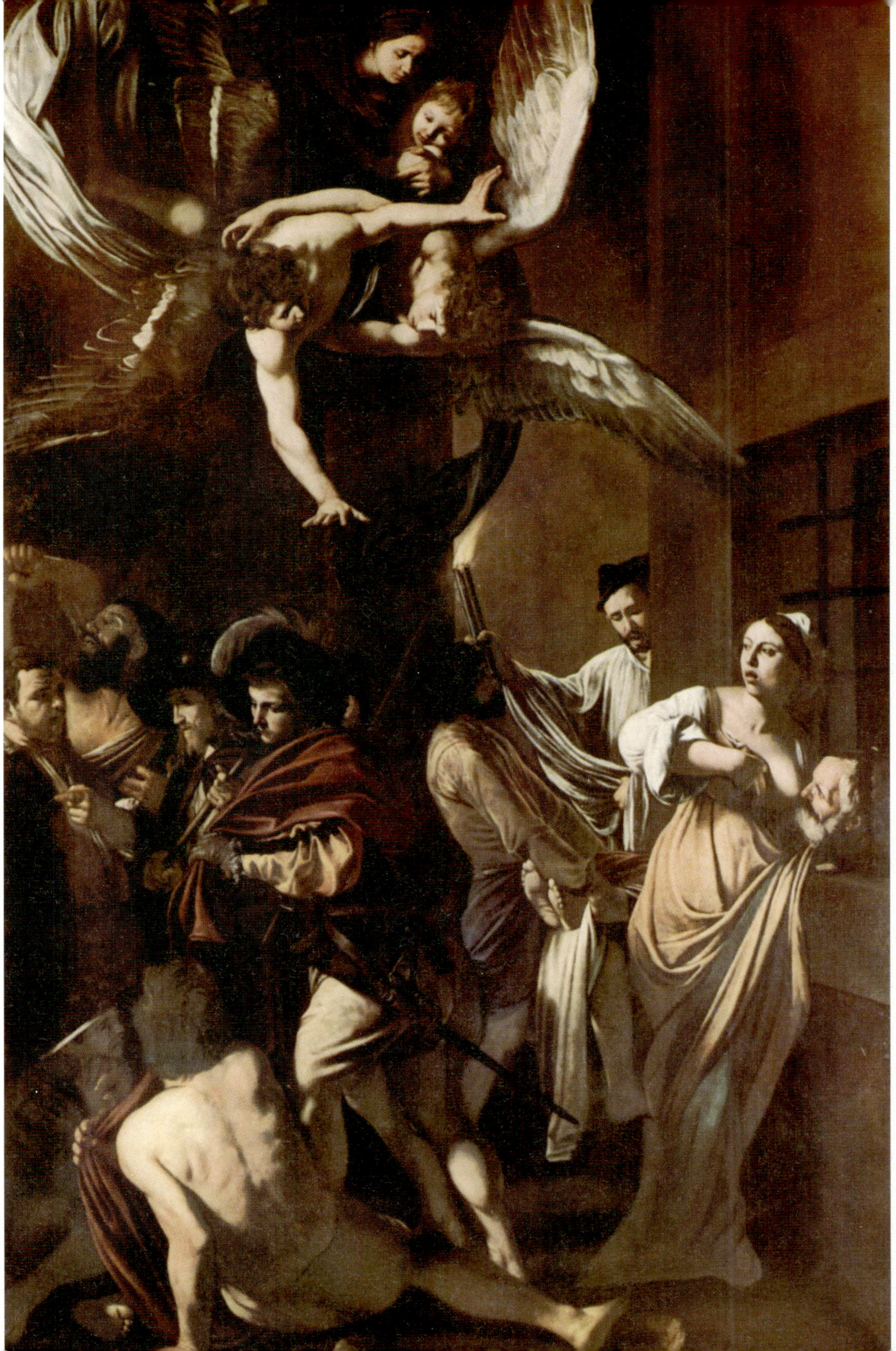

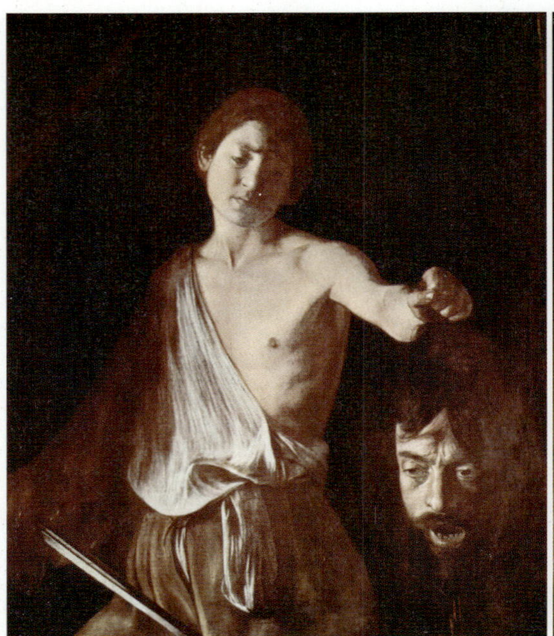

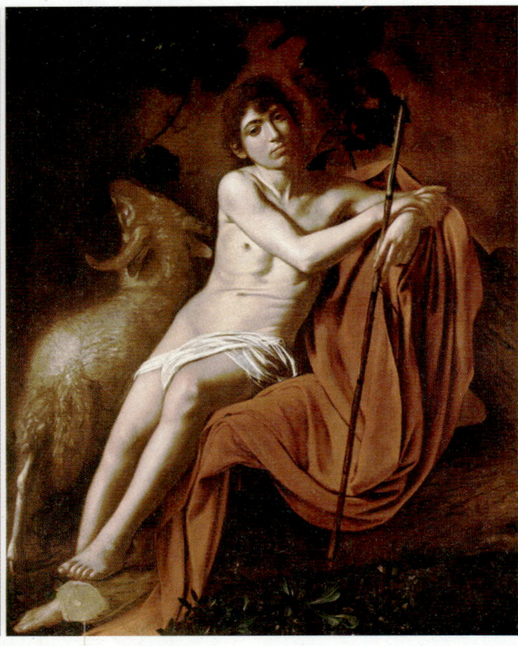

† 카라바조의 「골리앗의 머리를 든 다윗」 † 카라바조의 「세례 요한」

고 후기로 접어들수록 그의 작품 속에는 어슴푸레한 빛만이 감돌게 된다. 온갖 어려움 속에서도 꿋꿋했던 그의 마음속을 밝혀 주던 한 줄기 희망 또한 점차 그 빛을 잃고 희미해져만 가고 있었다.

1610년, 쉬피오네 추기경을 위해 준비한 또 다른 그림 「세례 요한」을 품에 지닌 카라바조는 나폴리의 항구에 도착했다. 로마에 돌아가 추기경에게 그림을 전하고 그를 통해 교황의 사면을 받아 내고자 하는 심산에서였다. 도망자의 신분이었음에도 불구하고 나폴리와 시칠리아에서 귀족들의 비호 속에 편안히 그림을 그렸고, 말타 섬에서는 뛰어난 재능을 인정받아 기사의 작위까지 주어졌으나 무슨 수를 써서라도 죄를 용서받고 로마로 되돌아가겠다는 카라바조의 굳은 결심은 여전히 변함없었다.

젊은 시절, 밀라노를 떠나 여러 날에 걸친 여정 끝에 당도했던 곳. 어두운

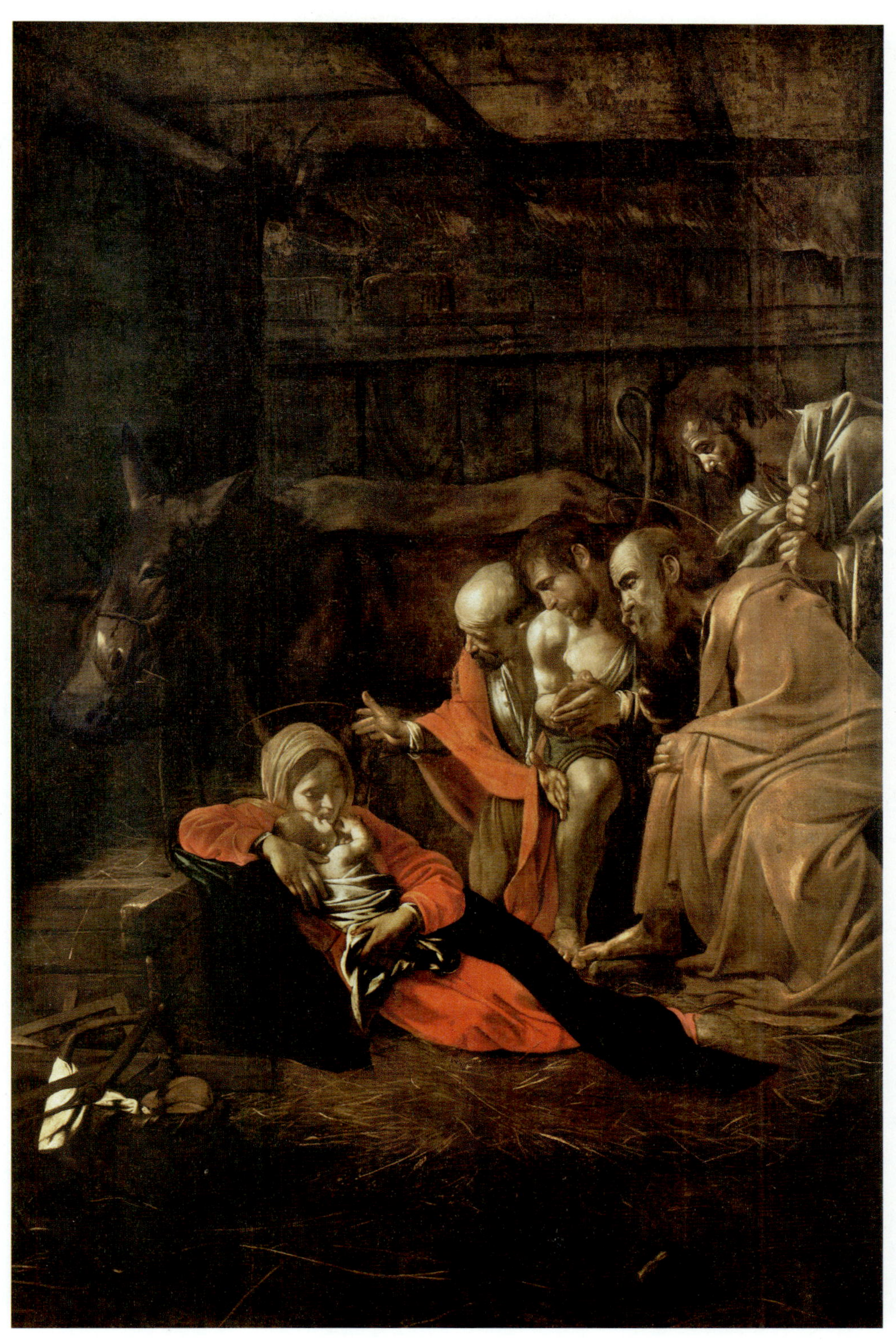

∬ 카라바조의 후기 작품 중 하나인 「목자들의 경배」

뒷골목에 우글거리던 수많은 뜨내기들과 사기꾼들 사이에 끼어 함께 어울려 먹고 마시고 치고받으며 부대끼고 아우성쳤던 그 누추한 도시를 그는 고향으로 받아들였다. 갖은 고생 끝에 어느 날 갑자기 델 몬테 추기경과의 인연이 시작되었고 꿈에 그리던 화가로서의 첫발을 내딛게 된 그곳이야말로 카라바조의 유일한 고향이었다. 이방인의 자격으로 한때 로마에 둥지를 틀었던 사람으로서 카라바조의 마음을 조금이나마 이해할 수 있다고 감히 말한다면 주제넘은 것일까. 영원히 끝나지 않는 지긋지긋한 그리움의 연속, 누구에게나 마음의 고향은 있다.

위대한 작품을 그려 교황으로부터 사면받고 로마로 되돌아가고자 하는 간절한 염원에서 비롯된 그의 후기 작품들은 많은 이들에게 깊은 감동을 주었으나 정작 카라바조 자신은 아무 것도 변한 것이 없었다. 화가 카라바조의 삶과는 별개로 걸핏하면 폭력을 일삼는 인간 카라바조의 삶은 물이 스며드는 한 척의 낡은 배처럼 여전히 수면 위를 배회하며 심연을 향해 서서히 가라앉고 있었다. 한 젊은 화가의 인생을 송두리째 집어삼켜 버린 거센 풍랑을 헤치고 용케도 살아남은 그의 작품들만이 철 지난 바닷가의 부표처럼 쓸쓸히 수면 위를 지킬 뿐이었다.

무더위가 기승을 부리던 1610년 7월의 어느 날, 37세에 접어든 카라바조는 로마로 향하는 길목인 에르콜레Ercole 항구에서 쓸쓸한 죽음을 맞는다.

그로부터 불과 몇 주 뒤, 모든 죄를 용서받았으니 로마에 돌아와도 좋다는 교황의 특명이 담긴 편지 한 장이 이미 저 세상 사람이 되어 버린 카라바조 앞으로 전해졌다.

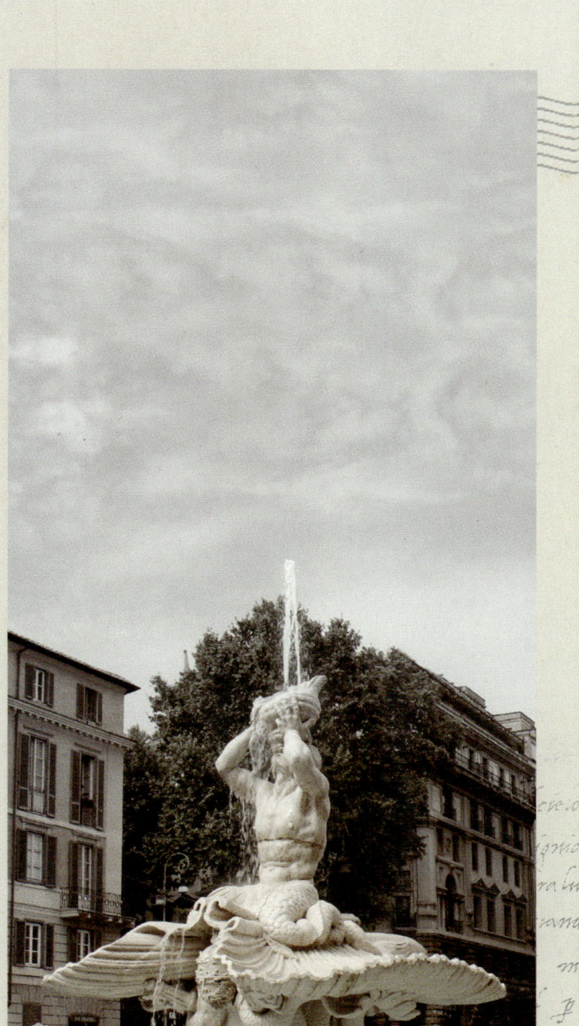

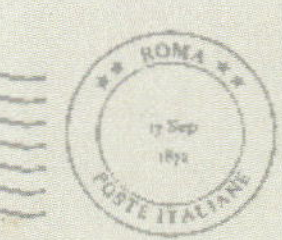

제4장

나보나 광장에서 만난 베르니니와 보로미니

이 남자, 베르니니

1.

그 날은 하필 무덥기로 소문난 로마의 여름 중에서도 가장 악명 높은 8월의 어느 날이었다. 정오에 만나기로 했던 남자는 아직 코빼기도 보이지 않았다.

얼마 전 선배 언니로부터 전화 한 통을 받은 참이었다. 로마에서 미술을 공부하는 한국 학생들끼리 어울려 모임을 만들고 싶은데 자기 대신 약속 장소에 나가 타 학교 측의 학생 대표를 만나 보라는 얘기였다. 자기는 다른 도시를 여행 중이라 어쩔 수 없노라고 했다. 학교 내에 한국 학생이라고는 선배 언니와 나, 단 둘뿐이던 시절이었다. 썩 내키지는 않았으나 하나뿐인 선배의 부탁을 차마 거절할 수 없어 그러겠노라 했다. 그날 저녁, 선배 언니 말대로 한 남자가 전화를 걸어 왔고 다음 날 12시에 나보나 광장 분수 앞에서 보자고 했다.

정오의 태양은 나보나 광장에 모인 사람들을 모조리 집어삼키려는 듯한 기색으로 이글이글 타오르고 있었다. 그늘이라고는 단 한 뼘도 찾아볼 수 없는 돌바닥 위로 계란이라도 하나 던졌다가는 그대로 익어 버릴 참이었다. 생판 모르는 사람과의 첫 만남인지라 검정색 옷으로 쫙 빼입은 데다 평소에는 신지 않던 구두까지 신고 나와서인지 얼마 지나지 않아 등판이 땀으로 젖어 들기 시작했다. 땀만큼이나 축축한 짜증이 스멀스멀 기어 올라오기 시작할 무렵 저 멀리 분수를 향해 느릿느릿 걸어오는 한 남자의 모습이 눈에 띄었다.

숱이 적은 머리를 뒤로 넘겨 꽁지마냥 하나로 묶은 남자는 너덜너덜한 티셔츠에 반바지, 샌들 차림이었다. '아! 저 남자랑 잘못 엮였다가는 인생 정말 피곤해지겠구나'라는 본능적인 직감이 밀물처럼 밀려오는가 싶더니 어느새 곁에 다가온 남자가 인사를 건넸다.

"안녕하세요."

커다란 덩치에 비해 조곤조곤한 말투였다.

"밥, 아직 안 먹었죠?"

아니나 다를까. 뙤약볕 아래 숙녀를 기다리게 해 놓고서 남자는 무턱대고 밥을 먹으러 가자고 했다. 내 이럴 줄 알았다니까.

"밥이요? 그쪽이나 많이 드시죠."라고 톡 쏘아붙이며 당장이라도 자리를 뜨고 싶었지만 선배 언니의 체면도 있고 해서 잠시 망설이던 중 남자는 벌써 저만치 앞서 어디론가 걸어가고 있었다. 성큼성큼 걸어가는 남자의 넓대대한 등판을 노려보며 쉴 새 없이 되뇌었다. "그까짓 밥 한 끼 같이 먹는 게 뭐 어때서. 어차피 한 번 보고 말 사람인걸."

그날의 비극적인 만남이 모조리 짜고 치는 고스톱이었다는 사실을 알게 된 것은 그로부터 오랜 시간이 흐른 뒤였다. 그날의 '한 번'이 날마다가 될 것이며 그날의 '밥 한 끼'가 수만 끼의 밥으로 이어지게 되리라는 사실마저도.

나보나 광장 한복판에서 생판 몰랐던 두 남녀를 느닷없이 옭아맨 그 질긴 인연만큼이나 지독한 악연으로 맺어진 두 남자, 베르니니와 보로미니가 있었으니 이제부터 그들의 이야기를 들려주고자 한다.

2.

로마 시내 지도를 활짝 펴 놓고 들여다보면 시내 한가운데 드넓은 녹색 지대가 눈에 들어온다. 로마의 심장부, 그야말로 알토란 같은 땅에 자리 잡고 있는 녹지대에는 보르게제 공원Villa Borghese이라 불리는 시민 공원이 있다. 울창한 숲과 보드라운 풀밭은 물론이고 호수와 야외극장, 작은 동물원과 미술관까지 갖추고 있는 제대로 된 공원이다. 개중에는 그 비싼 땅을 공원이랍시고 펑펑 놀리고 있다며 곱지 않은 시선으로 바라보는 분들이 반드시 계실 것이라 믿어 의심치 않는다. 영화 속에 등장하는 박진감 넘치는 전차 경주를 기대하고 찾아온 수많은 관광객들의 허를 찌르는 유적지. 정말이지 아무런 흔적도 남아 있지 않아 텅 빈 공터라고 밖에 달리 표현할 길이 없는 대전차 경기장Circo Massimo 유적을 바라보며 "쯧쯧, 어쩌다 이 좋은 땅을 놀리고 있누." 라고 혀를 끌끌 차시던 몇몇 어르신들의 촉촉한 눈빛은 지금까지도 잊을 수 없다. 텅 비어 있는 땅을 유적지랍시고 그냥 놓아두는 것을 차마 눈 뜨고 볼 수 없었던 누군가 대전차 경기장 안에 제분 공장을 세운 적도 있었다 하니 동서고금을 막론하고 노는 땅만 보면 잡아먹지 못해 안달하는 사람들은 늘 있기 마련인가 보다.

† 대전차 경기장. 뒤로 팔라티노 언덕 유적이 보인다.

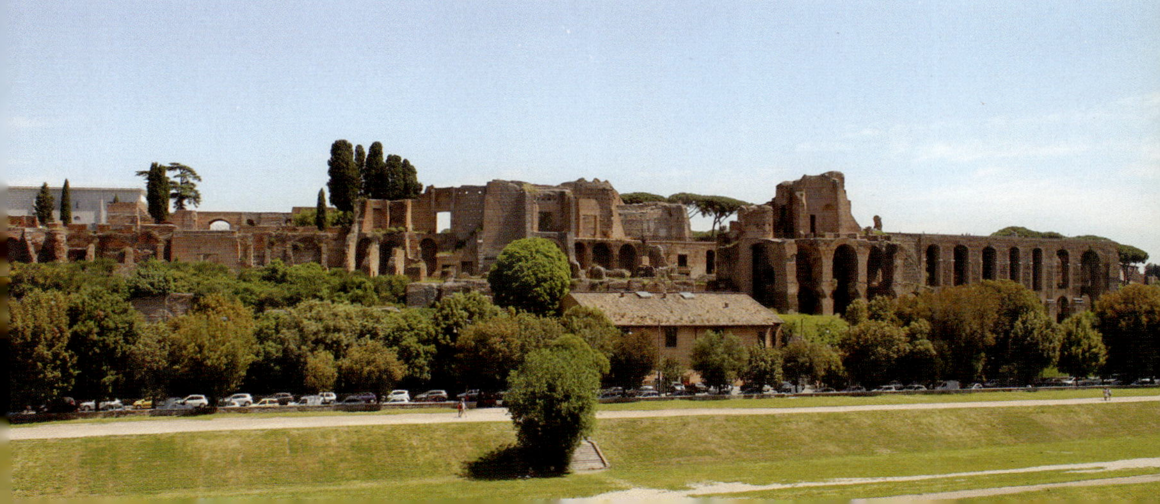

로마지도

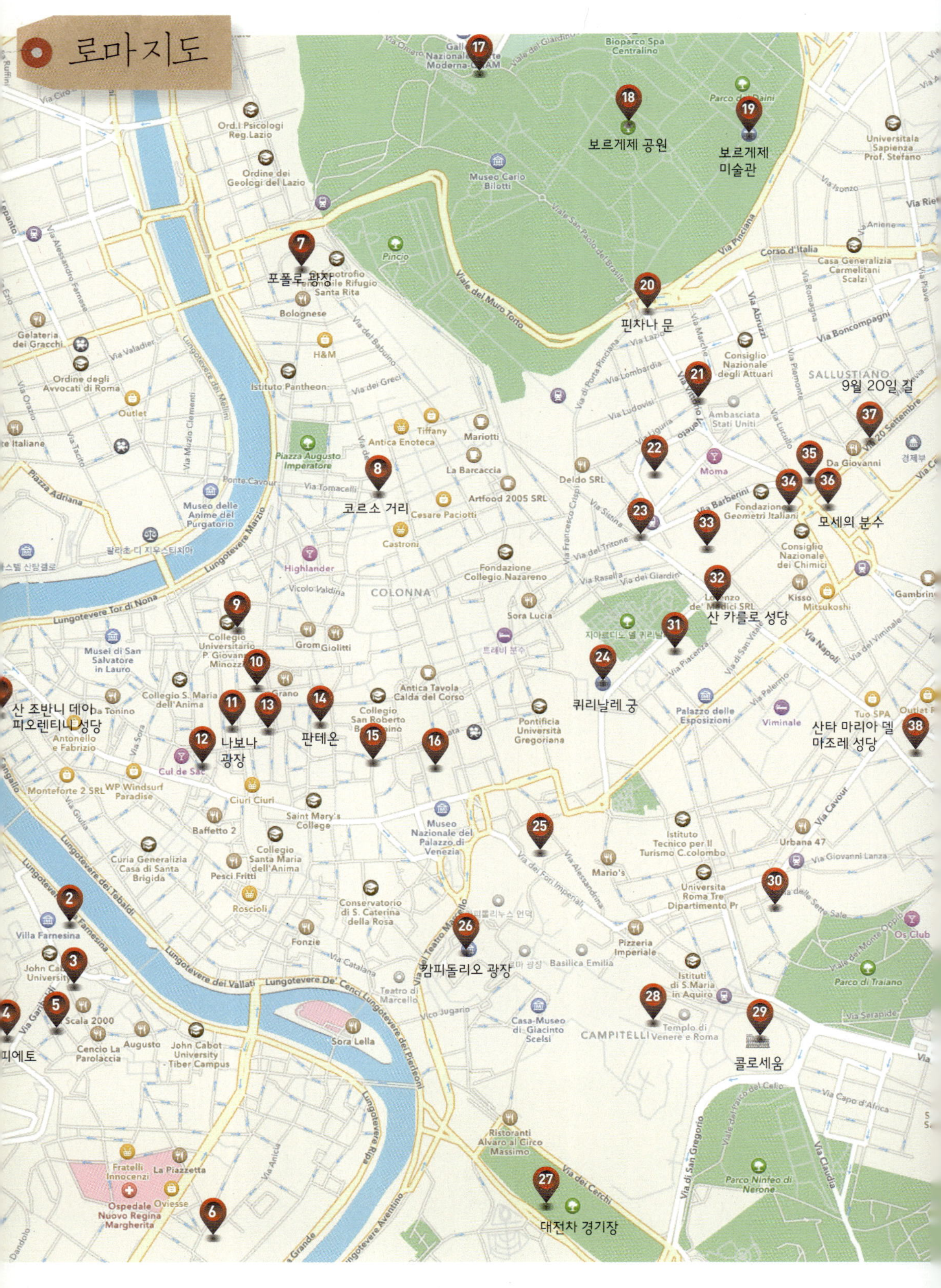

17
18
보르게제 공원
19
보르게제 미술관
7
포폴로 광장
20
핀차나 문
21
9월 20일 길
37
22
35
34
36
8
코르소 거리
23
33
모세의 분수
32
산 카를로 성당
31
9
24
퀴리날레 궁
10
11
13
14
산 조반니 데이 피오렌티니 성당
12
나보나 광장
판테온
15
16
38
산타 마리아 델 마조레 성당
25
30
2
26
캄피돌리오 광장
3
5
4
28
29
콜로세움
27
대전차 경기장
6
COLONNA
SALLUSTIANO
CAMPITELLI
Via del Corso
Via Veneto
Via Nazionale
Via Cavour
Lungotevere Tor di Nona
Lungotevere dei Tebaldi
Lungotevere dei Vallati
Lungotevere De' Cenci
Viale del Muro Torto
Via Pinciana
Via Barberini
Via Sistina
Via dei Fori Imperiali
Via Labicana
Via dei Cerchi
Museo Carlo Bilotti
Pincio
Piazza Augusto Imperatore
Museo Nazionale del Palazzo di Venezia
Palazzo delle Esposizioni
Villa Farnesina
Casa-Museo di Giacinto Scelsi
Tempio di Venere e Roma
Basilica Emilia
Teatro di Marcello
Parco di Traiano
Parco Ninfeo di Nerone
Ospedale Nuovo Regina Margherita
트레비 분수
팔라초 디 지우스티치아

1 : 산 조반니 데이 피오렌티니 성당
2 : 빌라 파르네지나
3 : 포르나리나의 집
4 : 템피에토
5 : 산타 마리아 인 트라스테베레 성당
6 : 산 프란체스코 아 리파 성당
7 : 포폴로 광장, 산타 마리아 델 포폴로 성당
8 : 코르소 거리
9 : 토르 상귀냐 광장
10 : 산 루이지 데이 프란체지 성당
11 : 나보나 광장
12 : 파스퀴노 광장
13 : 산티보 성당
14 : 판테온
15 : 산타 마리아 소프라 미네르바 성당
16 : 도리아 팜필리 미술관
17 : 국립 현대 미술관
18 : 보르게제 공원
19 : 보르게제 미술관
20 : 핀차나 문
21 : 베네토 거리
22 : 산타 마리아 델라 콘체지오네 성당
23 : 바르베리니 광장
24 : 퀴리날레 궁
25 : 트라이아누스 유적
26 : 캄피돌리오 광장
27 : 대전차 경기장
28 : 포로 로마노
29 : 콜로세움
30 : 산 피에트로 인 빈콜리 성당
31 : 산탄드레아 성당
32 : 산 카를로 성당
33 : 바르베리니 궁
34 : 산타 수잔나 성당
35 : 산타 마리아 델라 빅토리아 성당
36 : 모세의 분수
37 : 9월 20일 길
38 : 산타 마리아 델 마조레 성당

면적이 워낙 넓다 보니 보르게제 공원 안으로 들어가는 방법만 해도 여러 가지가 있다.

가장 쉬운 방법은 지하철 A선을 타고 스페인 광장이 있는 스파냐Spagna 역에 하차해 '빌라 보르게제Villa Borghese'라고 적힌 출구로 나가는 것이지만 보다 이색적인 교통수단을 이용해 보르게제 공원까지 가는 방법도 두어 가지쯤 있다.

로마 시내 안을 운행하는 대중교통 수단들 중 가장 근사한 것은 뭐니 뭐니 해도 트람Tram이라 불리는 전차이다. 지하철을 타고 찾아다니기에도 버거운 초행길에 버스도 아닌 전차에 탑승한다는 것은 상당한 용기를 필요로 하는 일일 것이다. 그러나 호기심을 주체할 수 없는 마음에 딱 한 방울의 모험심을 더한다면 전차에 탑승하는 것도 그리 무리한 일은 아니다. 로마에서 색다른 대중교통 수단을 즐겨 보고 싶다면 전차만큼 근사한 것도 없다. 더욱이 바티칸 시국에서 출발해 보르게제 공원을 향해 가는 길이라면 바티칸 성벽 앞,

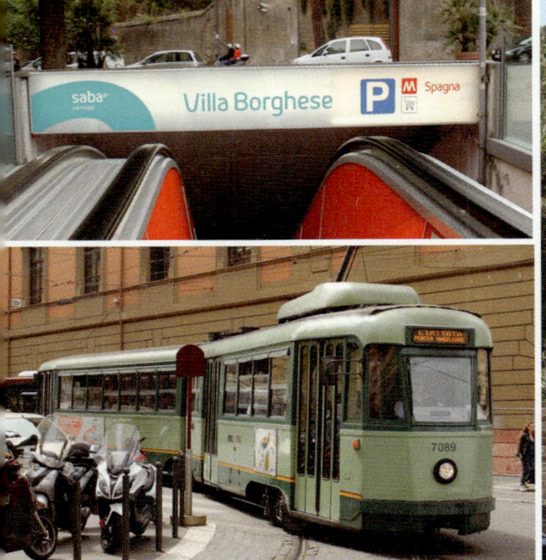

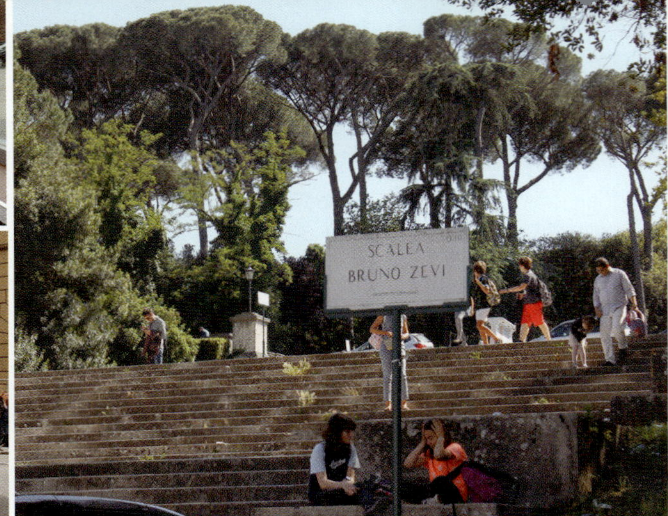

† 스파냐 지하철역에서 보르게제 공원으로 나가는 출구의 표지판(좌 상단)
‡ 트람(좌 하단)
∬ 19번 전차가 정차하는 현대 미술관 정류장에서 보르게제 공원으로 올라가는 계단(우)

리소르지멘토 광장Piazza Risorgimento에서 출발하는 19번 전차를 타 보길 권한다. 여러 개의 마디로 이루어진 절지동물처럼 기다란 몸체를 꿈틀거리는 전차 안에 기대어 앉아 창밖으로 느릿느릿 지나가는 풍경을 감상하는 것은 용기 있는 자만이 누릴 수 있는 특권이다. 바티칸 지역을 벗어난 전차가 테베레 강을 가로지르는 다리를 건널 때 즈음이면 이 순간 이후 길을 잃고 헤맨다 해도 더 이상 후회는 없을 것이라는 대범한 생각에 빠져들게 될지도 모른다.

테베레 강을 지난 뒤 서너 번째 정거장인 현대 미술관Galleria Arte Moderna 정류장에서 내려 오른편 계단을 올라가면 보르게제 공원으로 들어갈 수 있다. 전차에서 내리자마자 건너편에 보이는 거대한 건물은 국립 현대 미술관Galleria Nazionale d'Arte Moderna으로, 19세기와 20세기의 미술 작품들을 소장하고 있는 곳이다. 한 번쯤 둘러보는 것도 19번 전차 탑승이 선사하는 덤이다.

친환경 마을버스는 전차와 더불어 로마에서만 탑승할 수 있는 또 하나의 이색적인 교통수단이다. 자신의 차를 몰고 가던 중 시내 입구에서 진입을 저

지당하는 기가 막힌 상황이 서울에서 벌어진다면 기가 막히다 못해 그 자리에 자빠질 노릇이겠지만 로마에서는 로마의 법을 따라야 한다. 로마 법에 의하면 시내 중심부까지 진입할 수 있는 차량은 극히 드물다. 거주자라든가 업무용 차량임을 증명하는 스티커가 부착된 차량들을 제외한 그 외의 사람들은 누구를 막론하고 시내 입구에 차를 세워 놓은 뒤 도보나 대중교통 수단을 이용해 시내 안으로 들어가야만 한다. 시내 진입로 곳곳을 가로막고 있는 바리케이드마다 무인 카메라가 항시 작동하고 있어 이를 어기는 경우 만만치 않은 액수의 범칙금을 지불해야만 한다. 물론 24시간 내내 진입이 제한되는 것은 아니며 이른 아침이라든가 상점들이 문을 닫는 늦은 밤 시간에는 일반 차량의 시내 진입이 허용된다. 자동차의 출현을 상상조차 할 수 없었던 시절에 만들어진 구도시의 도로 사정상 현대 사회의 교통량을 도저히 수용할 수 없다는 것, 도보를 즐기는 사람들이 대부분인 시내 중심부 공기의 질을 관리한다는 것 등이 차량 진입을 통제하는 그럴듯한 명분이긴 하나 아무리 그래도

∮ 국립 현대 미술관

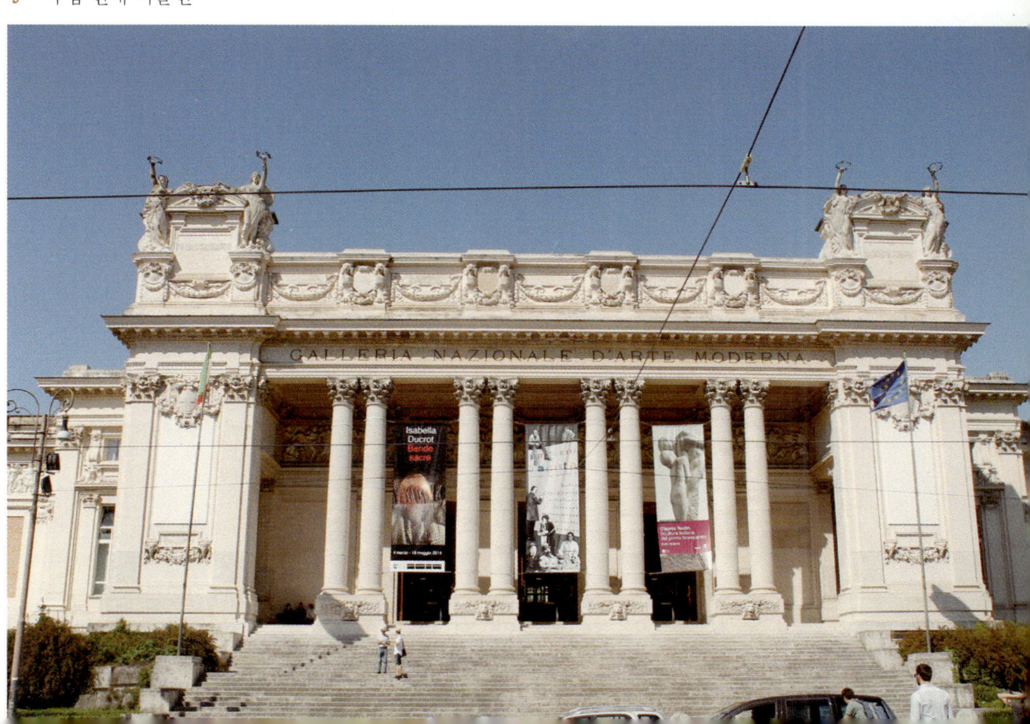

내 차를 몰고 내가 원하는 곳에 갈 수 없다는 것은 여간 불편한 게 아니다. 서울 시민들에게 비슷한 상황이 닥친다면 내 차 갖고 내 멋대로 들어간다는데 누가 감히 막을 소냐며 버럭 하실 분들도 계실지 모르지만 로마의 시민들은 불편한 일상에 대해 매우 낙천적인 편이다. “암, 그래야지. 그래야 하고말고.”라고 고개를 끄덕이며 그 정도의 불편쯤이야 기꺼이 감수한다. 일반 차량이 진입할 수 없는 시내의 좁은 골목길들 사이를 중점적으로 운행하는 친환경 마을버스가 최초로 도입되었을 때 시민들의 반응은 열렬했다. 호응의 이면에는 분명 여성들을 우선적으로 운전기사로 채용하겠다는 시의 방침도 톡톡히 한몫했을 것이다. 젊고 아리따운 여기사가 기다란 금발을 휘날리며 비좁은 골목을 들락날락하는 묘기는 좀처럼 보기 힘든 명장면이다.

좁은 골목을 간신히 빠져나온 마을버스는 로마 최고의 오성급 호텔들이 죽 늘어선 베네토 거리Via Veneto의 언덕을 따라 핀차나 문Porta Pinciana까지 서서히 올라간다. 핀차나 문을 통과하자마자 눈앞에 펼쳐지는 싱그러운 녹지대가 보르게제 공원이 시작되는 지점이다. (로마의 친환경 마을버스 중 관광 명소들을 주로 운행하는 116번 버스는 핀차나 문Via Porta Pinciana에서 출발해 테베레 강을 건너 잔니콜로 언덕Terminal Giannicolo까지 운행한다.)

스페인 광장Piazza Spagna, 트레비 분수Fontana di Trevi, 나보나 광장Piazza Navona, 캄포 디 피오리Campo di Fiori, 산시스토 다리Ponte San Sisto, 바르베리니 광장Piazza Barberini, 베네토 거리Via Veneto, 보르게제 공원Villa Borghese 등에 정차하며 안타깝게도 아리따운 금발의 여기사는 더 이상 볼 수 없다.

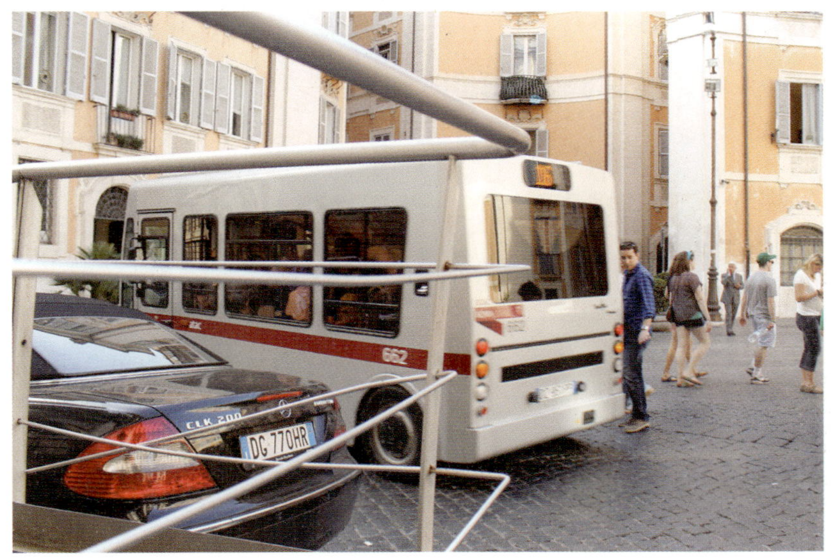

✝ 시내를 운행하는 116번 마을버스

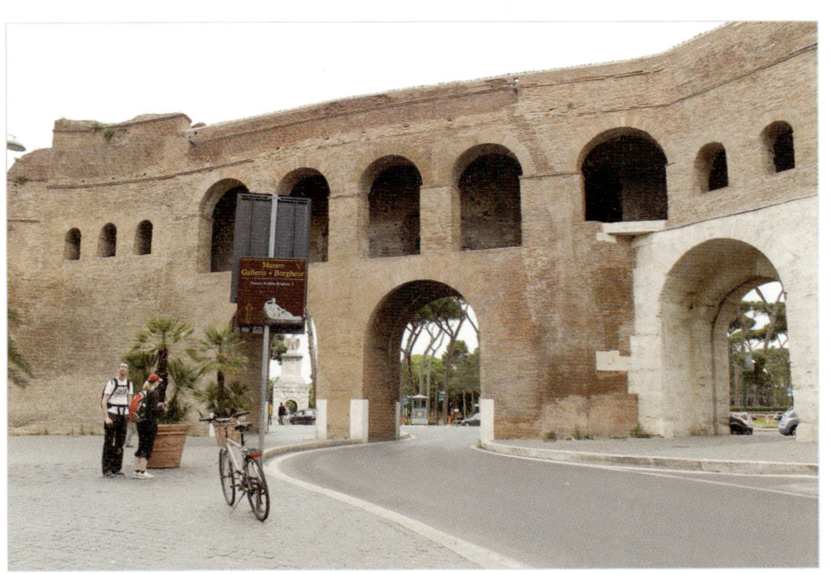

✝ 핀차나 문

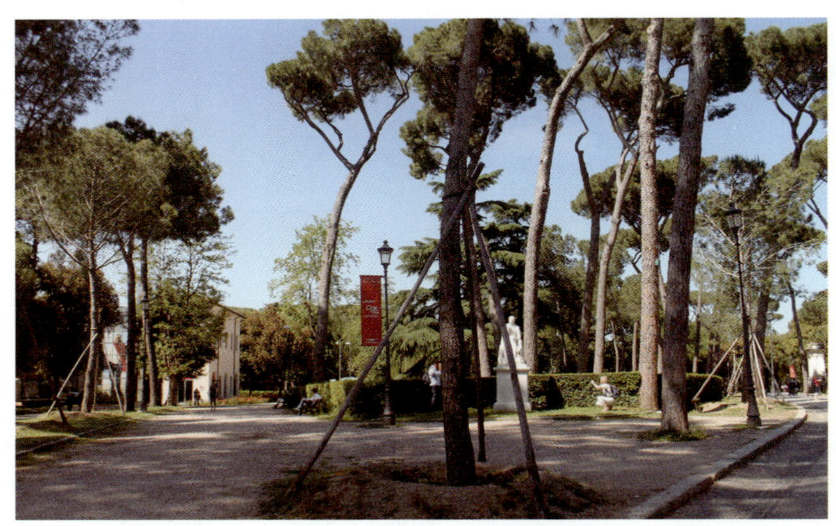

† 보르게제 공원 풍경

3.

'보르게제'라는 명칭 앞에는 공원이 아닌 '빌라'라는 호칭을 붙인다. 빌라 보르게제Villa Borghese, 이 저택과 정원은 쉬피오네 보르게제Scippione Borghese 추기경의 의뢰로 1605년부터 짓기 시작했다. 훗날 보르게제 가문 출신의 카밀로 보르게제Camillo Borghese 왕자가 가문의 수집품들을 한데 모아 전시장을 만들었고 1902년 이후 공원으로 사용되는 녹지대와 더불어 국가 소유로 운영되고 있다. 그중 회화 작품들을 모아 놓은 전시관은 보르게제 미술관Galleria Borghese, 조각 작품들을 모아 놓은 곳은 보르게제 박물관Museo Borghese이라는 명칭으로 구분되어 있다. 보르게제 미술관과 박물관 관람은 입장 시간으로부터 2시간으로 정해져 있으며 예약은 필수이다.(www.tosc.it)

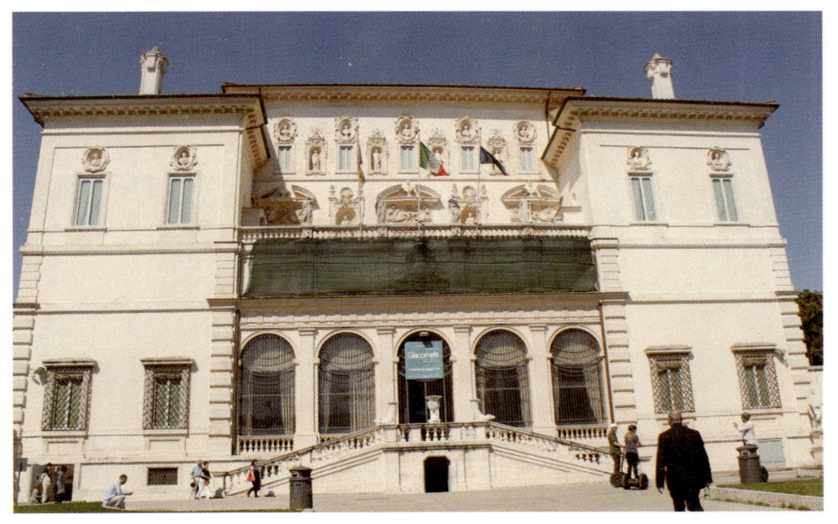

보르게제 미술관

보르게제 박물관은 젊은 시절 베르니니의 대표적인 조각 작품들을 여러 점 소장하고 있다.

그중 베르니니가 스물다섯 되던 해에 조각한 「다비드」는 미켈란젤로가 조각했던 「다비드」와 동일 인물을 주제로 삼고 있음에도 작품의 분위기는 확연히 다르다. 미켈란젤로가 「다비드」를 조각했던 해는 1504년, 베르니니의 「다비드」가 완성된 해는 1624년이니 백여 년 만에 이전과는 전혀 다른 또 하나의 위대한 「다비드」가 세상에 모습을 드러낸 것이다. 미켈란젤로가 극도의 긴장감이 응축된 정적인 다윗의 모습을 표현한 반면 베르니니의 다윗은 역동적인 분위기가 물씬 풍긴다. 골리앗을 노려보는 날카로운 눈빛과 잔뜩 찌푸린 미간, 꽉 다문 입술은 적장 골리앗에 대해 다윗이 품고 있는 적개심을 적

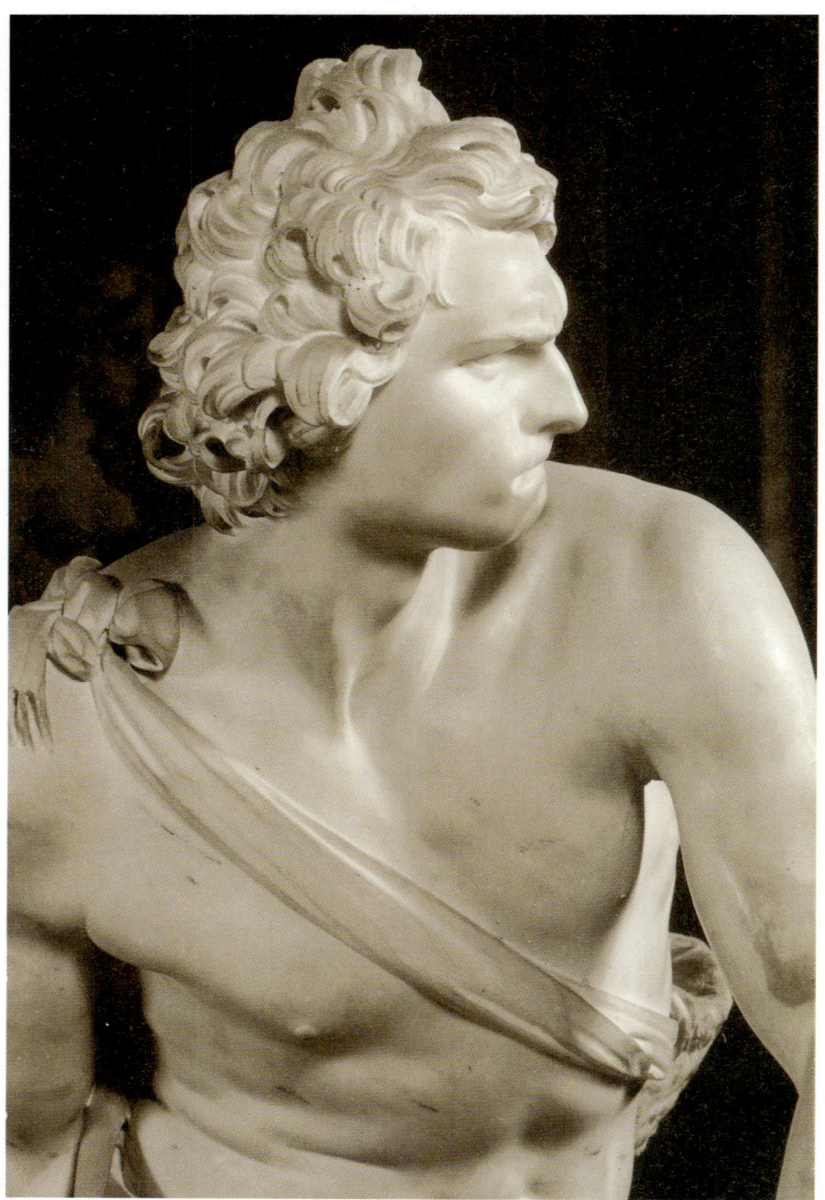

† 베르니니의 「다비드」

나라하게 드러내고 있다. 상반신을 심하게 비틀고 있는 자세로 보아 잠시 후 골리앗을 향해 날릴 물맷돌의 엄청난 위력 또한 가히 짐작할 수 있다. 베르니니가 만들어 낸 다윗의 모습을 통해 우리는 오래 전 전투가 벌어졌던 벌판으로 인도되어 물맷돌 하나로 거인 골리앗을 쓰러뜨리는 바로 그 장면이 눈앞에서 펼쳐지고 있다는 착각 속으로 빠져들게 된다. 바야흐로 '바로크'라는 시대에 접어든 것이다.

끊임없이 정보를 수집하고 분류하는 일에 이골이 난 우리는 미술 작품에 있어서도 양식 혹은 사조를 철저히 구분하고 정돈하는 습성이 있다. 한 권의 두툼한 미술사 책은 잘 정돈된 책상 서랍들로 가득찬 방과 같다. 머나먼 고대로부터 난해한 현대 미술에 이르기까지 논리적인 분석 작업을 끝마친 작품들은 시대에 맞는 이름표가 부착된 서랍 안에 가지런히 자리를 잡는다. 깔끔하게 잘 정돈된 방은 일의 능률을 오르게 하는 반면, 번뜩이는 재치와 뜻밖의 사건을 불러일으키기는 어렵다. 먼지 쌓인 책들이 아무렇게나 쌓여 있는 책꽂이를 정돈하다가 책갈피 사이에서 뜻하지 않게 빳빳한 지폐를 발견하는 횡재 따위는 절대 일어나지 않는 것이다. 그러므로 서랍 앞에 붙은 이름표만 흘낏 보고서 서랍 안의 작품들이 모두 한통속일 것이라 지레짐작해 버리는 중대한 오류에 빠져 들지 않도록 늘 주의를 기울여야 한다. 주변을 깨끗이 정돈하는 좋은 습관은 유지하되 지나친 결벽증에 빠져들지 않도록 주의를 당부하며 잔소리는 이즈음에서 그만 두고 바로크라는 이름표가 붙어 있는 서랍을 열어 보기로 하자.

베르니니의 시대는 미켈란젤로가 활동했던 시절 이탈리아를 화려하게 수

놓았던 '르네상스'가 막을 내리고 '바로크'라는 새로운 주인공이 무대에 등장한 시기였다. 바로크는 일그러진 진주를 뜻하는 포르투갈어에서 비롯된 말로, 반듯하지 않은 아름다움의 극치를 보여 주는 사조이다. 르네상스라는 무대에 섰던 여주인공이 깔끔한 진주 목걸이에 단정한 정장을 차려 입고 있었다면 바로크라는 무대 위에는 치렁치렁한 귀걸이를 늘어뜨리고 집시풍의 긴 치마를 휘날리는 새로운 여주인공이 등장했던 것이다.

종교개혁이 유럽을 한바탕 휩쓸고 지나간 뒤 가톨릭 교회에서는 사람들이 다시금 구교로 눈을 돌릴 수 있는 새로운 스타일을 필요로 하고 있었다. 신교의 검박한 방식과는 엄연히 구분되는, 보는 이들의 눈길을 확 잡아끄는 화려한 볼거리들이 교회 곳곳을 장식하기 시작했다. 구름으로 뒤덮인 천국의 영화로움을 지상에서 재현하는 웅장한 천장화들을 비롯해 아기자기한 장식을 가미한 거대한 조각품들이 성당 안에 속속들이 자리 잡았다. 조금은 과장되고 왁자지껄한 분위기의 바로크 양식은 로마를 무대로 베르니니의 손에 의해 화려하게 피어났다.

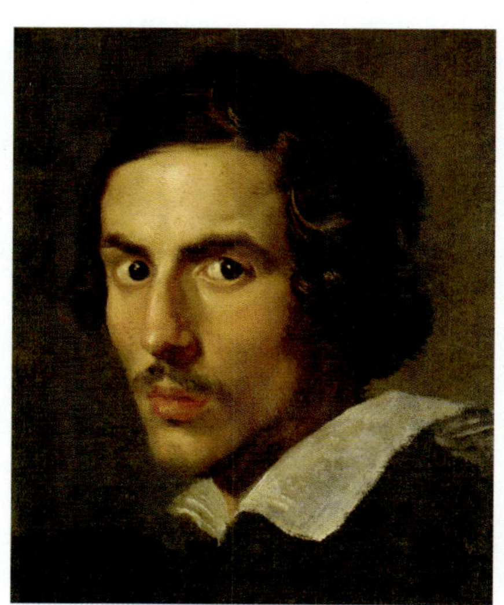

† 「베르니니 자화상」
‡ 산티냐지오 디 로욜라 성당Sant'Ignazio의 천장화. 안드레아 포초Andera Pozzo의 작품. 바로크 양식의 대표적인 천장화이다. ▶

보르게제 박물관에서 볼 수

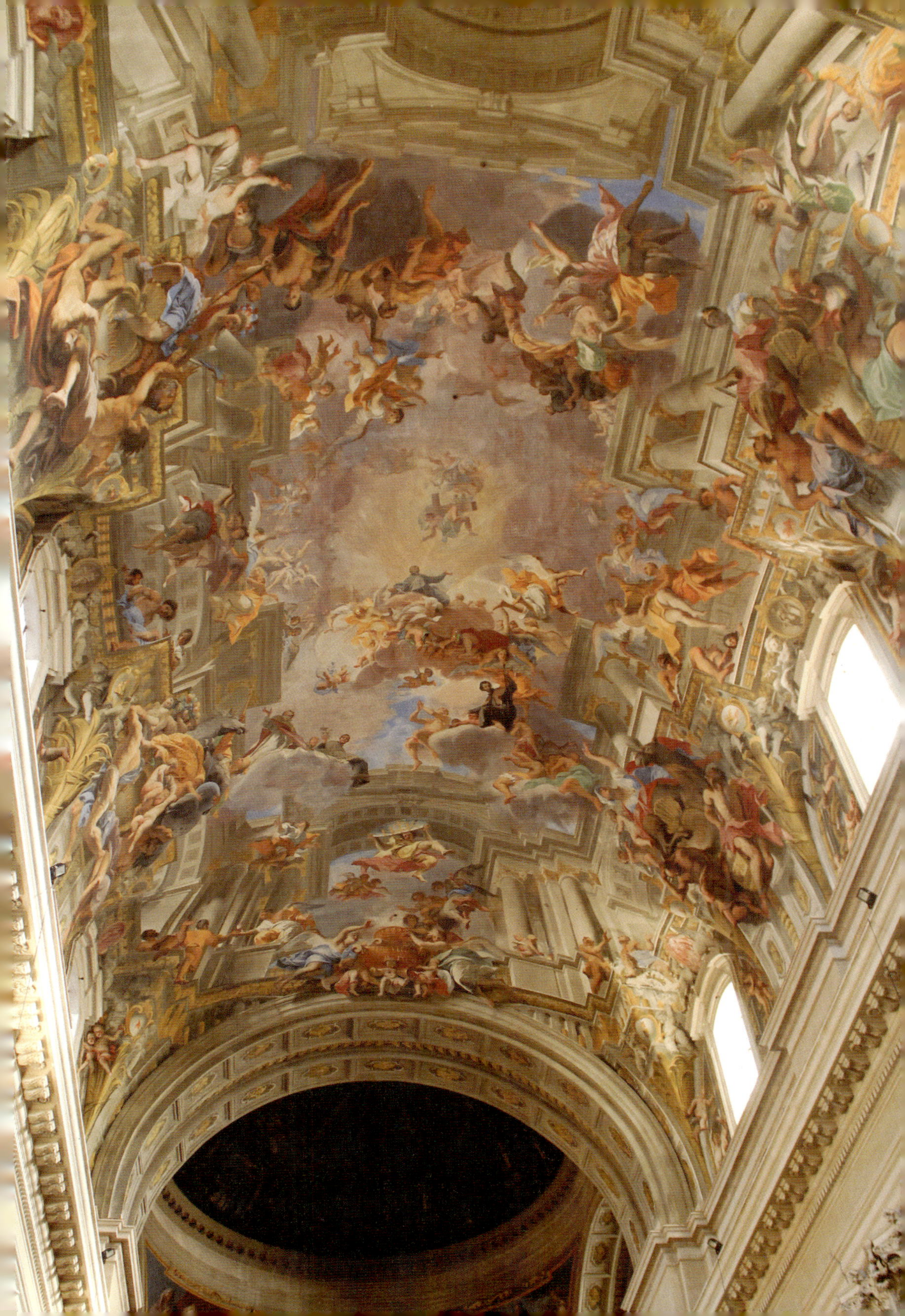

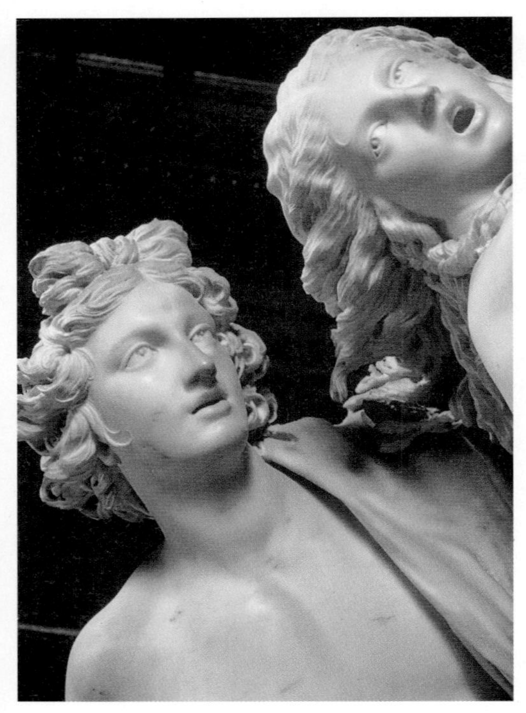

† 베르니니의 「아폴론과 다프네」

있는 베르니니의 작품들 중 두 점의 조각품은 그리스 신화를 주제로 삼고 있다. 1621년에서 1625년까지 비슷한 시기에 제작된 두 작품은 보르게제 저택의 주인이었던 쉬피오네 보르게제 추기경의 주문으로 만들어졌다. 「아폴론과 다프네」 그리고 「페르세포네와 하데스」 두 작품은 자신이 혐오하는 남성에게서 벗어나려는 여인들의 처절한 몸부림을 주제로 삼고 있다는 공통점을 지니고 있다.

아폴론으로부터 조롱을 당한 사랑의 신 큐피드는 복수를 위해 두 개의 화살을 준비한다. 그중 하나는 아폴론을 향한 것으로, 화살을 맞고 처음으로 마주치는 여인과 목숨과도 바꿀 만한 강렬한 사랑에 빠져들도록 만드는 화살이었으며 다른 하나는 아폴론이 첫눈에 반해 버릴 여인 다프네를 향한 것으로, 화살을 맞은 뒤 처음으로 만나는 남정네를 죽기까지 혐오하게 되는 화살이었다. 자신을 뒤쫓는 아폴론으로부터 더 이상 도망칠 수 없었던 다프네는 강의 신이었던 아버지에게 차라리 나무가 되게 해 달라고 애원한다. 베르니니는 죽을힘을 다해 도망치는 다프네의 몸을 향해 겨우 손길을 뻗친 아폴론과 그의 사랑으로부터 벗어나기 위해 나무로 변해 가는 다프네의 몸을 묘사하고 있다. 다프네의 허리를 잡을락 말락 하는 아폴론의 표정 속에 한 발 늦었다는 안타까운 기색이 역력한 반면 손가락과 발꿈치에서부터 줄기

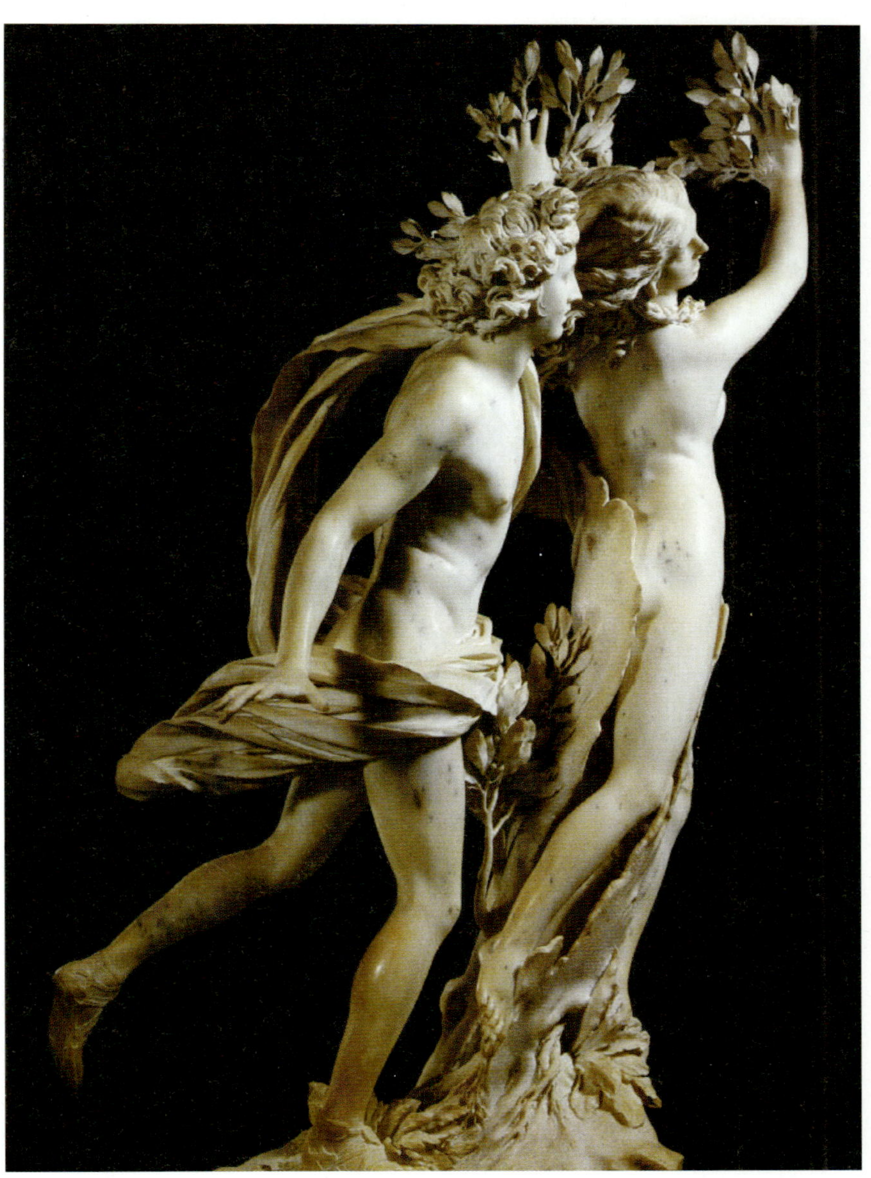

베르니니의 「아폴론과 다프네」

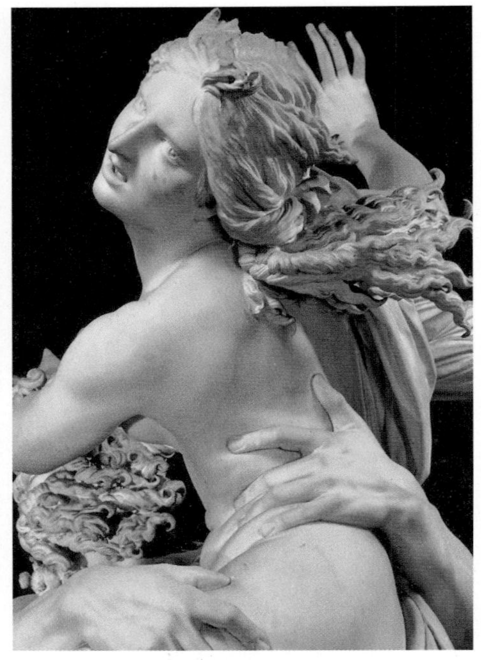

† 베르니니의 「페르세포네와 하데스」

와 잎사귀가 돋아나고 있는 다프네는 가쁜 숨을 몰아쉬며 한 그루의 나무로 변모해 가고 있다. 아폴론의 몸을 휘감고 있는 주름진 천은 쫓고 쫓기는 두 남녀가 바람을 가르며 얼마나 숨 가쁘게 달려왔는지 생생하게 보여 준다.

「페르세포네와 하데스」에서 상황은 더욱 급박하게 전개된다.

올림푸스의 신들과 거인들이 벌인 싸움으로 인해 쉴 새 없이 땅이 진동하자 상황을 점검하기 위해 지상으로 올라온 저승의 신 하데스 역시 큐피드의 화살에 맞게 되었고 처음으로 마주친 여인 페르세포네에게 첫눈에 반해 버린다. 안간힘을 쓰며 그를 뿌리치는 페르세포네를 억지로 마차에 태운 하데스는 그녀를 저승으로 데려가 자신의 아내로 삼는다. 페르세포네의 몸을 움켜쥐고 있는 하데스의 두툼한 손가락이 그녀의 살 속 깊숙이 파고든 것으로 보아 그녀를 놓치지 않으려 그가 얼마나 필사적으로 애를 쓰고 있는지 알 수 있다. 한 손으로는 하데스의 얼굴을 밀어내고 다른 한 팔은 이리저리 휘저으며 하데스를 완강하게 뿌리치는 페르세포네의 모습은 굳이 이야기의 전반을 모르더라도 두 남녀 사이에 어떤 일이 벌어지고 있는지 눈치 챌 수 있을 만큼 생생하게 묘사되어 있다.

베르니니의 조각 속 인물들은 거드름을 피우며 꼿꼿한 자세로 서 있는 법

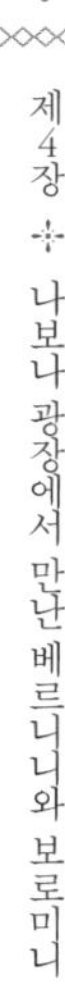

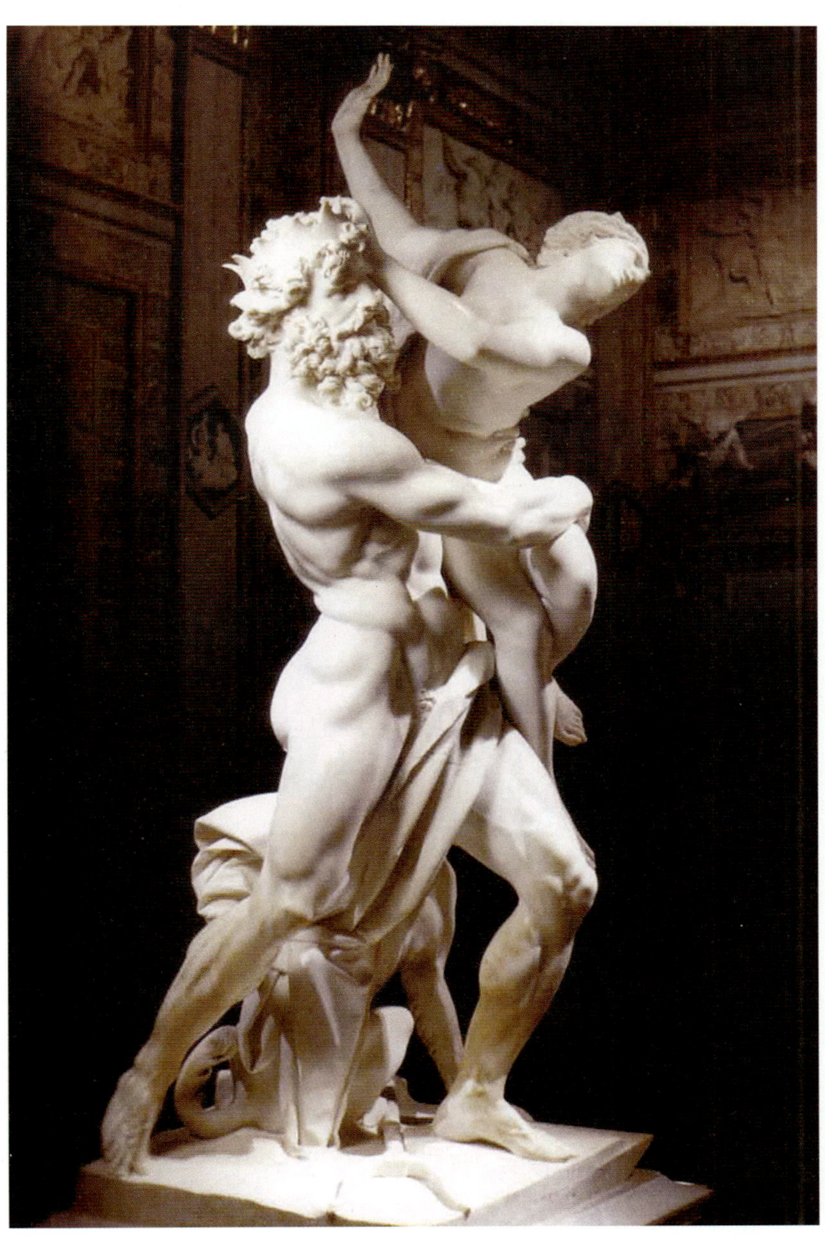

베르니니의 「페르세포네와 하데스」

이 없다. 무대에 올라 생생한 연기를 펼치는 배우들처럼 분노와 환희 같은 감정을 고스란히 드러내며 눈앞에서 살아 움직인다. 지나치게 감정에 몰입한 나머지 때로 배우들의 연기가 극으로 치닫기도 하지만 지나치다는 것을 뻔히 알면서도 보는 이들은 자신도 모르는 사이 그들의 연기 속으로 빠져들게 된다. 모름지기 드라마란 그런 것이다.

베르니니 자신 역시 연극을 매우 좋아했다고 전해진다. 자신이 직접 쓰고 연출한 연극을 실제로 무대에 올린 적도 있었다. 그가 연출가로 전업을 하지 않았던 것을 보면 연극 속 배우들은 그의 조각 속에 등장하는 인물들에 비해 연기가 영 신통치 않았던가 보다.

베르니니는 자신의 인생에 있어서조차 극적인 순간들을 만들어 내길 즐기는 예술가였다. 보르게제 미술관 안에는 베르니니가 조각한 쉬피오네 보르게제 추기경의 두상이 전시되어 있다. 특이한 점이라면 얼핏 보아서는 별반 다를 것이 없어 보이는 두상이 두 점이나 놓여 있다는 것이다.

추기경으로부터 주문받은 두상을 거의 완성했을 무렵, 베르니니는 두상의 이마 부분에 흉측한 상처를 남기는 돌이킬 수 없는 실수를 범한다. 자신의 두상이 완성되었다는 소식을 전해 듣고 베르니니의 작업실까지 한달음에 달려온 추기경 앞에서 베르니니는 이마에 금이 간 두상을 천연덕스럽게 내놓았다. 그리고 불의의 사고가 벌어진 경위에 대해 요란스러운 손짓과 함께 장황한 설명을 늘어놓기 시작했다. 점잖은 추기경이 실망한 기색을 애써 감추며 발걸음을 돌리려는 순간, 베르니니는 흠이 있는 두상 곁에 미리 준비해 둔 완벽한 두상을 가리고 있던 덮개를 순식간에 벗겨 냈다. 되돌아선 추기경의 기

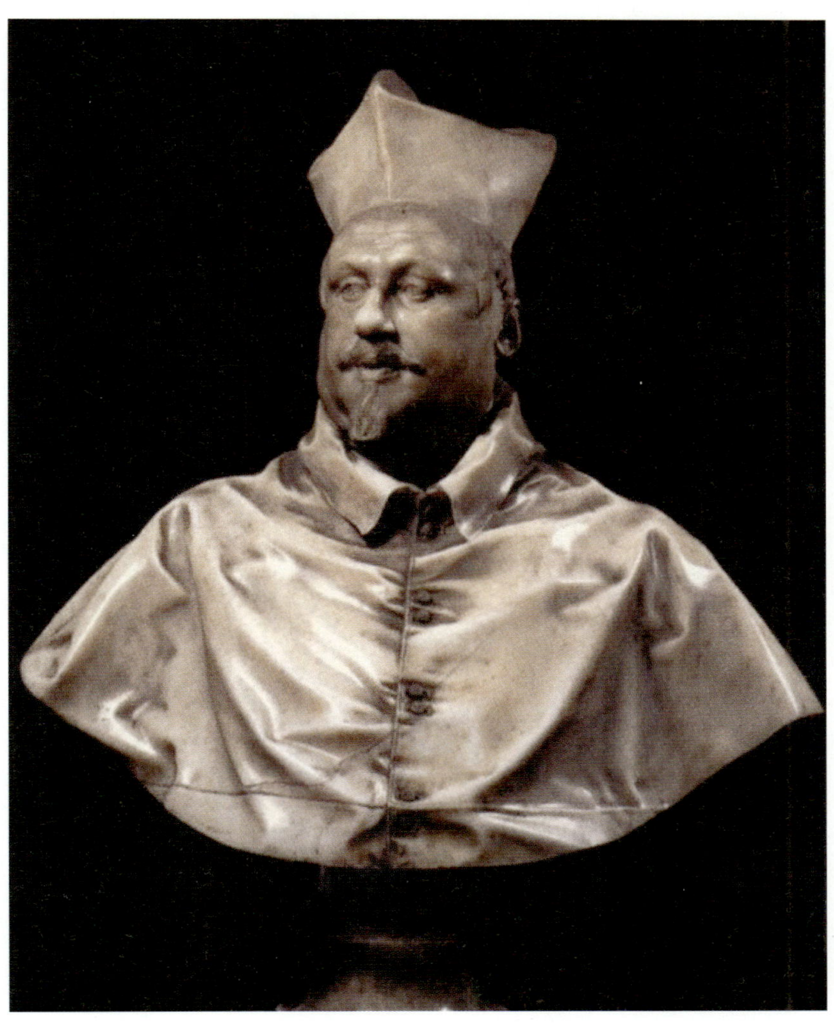

† 베르니니의 「쉬피오네 보르게제 추기경 두상」

뿜은 이루 말할 수 없을 정도였다.

마흔이 넘어 뒤늦게 장가를 든 베르니니의 애정행각 역시 한 편의 드라마라 해도 손색이 없을 만큼 요란스러웠다. 육십 대에 접어들어서야 베르니니는 주색잡기에 빠져 지냈던 자신의 젊은 시절이 후회스러울 따름이라는 뼈아픈 고백을 남겼다.

그 시절 베르니니는 자신의 일을 돕는 조수의 아내였던 '코스탄자'라는 유부녀와 격렬한 사랑에 빠져 들었고 얼마 지나지 않아 그녀가 자신의 친동생인 루이지와도 심상치 않은 관계를 맺고 있다는 사실을 눈치챈다. 성 베드로 성당 건축의 총감독이었던 베르니니는 동생 루이지에게 부감독이라는 중책을 맡겼고 둘은 하루도 빠짐없이 얼굴을 맞대고 함께 일하는 돈독한 형제였다.

소문의 진상을 스스로 밝히겠노라 결심한 베르니니는 가족들 모두가 모인 자리에서 중요한 임무를 맡게 되어 잠시 로마를 떠나게 되었으니 아무쪼록 뒷일을 잘 부탁한다며 자리를 뜬다. 그리고 바로 다음 날, 그는 바티칸 부근에 있던 코스탄자의 집을 급습했다. 인적이 드문 아침, 코스탄자의 다정한 배웅을 받으며 현관문을 나서는 동생 루이지의 모습을 목격한 베르니니는 눈이 뒤집혀 버릴 지경이었고 그 길로 동생에게 뛰어들어 난투극을 벌이기 시작했다. 간신히 베르니니의 손에서 벗어난 루이지는 죽자 살자 내달려 어머니와 함께 살고 있던 자신의 집 앞에 당도했고 어머니가 말리지 않았더라면 목숨을 부지하기 어려울 지경에 이르렀다. 어머니의 간곡한 만류로 베르니니의 복수는 동생의 늑골 두 개를 부러뜨리는 데 그쳤다. 그러나 사랑하는 여인의 배신에 대한 베르니니의 분노는 거기서 그치지 않았다. 자신의 하인을 부른 그는 당장 코스탄자의 집으로 가 그녀의 뻔뻔한 얼굴을 칼로 긋고 돌아오라는 분부를 내린다.

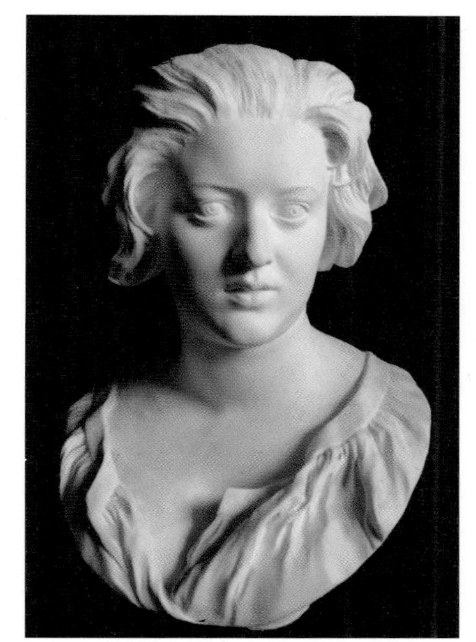

† 베르니니의 「코스탄자 두상」

베르니니가 사랑에 눈이 멀어 있던 시절 조각했다는 코스탄자의 두상을 바라보며 그녀가 베르니니 형제를 동시에 사랑에 빠져 들도록 만들 만큼 대단한 미인이었다는 생각은 들지 않는다. 반듯한 이마와 오밀조밀한 이목구비가 그만하면 미인이다 싶긴 하지만 아무리 뜯어보아도 그녀가 시대의 팜므 파탈이었다는 사실은 좀처럼 믿기질 않는다. 형제가 동시에 큐피드의 화살에라도 맞았다면 또 모를까.

살인 미수 및 상해라는 죄목으로 기소된 베르니니는 교황의 선처로 간신히 중벌을 면했고, 교황의 반강제적인 권유에 못 이겨 당시 로마에서 가장 아름답기로 소문난 처자 카테리나를 아내로 맞았다. 마흔이 넘은 닳고 닳은 노총각 베르니니의 아내가 된 카테리나의 나이는 고작 스물두 살이었으나 그녀는 아름다울 뿐만 아니라 지혜롭기까지 한 여인이었다. 베르니니는 그녀와의 사이에 열한 명의 자녀를 두었고 세상을 떠날 때까지 그녀의 곁을 떠나지 않았다. 예로부터 어른 말씀을 들으면 자다가도 떡을 얻어먹는다 하질 않던가.

4.

어린 시절 어머니가 일하시던 의상실 한구석에서 자투리 천을 가위로 오리며 놀다가 디자이너가 되었다고 고백하는 이들이 있는가 하면 아버지의 일터였던 정비소 바닥에 굴러다니는 나사들을 끼워 맞추던 아이가 성장해 비행기나 우주선 같이 복잡한 기계들을 척척 만들어 내기도 한다. 그런데 어머니나 아버지가 글을 쓰는 모습을 지켜보며 작가가 되었다고 고백하는 사람은 매우 드문 걸 보면 허구한 날 의자에 엉덩이를 붙이고 앉아 책이나 들여다보며 연필이나 굴리는 작가라는 직업은 어린아이들의 눈에도 꽤나 고리타분한 일로 비춰지나 보다. 그 옛날 돌잡이라는 게 있었다면 베르니니는 고사리 같은 손으로 망치와 끌을 움켜쥐었을 것이 틀림없다. 미켈란젤로가 석공의 아내였던 유모의 품에서 망치와 끌 소리를 자장가 삼아 잠이 들었던 것처럼 베르니니 역시 태어나면서부터 망치와 끌이 빚어내는 유쾌한 하모니 속에서 자라났다.

피렌체 출신이었던 베르니니의 아버지 피에트로는 솜씨 좋기로 이름난 석공이었다. 젊은 시절 피렌체의 한 공방에서 도제 생활을 했던 그는 로마로 이주한 뒤 일거리를 찾아 또다시 남쪽으로 내려가 스페인의 영토였던 나폴리에 정착했다. 나폴리에서 만난 아리따운 여인과 사랑에 빠져 첫 아들을 낳았고 아이에게 증조부와 조부의 이름을 따 잔 로렌조 베르니니Gian Lorenzo Bernini라는 긴 이름을 지어 준다.

베르니니의 외모를 돋보이게 하는 짙은 눈썹과 깊고 검은 눈동자는 아마도 나폴리 출신이었던 어머니에게서 물려받았을 것이다. 이탈리아의 미녀들은 크게 북부 스타일의 미인과 지중해풍의 미인으로 구분된다. 북부의 미인들이

창백하리만치 흰 피부에 금발머리, 파란 눈동자를 지닌 반면 지중해의 미인들은 올리브빛이 감도는 까무잡잡한 피부에 검은 머리, 크고 검은 눈동자를 지니고 있다. 로마 제국이 유럽은 물론 북아프리카의 일부까지 영토를 확장하면서 피가 뒤섞이는 바람에 지금까지도 이탈리아 사람들의 외모는 그야말로 천차만별이다. 전 세계적으로 맹위를 떨치는 이탈리아 남성들의 출중한 용모 역시 로마 시대로부터 시작되어 오랜 세월 이어져 내려온 혼혈로부터 기인했다고 볼 수도 있다.

베르니니는 외모뿐만 아니라 기질 또한 어머니를 쏙 빼닮은 아들이었다. 주체할 수 없는 정열과 다혈질적인 면에 종종 능숙한 연기를 펼치기도 하는 드라마틱한 그의 성격은 어머니의 도시였던 나폴리 사람들 특유의 기질이었다. 베르니니의 작품을 보며 한 편의 연극을 감상하는 느낌을 받게 되는 이유 또한 그가 어린 시절을 나폴리라는 도시에서 보냈던 것과 무관하지 않을 것이다.

나폴리는 이탈리아 반도 남쪽에 자리 잡은 항구 도시이다. 여자가 너무 예쁘면 얼굴 값을 한다는 옛말처럼 나폴리 역시 타고난 아름다움으로 인해 톡톡히 값을 치러야만 했다. 기원전 5세기경 그리스인들이 건너와 살게 된 이후 나폴리는 바람 잘 날이 없는 도시였다. 오래도록 겨울이 지속되는 북부 유럽의 국가들에게 지중해의 푸른 바다를 앞마당 삼아 만찬을 즐길 수 있는 나폴리는 생각만 해도 군침이 도는 먹잇감이었다. 로마 제국이 멸망한 뒤 동로마 제국의 지배를 거쳐 북쪽에서 내려온 게르만족과 프랑스 그리고 스페인의 지배를 차례로 거치며 살아온 나폴리는 수시로 주인이 바뀌는 애완동물 같은 신세였다. 지배자가 바뀔 때마다 권력에 수반되는 각종 제도들도 덩달아 바뀌었고 적응할 만하면 뒤집혀 버리는 데 진저리가 난 나폴리 사람들의 마음속에는 권력에 대한 깊은 불신이 자리 잡았다. 타지에서 건너온 통치자들과 나폴리 토박이였던 지주들, 이러지도 저러지도 못하는 힘없는 소작농들 간의 갈등으로 인해 사회는 혼란스러웠고 분위기는 늘 술렁거렸다. 엎친 데 덮친 격으로 농작물의 수확까지 신통치 않아 늘 배를 곯았던 나폴리 사람들은 아름다운 지중해 바다를 바라보며 노래로 답답한 심정을 달랬다. 아름다운 바다를 노래하고 있는 나폴리의 민요들 중에는 알고 보면 구슬픈 내용을 담고 있는 것들이 많다. 한편으로는 눈물 나도록 아름다운 지중해의 푸른 바다가, 다른 한편으로는 가난과 질병, 쓰레기와 악취가 넘쳐 나는 암울한 현실이 자리 잡고 있는 나폴리는 야누스의 두 얼굴을 지닌 도시였다. 베르니니의 작품 속에 등장하는 극적인 요소들은 그런 나폴리라는 도시와 묘하게 닮은 구석이 있다.

베르니니가 일곱 살 되던 무렵, 그의 아버지는 가족들을 이끌고 나폴리를 떠나 또다시 로마로 향했다. 보르게제 가문 출신의 교황 파울루스 5세는 로마의 4대 성당 중 하나였던 산타 마리아 델 마조레Santa Maria del Maggiore, 즉 성모 마리아 대성당을 보수해 가문을 위한 예배당으로 삼고자 했고 이를 위해 이탈리아 각지의 실력 있는 조각가들을 로마로 불러 모았다. 일터에서 가까운 곳에 집을 얻은 아버지를 따라 어린 베르니니는 아버지가 일하던 성당 앞마당에 수시로 드나들었다. 전설처럼 내려오는 일화에 의하면 막 여덟 살이 된 꼬마 베르니니가 아버지의 일터에서 굴러다니는 돌을 집어 들고 두상을 조각했다고 한다. 지금은 그 두상이 남아 있지 않아 정확한 사실인지는 알 수 없으나 석공들의 귀여움을 독차지했던 꼬마 베르니니가 고사리 같은 손으로

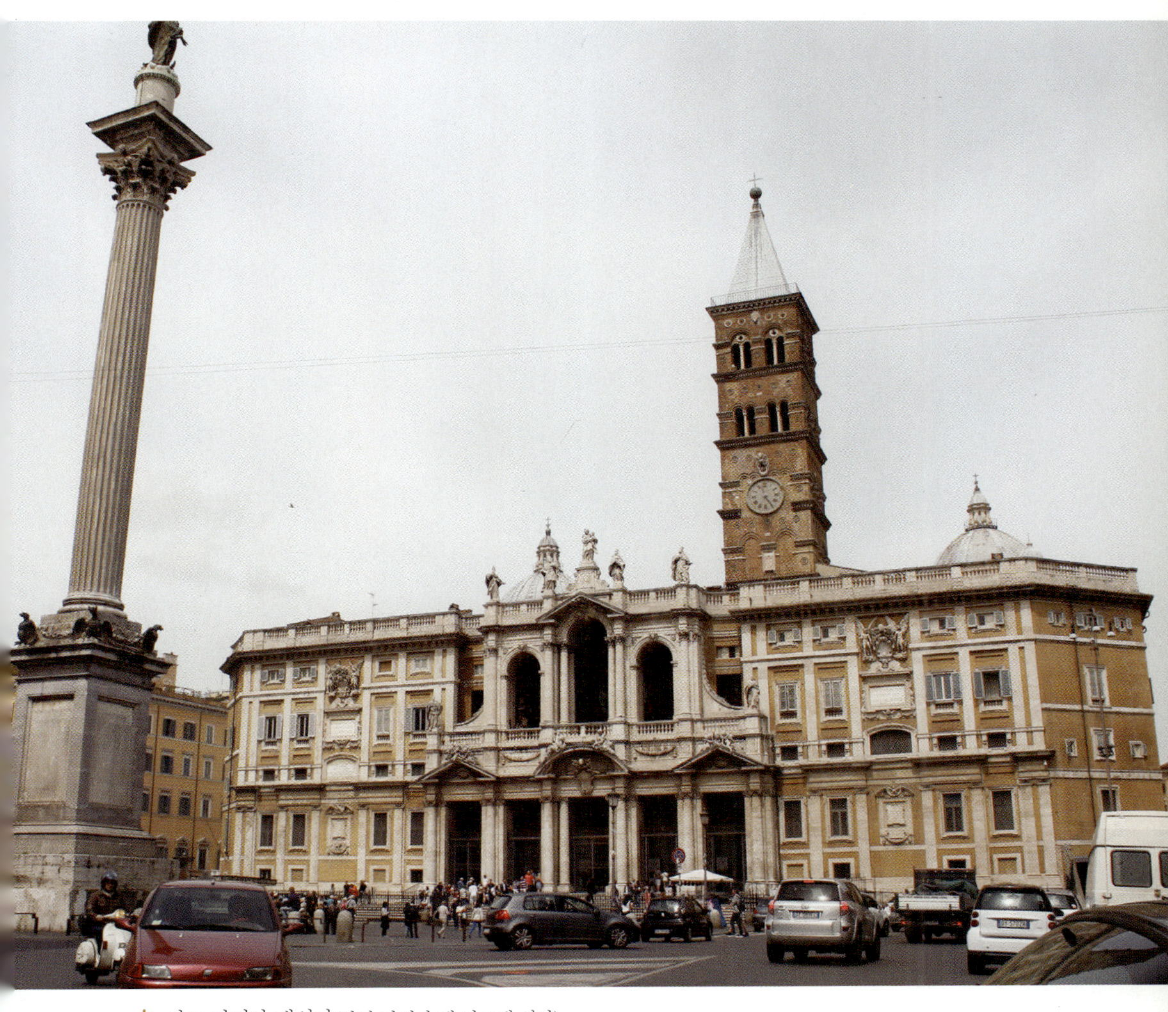

† 성모 마리아 대성당(산타 마리아 델 마조레 성당)

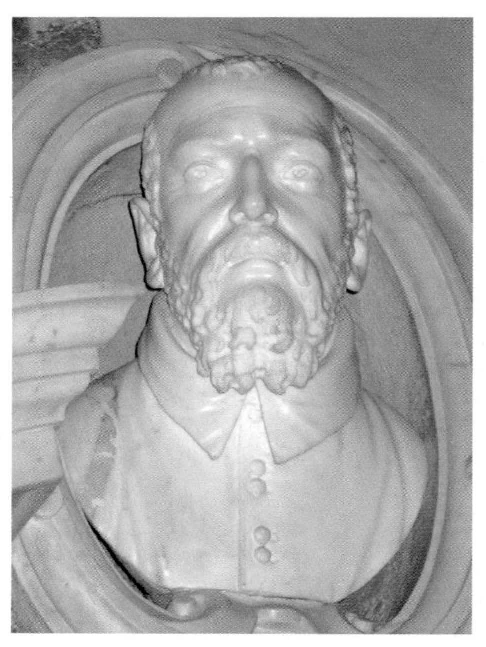

† 베르니니가 열두 살에 조각한 「산토니 신부의 두상」

망치와 끌을 잡고 아버지 옆에서 돌을 두드리며 노는 장면을 상상해 보는 것은 어렵지 않다.

베르니니가 열두 살에 조각했다는 산토니 신부의 두상을 보면 여덟 살에 두상을 만들었다는 전설적인 이야기에 고개가 끄덕여질 법도 하다. 아직은 풋풋한 솜씨임이 분명하긴 하나 구불구불한 머리카락과 섬세한 표정 묘사는 타고난 재능이 무엇인가를 확실히 보여 준다. 베르니니가 돌을 다루는 솜씨를 비유해 밀가루 반죽을 주무르듯 돌을 다룬다는 말이 나돌 정도였다. 열두 살 신동이 만들었다는 신기한 조각품에 대한 이야기는 입에서 입으로 전해져 교황 파울루스 5세의 귀에까지 알려지게 되었고 두상을 실제로 본 교황은 너무도 감명받은 나머지 어린 베르니니를 바티칸으로 불러들여 양손 가득 금화를 하사했다. 뿐만 아니라 베르니니가 바티칸에서 머물며 교황의 소장품들을 습작하며 조각 수업을 받을 수 있도록 일종의 장학금까지 수여했으니 그야말로 개천에서 용이 난 셈이었다. 공방에 들어가 허드렛일부터 시작하는 도제 생활을 할 나이에 교황의 특전으로 바티칸에 화려하게 입성한 베르니니는 교황의 소장품이었던 그리스 로마 조각들과 전 시대의 거장이었던 미켈란젤로와 라파엘로의 작품들을 모사하며 본격적인 조각 수업을 시작했다.

교황의 욕심은 거기서 그치지 않았다. 그는 타고난 조각가였던 베르니니를 레오나르도 다 빈치나 미켈란젤로처럼 종합적인 천재로 만들어 내고자 했다. '통합'이라든가 '융합'이라는 말들이 마치 최근에 등장한 신조어라도 되는 양 심심치 않게 쓰이고 있지만 르네상스야말로 진정한 통합형 인재들의 시대였다. 모나리자를 그린 레오나르도 다 빈치는 화가였을 뿐만 아니라 건축, 기술, 토목, 의학, 지질학 등의 분야를 아우르며 수천 권 분량에 달하는 연구 자료를 남긴 팔방미인이었고, 미켈란젤로는 조각가인 동시에 화가이자 건축가였다. 화가로만 잘 알려진 라파엘로도 한때 성 베드로 성당의 건축을 담당했으며 로마 시대의 유적들을 발굴하고 보존하는 고고학자이기도 했다. 이처럼 분야를 아우르는 천재들에게는 마에스트로Maestro라는 호칭이 주어졌다. 이발사가 치과 의사였을 뿐만 아니라 외과 의사의 역할까지도 겸했던 시기였으니 조각가가 건축을 하는 것은 어찌 보면 당연한 일이었을 것이다.

교황의 기대에 부응해 베르니니는 무사히 공부를 끝마쳤고 위대한 조각가의 반열에 오르게 되었을 뿐만 아니라 새파랗게 젊은 나이에 성 베드로 성당 건축 감독의 자리에까지 오르게 된다. 그러나 아무런 어려움도 좌절도 겪지 않고 지나치게 어린 나이에 성공을 맛본 천재들 중 일부가 그러하듯 베르니니 역시 조숙했을 뿐만 아니라 영악함을 겸비한 천재였다. 자신의 고백처럼 젊은 시절의 그는 호색한인데다 주색잡기에 빠져 있었을 뿐만 아니라 부귀와 명예를 손에 얻기 위해서라면 타인의 공로마저도 모조리 자신에게 돌리는 떳떳하지 못한 행동도 서슴지 않았다.

5.

신축 공사를 시작한 지 어느덧 백여 년이 흘렀건만 성 베드로 성당의 건축은 여전히 오리무중이었다. 죽기 얼마 전 성 베드로 성당의 건축 감독직을 맡았던 미켈란젤로는 콘스탄티누스 황제 시절에 만들어진 구 성당의 잔해를 보존한다는 의미로 가로 세로의 길이가 같은 '라틴 십자가(+)' 형태의 설계안을 내놓았으나 세월이 지남에 따라 가로보다 세로의 길이가 긴 '그리스 십자가(†)' 형태의 설계안을 지지하는 의견에 힘이 실리기 시작했다. 라틴 십자가형 설계안의 경우 문제가 되는 것은 무엇보다도 성당 내부의 면적이었다. 미켈란젤로의 설계안을 존중해야 한다는 의견과 미래를 내다본다면 보다 많은 신도들을 수용할 수 있는 그리스 십자가 형태의 성당을 건축하는 것이 옳다는 의견이 팽팽히 맞선 가운데 성 베드로 성당의 건축은 여전히 캄캄한 암흑 속을 헤매고 있었다.

1605년, 미켈란젤로가 보존하고자 했던 구 성당의 일부가 미사 도중 무너지는 사건이 발생하면서 구 성당은 그대로 방치하기에는 위험한 존재로 전락해 버렸다. 붕괴 사건 이후 라틴 십자가 형태로 성당을 재건축하는 것은 더 이상 무의미한 일이 되어 버렸고 교황 파울루스 5세는 그리스 십자가 형태의 설계안에 입각해 성 베드로 성당의 재건축을 담당할 새로운 건축 감독을 임명하기에 이르렀다. 카를로 마데르노Carlo Maderno는 번뜩이는 재치와 파격적인 아이디어로 무장한 천재적인 건축가는 아니었으나 실용적인 면을 중시했으며 이치에 맞는 판단을 할 줄 아는 사람이었다. 미켈란젤로의 설계안을 아주 무시하지 않으면서도 교황의 마음을 서운하게 하지 않을 만큼 중용으로 똘똘 뭉친 그의 설계안은 보는 이들을 두루두루 흐뭇하게 해 주었다. 성 베드로 성당이 미켈란젤로의 설계안대로 만들어졌어야만 했다며 아쉬움을 표명하는 의견들이 지금까지도 분분하지만 당시로서는 긴 세월을 흘려보낸 뒤 모두의 마음을 섭섭지 않게 해 줄 성당이 만들어지게 되었다는 사실 하나만으로도 가슴을 쓸어내릴 판이었다.

카를로 마데르노의 뒤를 이어 성 베드로 성당의 건축 감독을 맡게 된 베르니니는 성 베드로 광장의 설계를 비롯해 내부 장식에 이르기까지 성당 구석구석에 수많은 족적을 남겼다. 미켈란젤로가 돔을 설계하고 마데르노가 집을 지었다면 집 안을 꾸미는 일과 앞마당을 치장한 이는 베르니니였다.

성 베드로 성당 안에 있는 그의 작품들 중에서도 단연코 사람들의 눈길을 끄는 것은 발다키노Baldacchino라 할 수 있다. 하늘이 열린다는 뜻에서 '천개'라 부르기도 하지만 한국어로 딱히 뭐라 번역하기 힘든 탓에 '발다키노'라는 본명 그대로 불리는 거대한 조형물은 베드로 성인의 유골이 묻혀 있는 지점을 알려 주는 이정표이자 덮개와도 같은 역할을 하고 있다. 11미터 높이에 달하는 두툼한 네 개의 청동 기둥들로 이루어진 발다키노는 어마어마한 규모로 성당 안에 발을 들여놓는 이들의 시선을 단숨에 압도한다. 발다키노의 아름다움에 관해서는 논란의 여지가 많다. 절제의 미덕이라고는 눈곱만치도 찾아볼 수 없는 우람한 거인 발다키노가 자신이 설계한 돔 아래 세워지는 모습

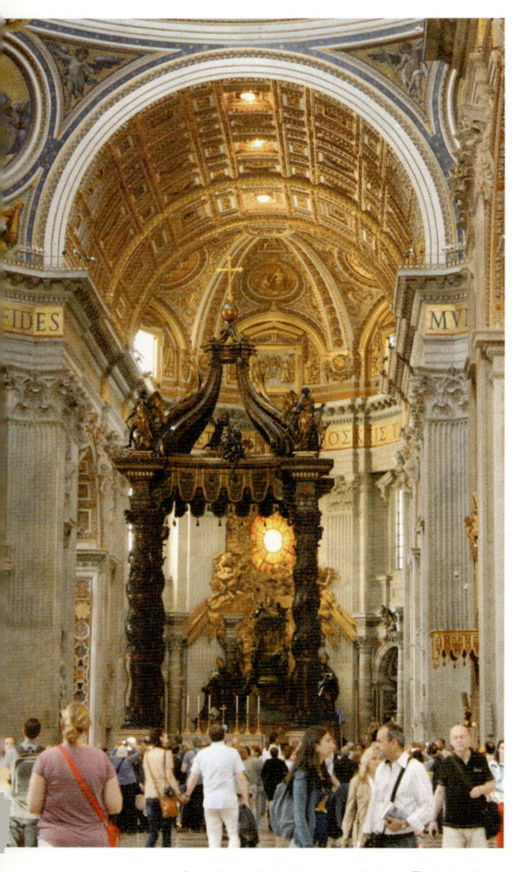

† 베르니니와 보로미니의 「발다키노」

을 내려다보며 미켈란젤로는 천국에서 욕지거리를 내뱉었을지도 모른다.

건축 감독이었던 고령의 마데르노가 성 베드로 성당 공사장의 비계에서 떨어지는 불의의 사고로 세상을 떠나게 되자 교황 우르바노 8세는 고작 서른 살밖에 되지 않은 베르니니를 새로운 건축 감독으로 발탁했다. 미켈란젤로와 마데르노의 전례를 통해서도 알 수 있는 것처럼 세상을 떠나기 얼마 전에야 겨우 오를 수 있는 자리에 삼십 대의 젊은 건축가를 앉힌 것은 가히 파격에 가까운 인사였다. 실력도 실력이거니와 무엇보다도 젊은 혈기로 똘똘 뭉친 베르니니는 성 베드로 성당을 지상에서 가장 거대하고 화려한 작품으로 장식하고자 여념이 없었다.

발다키노를 만드는 데 필요한 청동의 양이 부족해지자 그는 교황의 허가를 받아 판테온 지붕에 있던 청동 들보를 철거한 뒤 녹여서 사용하기에 이르렀다. 당시 만토바Mantova 공작의 파견으로 로마에 주재했던 한 외교관은 "바르바리barbari도 하지 않았던 일을 바르베리니barberini가 했다"라며 교황과 베르니니를 비웃기도 했다. 야만인이라는 뜻의 '바르바리'가 우르바노 8세의 가문인 '바르베리니'와 어감이 비슷하다는 사실에 착안한 뼈 있는 우스갯소리는 입에서 입으로 전해져 로마 전역으로 퍼져 나갔다. 판테온의 들보만으로도 부족해 베네치아로부터 또다시 청동을 공수해 온다는 소문이 들려왔을 때 사람들은 더 이상 입을 다물 수 없었다.

온 로마가 발다키노로 인해 몸살을 앓고 있던 무렵, 자신의 상관이었던 베르니니의 명을 받아 판테온의 들보를 철거하는 일을 도맡았던 사람은 정작 따로 있었으니 프란체스코 보로미니Francesco Borromini라는 베르니니와 한 살 터울의 젊은 건축가였다. 그는 자신의 손으로 직접 판테온의 청동을 녹여 야만인들도 하지 않았던 일로 손을 더럽힌 장본인이었을 뿐만 아니라 발다키노 건축의 숨겨진 공신이기도 했다. 베르니니와 보로미니, 그들의 악연은 그 발다키노로부터 비롯되었다.

그 남자, 보로미니

1.

삼면이 바다로 둘러싸인 이탈리아의 최북단은 무려 네 개의 국가들과 국경을 접하고 있다.

서쪽으로부터 동쪽에 이르기까지 프랑스, 스위스, 오스트리아, 슬로베니아와 맞닿는 국경 지역에 거주하는 사람들은 이탈리아어와 더불어 프랑스어나 독일어를 자유롭게 구사하며 음식을 비롯한 생활 방식 역시 근접하고 있는 국가의 성향을 짙게 풍긴다.

그중에서도 스위스는 뛰어난 용병들로 유명한 나라였다. 오늘날 스위스라고 하면 은행과 알프스, 시계와 초콜릿, 칼 따위의 전혀 연관성 없는 이미지들이 중첩되는 나라이지만 과거의 스위스는 알프스 첩첩산중에 틀어박혀 여간해서는 먹고살기가 쉽지 않은 나라였다. 건장한 스위스의 청년들은 추위와 굶주림을 피해 유럽 각지 군대에 용병으로 출전했고 강인하고 용맹한 알프스 사나이들의 출중한 실력은 얼마 지나지 않아 곳곳에서 용병으로 이름을 떨치게 되었다.

바티칸에서는 지금도 스위스 국적의 남자들로 이루어진 교황의 근위병들을 볼 수 있다. 미켈란젤로가 디자인했다고 알려진 우아한 제복을 입고 예나 지금이나 그들은 교황의 주변을 철통같이 지키고 있다. 스위스 용병들을 최초로 바티칸 안으로 불러들인 교황은 율리우스 2세였다. 말에 올라 군대를 진두지휘할 정도로 장군의 기질이 다분했던 그는 로마로 내려올 때 스위스 로잔의 추기경으로 있던 시절 자신이 거느리고 있던 150여 명의 스위스 근위병들을 이끌고 내려왔다. 율리우스 2세의 기대를 저버리지 않았던 스위스 근위병들은 1527년 신성로마 제국이 로마를 침략했을 당시 불과 150여 명의 인원으로 800여 명의 군사들을 막아 내며 목숨을 바쳐 교황을 지켜 냈고 그에 대한 답례로 지금까지도 교황의 근위병은 스위스 국적의 남자들로만 이루어져 있다.

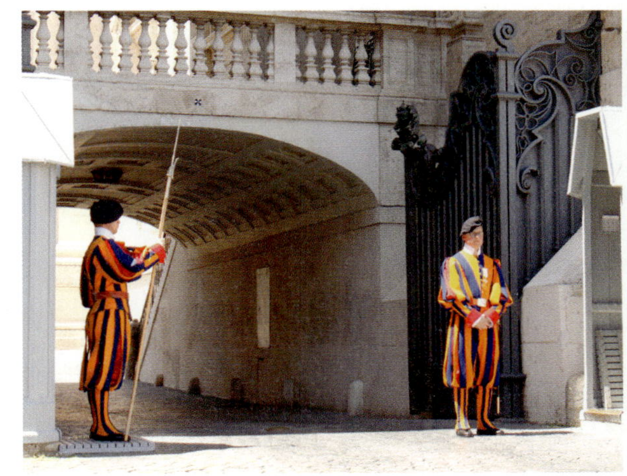

† 교황의 근위병들

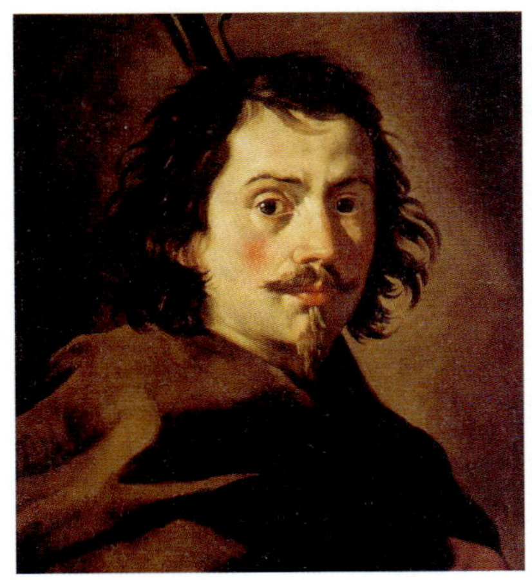

† 「보로미니 초상화」

본명보다 보로미니Borromini라는 이름으로 잘 알려진 프란체스코 카스텔리Francesco Castelli는 베르니니가 태어난 이듬해인 1599년 이탈리아와 스위스의 국경 지대에 있는 루가노 호수 부근의 작은 도시 비소네Bissone에서 태어났다.

석공 일을 하던 그의 아버지는 보로미니가 열 살 쯤 되던 해 밀라노에 있는 한 석공의 공방에 아들을 도제로 보냈다. 잔심부름을 도맡아 하던 신참내기 어린 소년은 공사장에서 일하는 인부들 사이에서 비교적 흔했던 프란체스코 카스텔리라는 이름을 대신해 '보로미니'라는 이름으로 불리게 되었다. 어려서부터 공사장의 인부들 사이에서 잔뼈가 굵은 소년은 스무 살 되던 해, 자신의 아버지에게 빚을 지고 있던 채무자를 찾아가 돈을 받아 내는 맹랑한 방법으로 노잣돈을 마련해 예술가들의 꿈의 종착지였던 로마로 향했다.

로마에는 한때 밀라노에서 석공 일을 하다 이주해 온 보로미니의 외가 쪽 친척 레오네 가르보가 살고 있었다. 가르보의 장인이 때마침 성 베드로 성당의 건축 감독인 카를로 마데르노였고 보로미니의 재능을 높이 산 그는 성 베드로 성당을 장식하는 일을 도울 수 있도록 자리를 마련해 주었다. 그만하면 일이 술술 풀린다 싶던 어느 날, 스승 마데르노가 불의의 사고로 갑자기 세상을 떠났고 보로미니는 하루아침에 낙동강 오리알 신세가 되고 말았다. 교황 우르바노 8세의 두툼한 신임을 등에 업고 새로 부임한 성 베드로 성당의 건축 감독은 자신과 한 살밖에 차이가 나지 않는 새파랗게 젊은 조각가, 이름 석 자만 대면 모르는 이가 없을 정도로 온 로마에 소문이 파다했던 잔 로렌조 베르니니였다.

2.

오성급 호텔들 중에서도 최고급에 속하는 호텔들이 죽 늘어선 베네토 거리는 로마의 거리들 중 가장 격조 높은 거리로 통한다. 보르게제 공원으로 들어가는 입구들 중 하나인 핀차나 문에서부터 바르베리니 광장까지 완만한

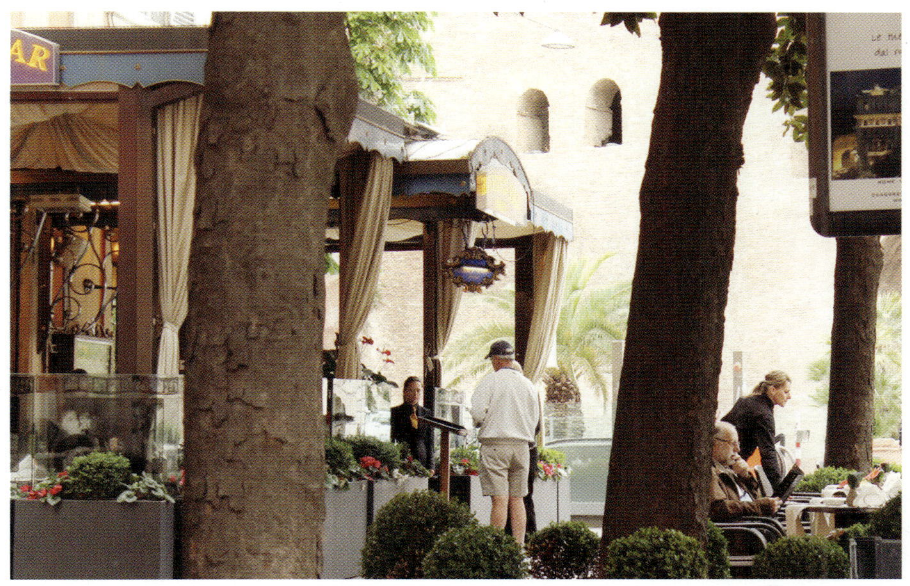

† 베네토 거리의 풍경

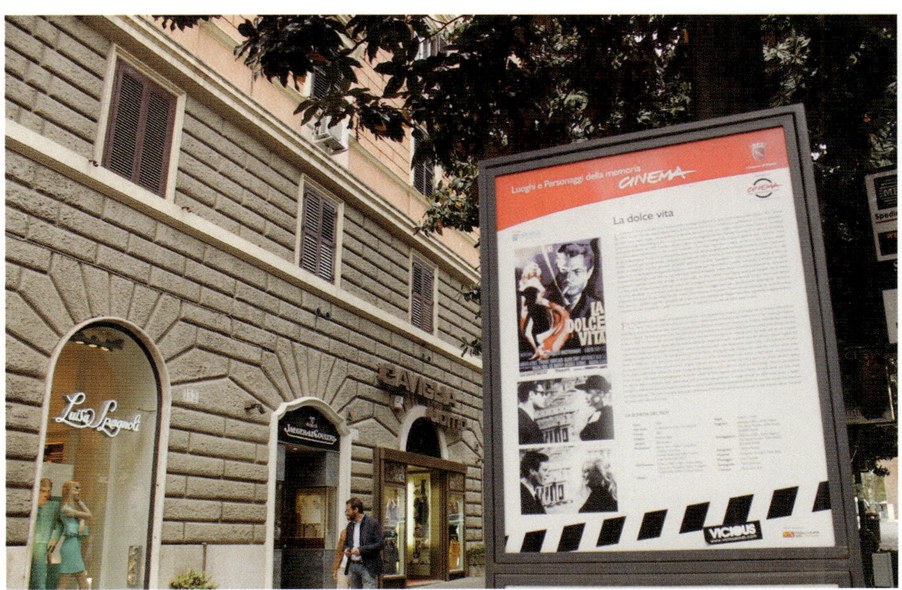

‡ 베네토 거리에 있는 펠리니 영화 관련 게시판

언덕길로 이어지는 베네토 거리는 한껏 차려입은 선남선녀들과 손님들의 짐을 나르느라 분주한 호텔의 문지기들, 여유로운 노년을 즐기는 지긋한 나이의 관광객들로 늘 붐빈다. 베네토 거리의 최고 전성기는 1960년대였다. 펠리니 Federico Fellini의 영화 「달콤한 인생 La Dolce Vita」의 한 장면처럼 유명 인사들과 그들을 취재하려는 기자들이 베네토 거리로 대거 몰려들면서 '파파라치'라는 신조어가 처음으로 등장하게 된 거리이기도 하다.

베네토 거리를 따라 내려가다 보면 화려한 거리의 풍경과는 사뭇 동떨어진 소박한 성당 하나가 눈에 띈다. 교황 우르바노 8세는 자신의 형이자 추기경이었던 안토니오 바르베리니를 위해 1626년 베네토 거리에 산타 마리아 델라 콘체지오네Santa Maria della Concezione 성당을 지었다. 안토니오는 교황이자 화려한 성향을 지녔던 동생 우르바노 8세와는 전혀 다른 인물이었다. 한 배에서 난 자식들이 달라도 어쩌면 그렇게 다르냐는 말이 딱 들어맞을 정도로 그들의 행보는 너무도 달랐다.

안토니오는 카푸치니Cappuccini회에 속한 수도사였다. 가난과 청빈을 몸소 실천했던 프란체스코 성인의 사상을 따르는 카푸치니 수도회의 명칭은 수도사들이 입는 짙은 갈색의 옷을 일컫는 말이기도 하다. 사계절 내내 온몸을 덮는 긴 옷 한 벌과 샌들 한 켤레만으로 생활했던 수도사들은 비바람을 피하기 위해 등 뒤에 모자가 달린 옷을 만들어 냈다.

카푸치니 수도회의 이름은 우유 거품을 얹어 만드는 커피의 한 종류인 카푸치노cappuccino와도 연관이 있다. 카푸치니 수도사들의 옷에 달린 모자처럼 커피가 우유 거품을 뒤집어쓰고 있다 하여 카푸치노가 되었다고도 하고

혹자는 카푸치니 수도회에서 처음으로 마시기 시작했던 음료이기에 카푸치노라 불리게 되었다고도 한다. 카푸치노라는 커피가 본격적으로 세상에 알려지기 시작했던 시기가 1910년대 초반이었음을 감안해 볼 때 카푸치노라는 이름의 진실이 어디까지인가는 확실치 않다.

아우였던 교황 우르바노 8세의 무덤이 베르니니의 우아한 조각들과 더불어 성 베드로 성당 안에 자리 잡고 있는 것과 달리 그의 형이자 추기경이었던 안토니오는 대리석으로 만든 화려한 관 대신 제단 바로 옆 판석 아래 자신을 묻어달라는 유언을 남겼다. 소박한 비문 위에는 그의 유언대로 "여기 먼지와 재가 되어 묻히다. 아무 것도 없다"라는 헛헛한 글귀가 적혀 있다. 당대 최고의 바르베리니 가문 출신으로 교황을 아우로 둔 세도를 톡톡히 누릴 법도 한 인물이었음에도 그는 가난한 자들과 병든 자들을 돌보며 살아간 이름 없는 수도사들 중 하나일 뿐이었다. 형이 되었든 동생이 되었든 어느 집안에나 가문의 이단아는 있기 마련이다.

산타 마리아 델라 콘체지오네 성당은 본래의 이름보다 '해골 성당'이라는 으스스한 애칭으로 더 잘 알려져 있다. 지하로 내려가면 카푸치니 수도사들이 죽은 동료들의 해골과 뼈를 재료로 삼아 장식해 놓은 예배당(오사리오 Osario)을 볼 수 있다. 4백여 구의 유골들이 알록달록한 문양을 이루며 촘촘히 붙어 있는 예배당의 천장과 벽면을 바라보고 있노라면 섬뜩하기도 한 반면 좀처럼 고민하지 않았던 죽음이라는 것에 대해 그리고 그 이후에 벌어질 일들에 대해 성찰하는 계기가 되기도 한다. 옷장 한구석에 처박아 둔 채 철이 지나 버린 옷만큼이나 까맣게 잊고 살아가는 그 순간을 기억하라는 간곡한 권유인 셈이다. 철이 다 지나기 전 어서 그 옷을 꺼내 입어 보라고 일러 주기

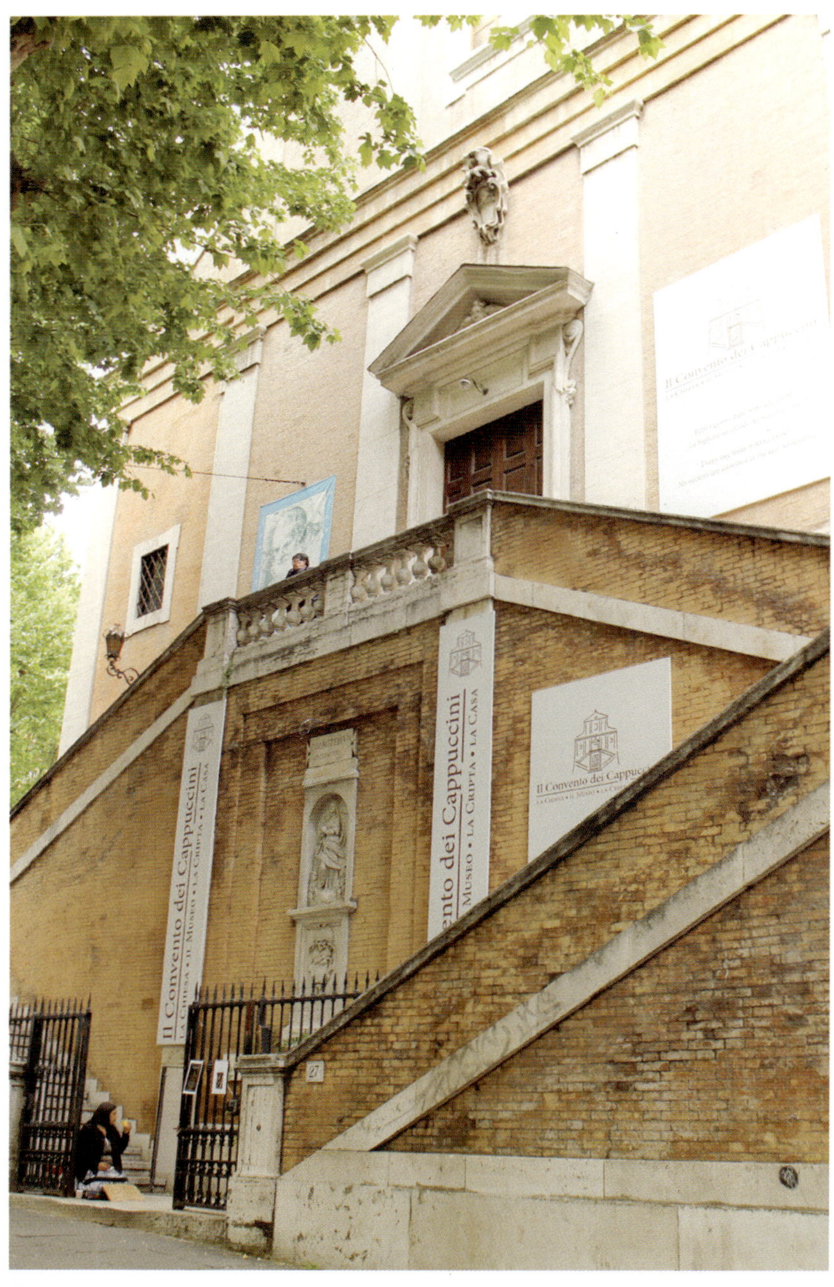

✝ 오사리오(해골 예배당)가 있는 산타 마리아 델라 콘체지오네 성당

라도 하듯 성당을 나오는 길목에는 다음과 같은 글귀가 붙어 있다.

"당신의 현재 모습은 우리의 과거였으며, 우리의 현재 모습은 당신의 미래이다."

교황이든 수도사이든 누구든지 간에 우리 모두는 결국 앙상한 뼈와 해골로 남아 누군가의 마음 한구석을 장식하게 될 것이다.

3.

베네토 거리의 언덕길을 다 내려오면 바르베리니 광장piazza Barberini이 펼쳐져 있고 광장으로부터 뻗어 올라가는 네 개의 분수 길Via delle Quattro Fontane에는 바르베리니 궁Palazzo Barberini이 자리 잡고 있다. 2차 대전 이후 이탈리아 정부에서 매입한 바르베리니 궁은 현재 회화 작품들을 모아 놓은 고대 미술관Galleria dell'Arte Antica으로 사용되고 있다.

바르베리니 광장은 바르베리니 가문의 안뜰과도 같은 곳이었다. 광장 한구석에는 지금도 바르베리니 가문의 문장인 벌들이 새겨진 「벌들의 분수Fontana delle Api」가 있다. 교황 우르바노 8세가 보수하기 전까지만 해도 바르베리니 광장은 여기저기 쌓인 짚더미들 사이로 양들이 어슬렁거리며 풀을 뜯어먹던 곳이었다. 그런가 하면 로마 시내 외곽에서 발견된 연고를 알 수 없는 시신들을 가득 실은 수레가 출발하는 곳이기도 했다. 수레에 실려 온 가련한 시신들은 명복을 빌어 줄 친지를 찾을 수 있을지도 모른다는 한 가닥 희망과 더불어 바르베리니 광장을 출발해 로마 시내를 한 바퀴 돌았다고 한다.

가축들의 배설물과 썩어 가는 시체들로부터 풍겨 나오는 고약한 냄새로 인해

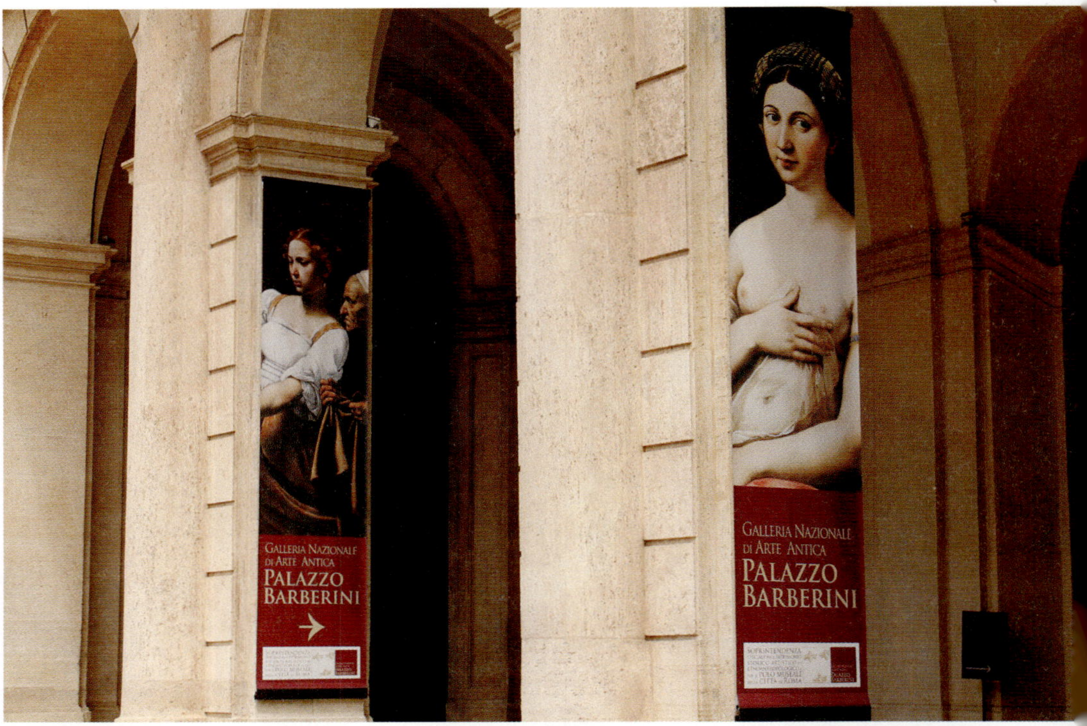

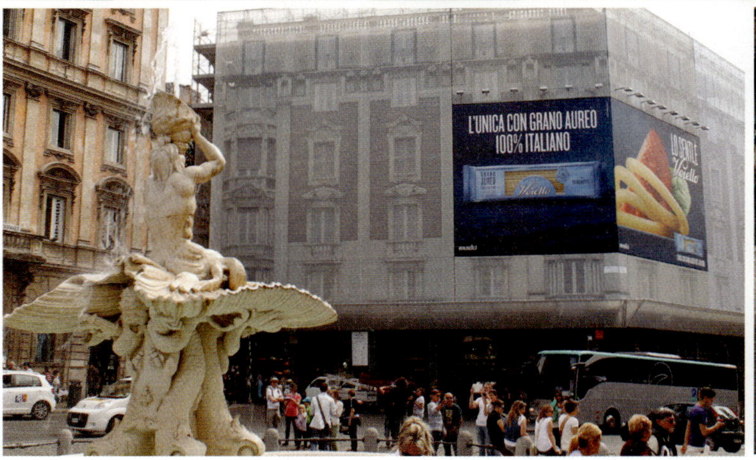

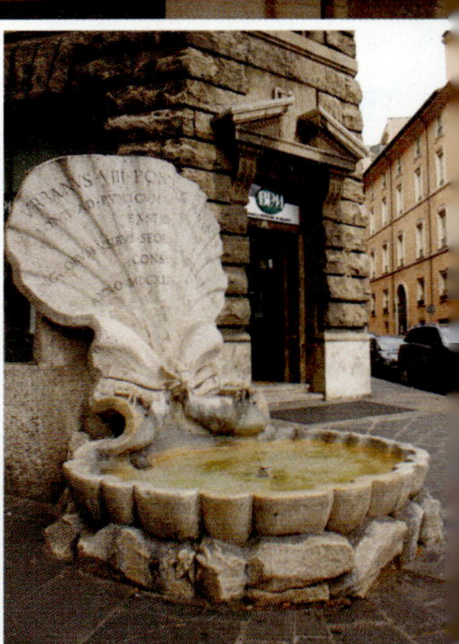

† 바르베리니 궁 내부 고미술관. 카라바조의 「홀로페르네스의 목을 베는 유딧」과 라파엘로의 「라 포르나리나」 현수막이 입구에 걸려 있다.

‡ 바르베리니 광장(하단 좌)과 광장 안에 있는 「벌들의 분수」(하단 우)

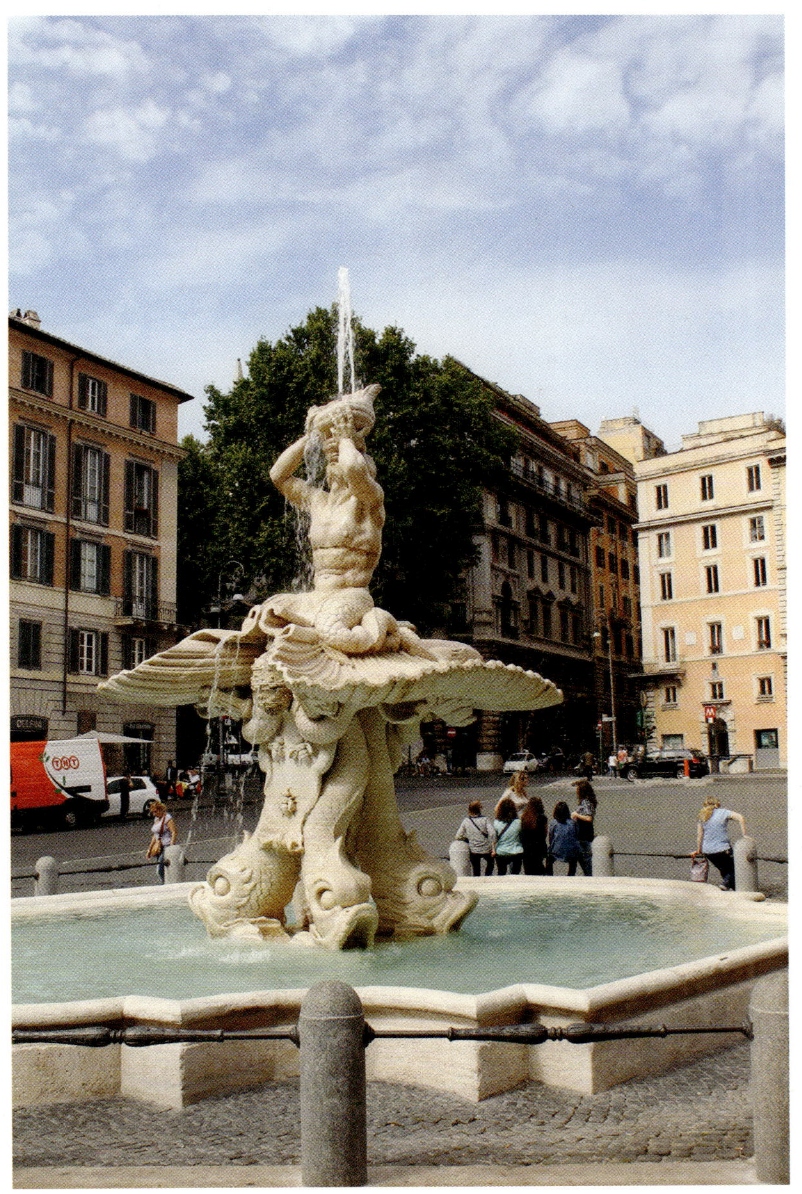

베르니니의 「트리톤 분수」

코를 틀어막아야만 했던 광장 한편으로는 바르베리니 저택을 향해 들어가는 길목을 향해 굳게 닫힌 아치형의 문이 있었다. 악취가 진동하는 광장과 호사스러운 집 단장에 한창이었던 바르베리니 궁 사이 천국과 지옥을 가로지르는 문처럼 우뚝 서 있던 커다란 문을 비하하는 의미로 사람들은 '문짝portonaccio'이라는 이름을 붙였고 천국을 향해 들어가는 문짝 안쪽으로는 베르니니가 귀족들을 위해 건립한 극장이 있었다. '바르베리니 극장'이라 불리던 2천 석 규모로 이루어진 천국의 극장에서는 1873년까지 공연이 계속되었다.

바르베리니 궁의 보수 공사가 거의 마무리된 1642년, 교황 우르바노 8세는 베르니니에게 바르베리니 광장을 정비하고 분수를 만들 것을 분부한다. 광장 중앙에 바다의 버금 신을 주제로 만들어진 「트리톤의 분수Fontana del Tritone」는 네 마리 돌고래들이 입으로 물을 내뿜으며 떠받치고 있는 조개껍데기 위로 트리톤이 무릎을 꿇고 늠름한 모습으로 앉아 고동을 불고 있는 형상으로, 베르니니가 만든 분수 중에서도 백미로 꼽힌다. 신화에 따르면 포세이돈의 명을 받드는 트리톤은 풍랑을 일으키기 위해 혹은 바다를 잔잔하게 하기 위해 고동을 불었다 한다. 한편으로는 하루가 멀다 하고 시체를 가득 실은 수레가 들락날락하고 다른 한편으로는 재미난 연극을 보며 배꼽을 잡는 귀부인과 신사들이 오락가락하던 기상천외한 곳이었음을 아는지 모르는지 바르베리니 광장 한가운데 꿇어앉은 트리톤은 오늘도 힘차게 고동을 불고 있다.

교황 우르바노 8세는 바르베리니 광장 부근에 가문의 저택을 마련하고 치장하는 작업에 매진했다. 바르베리니 궁Palazzo Barberini은 본래 레오나르도

다 빈치를 불러들였던 밀라노 유수의 가문 '스포르자' 소유의 저택이었다. 재정난을 겪고 있던 스포르자 가문에서 1625년 바르베리니 가문의 마페오 Maffeo라는 사람에게 저택을 팔아넘겼는데 그가 바로 교황 우르바노 8세였다. 주택을 사 들인 우르바노 8세는 건물을 뜯어 고쳐 스포르자 가문의 흔적을 지워 내는 한편 피에트로 다 코르토나Pietro da Cortona라는 화가를 불러 천장화를 그려 내부를 장식하도록 했다. 그의 「신성함의 승리Il Trionfo della Divina」라는 제목의 천장화는 감히 올려다보기가 어질어질할 정도로 화려함의 극치를 뽐내는 바로크 천장화의 대표작이다.

성 베드로 성당의 건축 감독을 맡고 있던 마데르노 역시 우르바노 8세의 지시에 따라 바르베리니 궁을 보수하는 작업을 겸임하게 되었고 똘똘한 석공이었던 보로미니를 조수로 삼아 저택의 여러 부분들을 고쳐 나갔다. 마데르노가 세상을 떠나고 베르니니가 새로운 감독으로 부임한 뒤로도 보로미니는 바르베리니 궁의 보수 작업에 계속 합류했다. 바르베리니 궁은 두 남자가 협동이라는 미덕을 함께 나눈 유일한 장소였다. 두 남자가 바르베리니 궁에서 함께 일했던 그 시절 우아하면서도 아찔한 아름다움을 지닌 두 개의 계단, 베르니니의 계단과 보로미니의 계단이 탄생했다. 등이 깊이 파인 드레스 차림의 여인이 하이힐을 신고 고혹적인 발걸음으로 내려오는 장면이 절로 연상되는 두 개의 계단은 빙글빙글 소용돌이치며 더 높은 곳을 향해 솟구치고 있다.

그들이 만들어 낸 계단처럼 두 남자에게도 곧이어 운명의 소용돌이가 휘몰아치게 될 것임을, 이후로는 꼭 잡았던 서로의 손을 놓고 각자의 상공을 향해 날아오르게 될 것임을 달콤했던 그 시절, 베르니니와 보로미니는 까맣게 몰랐을 것이다.

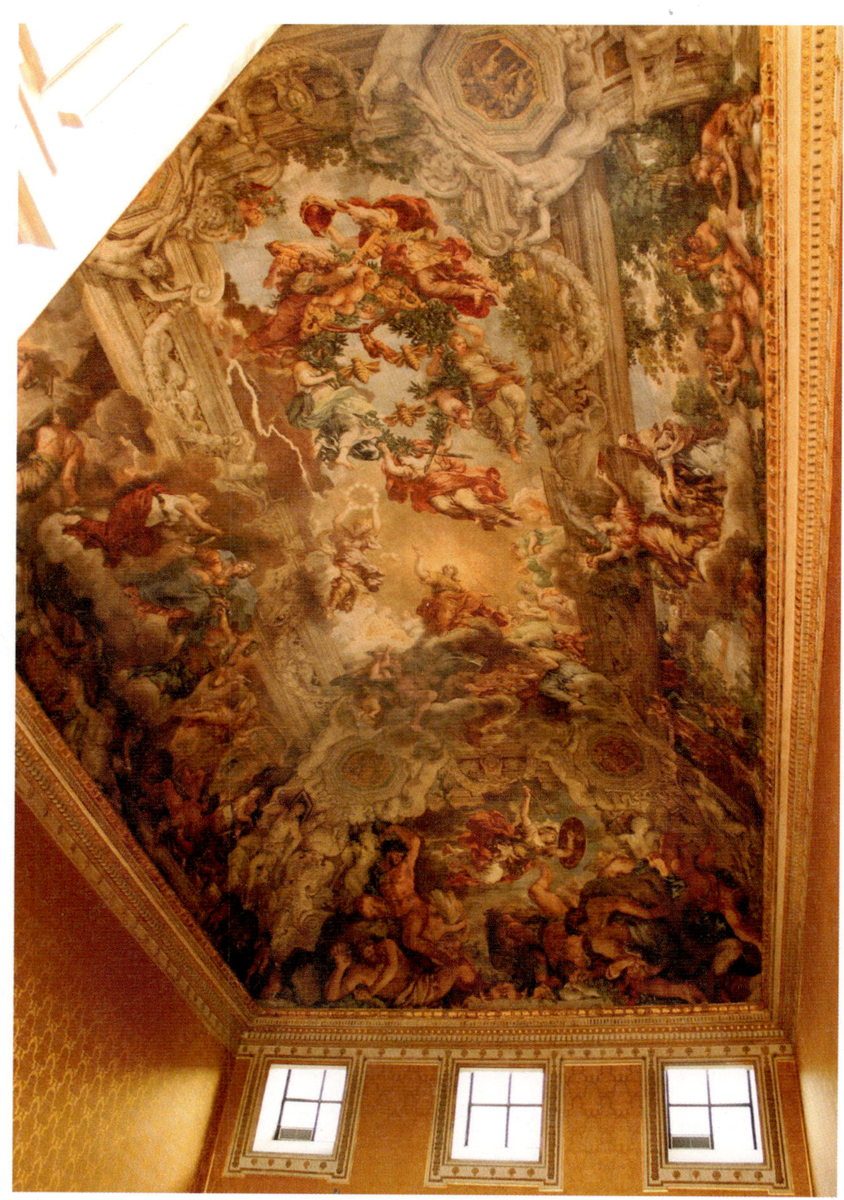

† 피에트로 다 코르토나의 「신성함의 승리」. 바르베리니 궁 천장화

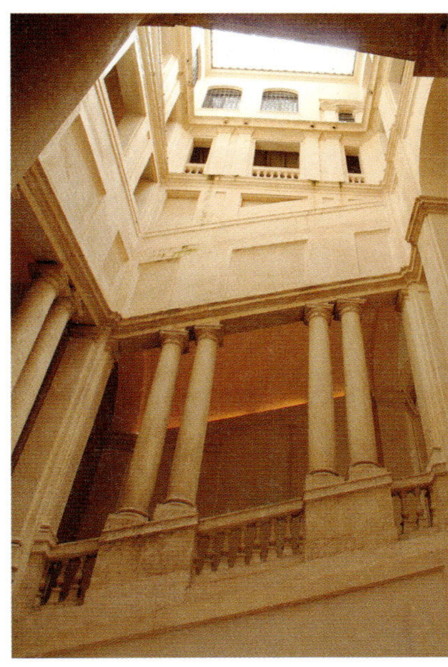

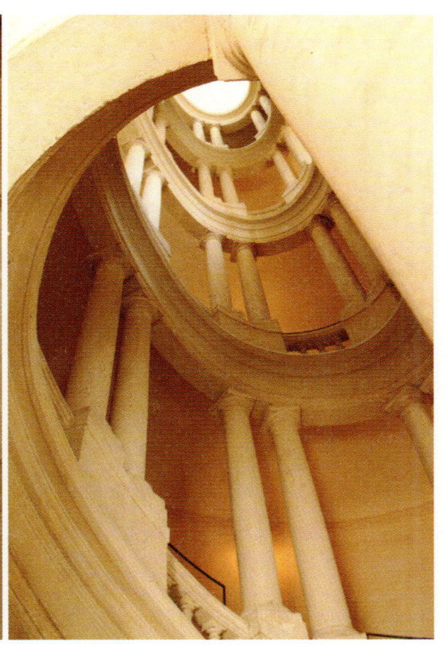

ǂ 바르베리니 궁의 베르니니의 계단(좌)
∫∫ 바르베리니 궁의 보로미니의 계단

4.

성 베드로 성당 안에 들어온 사람들의 발길은 대부분 한곳으로 향하기 마련이다.

어두컴컴한 성당 한가운데 베드로의 유골 위로 하늘 높은 줄 모르고 용솟음치는 「발다키노」, 높이 11미터의 기둥들이 떠받들고 있는 청동 거인의 웅대한 모습에 압도되어 발걸음은 자신도 모르는 사이 저절로 발다키노를 향해 다가가게 된다.

발다키노Baldacchino라는 말은 뜻밖의 어원으로부터 비롯되었다. 발다키노는 본래 왕이나 귀족들의 침대 위를 치장하기 위해 만들어진, 천으로 덮인 지붕을 말한다. 지체 높은 양반들이 외출을 나갈 때면 그늘을 드리우기 위해 차양처럼 사용하기도 했다. 발다키노는 현재 이라크의 수도인 바그다드에서 나온 말로 과거 바빌론 왕국 시절에는 바그닥Bagdac이라 불리던 곳이었다. 바그닥은 아름다운 실크를 만들어 내기로 유명한 곳이었고 발다키노를 덮는 천들은 주로 바그닥에서 수입해 온 실크로 만들어졌다. 건축에 있어서 발다키노는 성스러운 물건이나 장소를 표시하고 장식하기 위한 용도로 만들어진 구조물을 뜻한다.

1624년 우르바노 8세는 베르니니에게 베드로의 무덤 위를 장식할 발다키노를 만들 것을 의뢰했고 베르니니는 일찍이 볼 수 없었던 세상에서 가장 크고 화려한 작품을 만들어 내리라 마음먹었다. 「발다키노」가 만들어지기 전까지만 해도 베르니니는 그처럼 대규모의 구조물을 만드는 작업에 손을 댄 일이 없었다. 일련의 조각 작품들과 바르베리니 궁의 보수 등 수많은 일들을 도맡아 해 왔지만 그중 어느 것도 발다키노의 어마어마한 규모에는 미치지 못했다. 더군다나 까다롭기로 소문이 자자했던 청동이라는 재료로 초대형 발다키노를 만든다는 것은 베르니니뿐 아니라 그 누구에게 보여 주어도 고개를 절레절레 흔들만한 불가능에 가까운 디자인이었다.

꽈배기처럼 몸을 비비 꼬며 「발다키노」의 지붕을 떠받들고 있는 거대한 네 개의 청동 기둥들을 멀리서 바라보고 있노라면 신의 벌을 받아 하늘을 떠받치고 있었다는 아틀란스의 거인이 떠오른다. 각각 세 덩어리로 나뉘어 주조

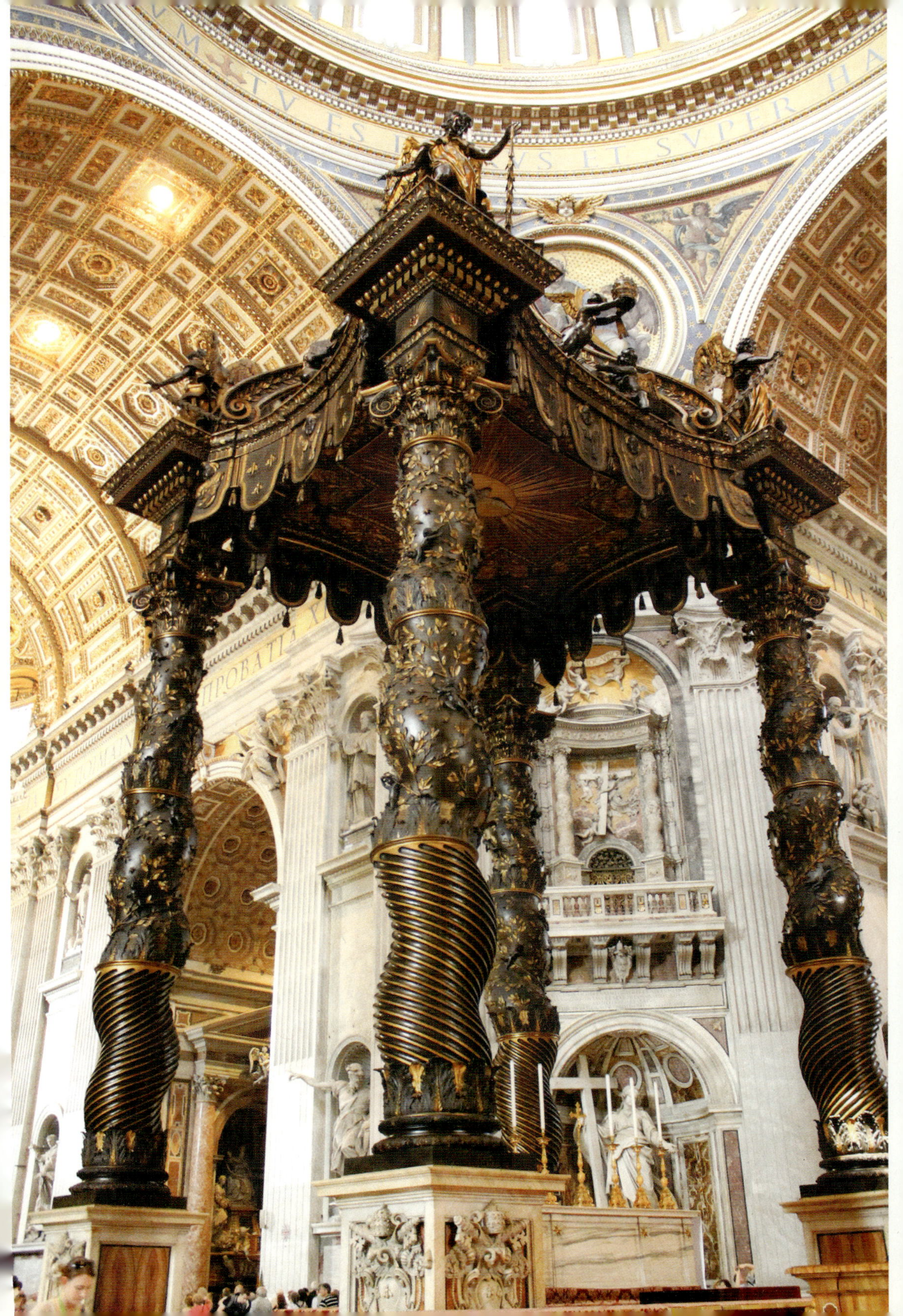

된 청동 기둥들을 접합해 하나의 완벽한 기둥을 만들어 냈다는 사실만으로도 충분히 경이로운데 가까이 다가가 살펴보면 동식물들을 모티브로 삼아 금박을 입혀 놓은 섬세한 장식들을 보고 다시 한 번 놀라게 된다. 시를 사랑했던 우르바노 8세를 위해 베르니니는 월계수의 잎사귀와 줄기를 이용해 「발다키노」를 장식했으며 곳곳에 바르베리니 가문을 상징하는 벌들을 새겨 넣는 것도 잊지 않았다.

9년 동안이나 이어진 기나긴 작업 끝에 1633년, 마침내 「발다키노」의 탄생을 알리는 성대한 예식이 거행되었고 보로미니는 스승 마데르노의 죽음 이후 수년 동안 함께 일해 왔던 베르니니로부터 홀연히 등을 돌리게 된다. 이별은 전혀 예기치 못했던 순간 갑작스럽게 그들을 찾아왔다. 보로미니가 베르니니로부터 등을 돌리게 된 이유를 단순히 금전적인 이유 때문이라 보는 이들도 있다. 둘 사이를 잘 알고 있었던 당시 지인들의 기록에 의하면 베르니니는 보로미니에게 과중할 정도로 많은 일들을 맡겼으며 일만 잘 마무리되면 섭섭지 않을 정도로 충분한 보상을 해 주겠노라 입버릇처럼 말했다고 한다. 그러나 몇 해에 걸쳐 진행된 작업의 대가로 보로미니가 받은 액수는 고작 25스쿠디로, 성 베드로 성당의 총 감독으로 있던 베르니니의 한 달 치 월급밖에는 되지 않는 금액이었다. 문헌에 따르면 「발다키노」 제작과 관련해 보로미니가 책임을 맡고 있었던 사항들은 「발다키노」 세부 장식의 모든 실물 크기 도면 작업 및 목수와 인부들을 동원한 구리 작업의 총괄이었으나 서류에 기록된 그의 직급은 베르니니의 '조수'였다.

보로미니가 베르니니로부터 영원히 등을 돌리게 된 진정한 이유는 비단 기대에 미치지 못했던 금전적인 보상 때문만은 아니었을 것이다. 보로미니가 진심으로 바랐던 것은 금전적인 보상에 앞서 수년간 기꺼이 베르니니의 오른팔이 되어 주었던 건축가이자 예술가로서의 명예였는지도 모른다. 어떤 이들에게는 육신의 고단함보다 자존심의 상처가 더 참기 힘든 법이다. 오늘날까지도 「발다키노」 하면 으레 베르니니 한 사람의 이름만이 거론되는 것은 안타까운 사실이 아닐 수 없다. 보이지 않는 곳에서 피땀을 흘려 가며 자신의 손과 발이 되어 준 수많은 사람들의 노고를 잊는다면 제 아무리 위대한 작품이라 할지라도 단지 피상적인 아름다움만을 전해 주는 데에 그치고 만다. 성 베드로 성당 한가운데 독불장군처럼 우뚝 서 있는 「발다키노」를 바라볼 때마다 영혼을 파고드는 숭고함을 느끼기에 앞서 바벨탑을 세워 신이 있는 곳까지 도달하려 했다던 인간들의 오만함이 먼저 느껴지는 것은 그 때문인지도 모른다.

한 사람에 대한 분노는 밤사이 내리는 눈과도 같다.

자신도 모르는 사이 서서히 쌓여 아침에 눈을 떠 보면 어느새 마음속을 온통 새하얗게 뒤덮고야 마는 것이다. 보로미니야말로 인류 역사상 가장 아름답고 오만한 발다키노를 만들어 낸 일등 공신이었다. 서류상의 직급만으로 따지자면 한낱 조수에 불과했다 할지라도 보르미니는 베르니니의 동료라 해도 손색이 없을 만큼 탄탄한 실력의 소유자였다. 그러나 제 아무리 천재적인 능력의 소유자라 해도 조수는 어디까지나 조수일 뿐이었다. 베르니니의 곁에 있는 한 보로미니는 언제까지나 2인자의 자리를 벗어날 수 없는 운명이었다.

누군가 말해 주지 않아도 새들은 스스로 날아오를 수 있을 때를 알아차리는 법이다. 보로미니 역시 이후로는 자신의 운명을 스스로 개척하기로 다짐한다. 더 이상 늦기 전에 그럭저럭 먹고살 만한 자리를 박차고 나가 거친 세상의 풍랑에 몸을 내맡겨 보기로 마음먹은 것이다. 누구나 한 번쯤 생각해 봄 직은 하나 감히 실행에 옮기지 못했던 보로미니의 선택이 과연 옳은 것이었는가는 조금 더 두고 보아야 할 것이다.

5.

기회는 생각보다 일찍 그리고 뜻하지 않게 찾아왔다.

베르니니와 함께 일했던 성 베드로 성당에서 마지막 급여를 받은 이듬해인 1634년의 일이었다. 바르베리니 궁 바로 뒤편, 「네 개의 분수들Quattro Fontane」로 장식된 사거리 길목에 위치한 좁은 부지에 성당과 수녀원을 짓고자 했던 맨발의 삼위일체 수도회Trinta degli Scalzi에서는 넉넉지 않은 수도회의 형편을 고려해 최소한의 경비로 쓸 만한 성당을 지어 줄 건축가를 찾고 있었다. 보로미니가 산 카를로San Carlo 성당의 건축을 담당할 수 있도록 수도회 측에 다리를 놓아 주었던 사람은 성당 부지 바로 뒤편에 살고 있었던 교황 우르바노 8세의 조카 프란체스코 바르베리니였다. 바르베리니 궁의 거주자였던 그는 보수 공사가 진행되는 동안 보로미니가 일하는 모습을 누구보다도 가까이에서 지켜보았던 장본인이었다.

빠듯한 예산을 맞추기 위해 자신이 받아야 할 몫까지 양보해 가며 심혈을 기울인 결과 보로미니는 네 개의 조악한 분수들 사이에 작지만 보석같이 빛나는 성당을 만들어 냈다. 산 카를로 성당은 작은 규모로 인해 본명보다는 산 카를리노San Carlino(작은 산 카를로)라는 애칭으로 불린다. 보로미니의 독특한 설계는 위대한 건축물이 크기와 아무런 상관관계를 맺지 않고서도 탄생할 수 있다는 사실을 증명해 준다. 지루한 직선들을 대신해 오목하고 볼록한 곡선들로 이루어진 성당의 정면은 비좁은 공간에도 아랑곳하지 않고 여유로움을 만끽하며 사뿐사뿐 춤을 추는 무희와도 같다. 어두운 성당 내부로 채광을 담뿍 끌어들이는 타원형의 돔 안에서는 복잡하기 그지없는 기하학적인 문양들이 오랜만에 만난 옛 친구들처럼 어깨를 마주하고 즐거이 노래 부르고 있다. 가장 작지만 가장 아름다운 산 카를리노 성당은 로마는 물론 다른 나라에서 일부러 찾아와 볼 정도로 명소가 되었을 뿐만 아니라 건축 도면을 구하고 싶다는 요청 또한 쇄도했다고 한다.

1643년 보로미니가 로마 대학이 있던 사피엔자Sapienza 지역에 설계한 산티보Sant' Ivo 성당은 그의 천재성이 일회성에 그치고 말 것이라는 일부의 우려를 잠재우기에 충분한 증거였다. 산 카를리노 성당의 돔에서보다 훨씬 더 복합적인 기하학을 바탕으로 만들어진 돔은 수수께끼를 불러일으킬 정도의 신비감으로 한층 더 충만해져 있다. 동시대의 다른 건축물에서는 좀처럼 볼 수 없었던 이질적인 요소들이 보로미니의 지휘봉에 맞추어 음악을 연주하는 오케스트라처럼 한데 어우러져 일반적인 상식을 훌쩍 뛰어넘는 독특한 건축물을 탄생시켰던 것이다.

밀라노에서 석공 일을 했던 보로미니는 로마에서는 보기 드문 고딕 양식의 밀라노 두오모 성당을 가까이에서 관찰할 수 있었을 것이다. 소년 시절부터

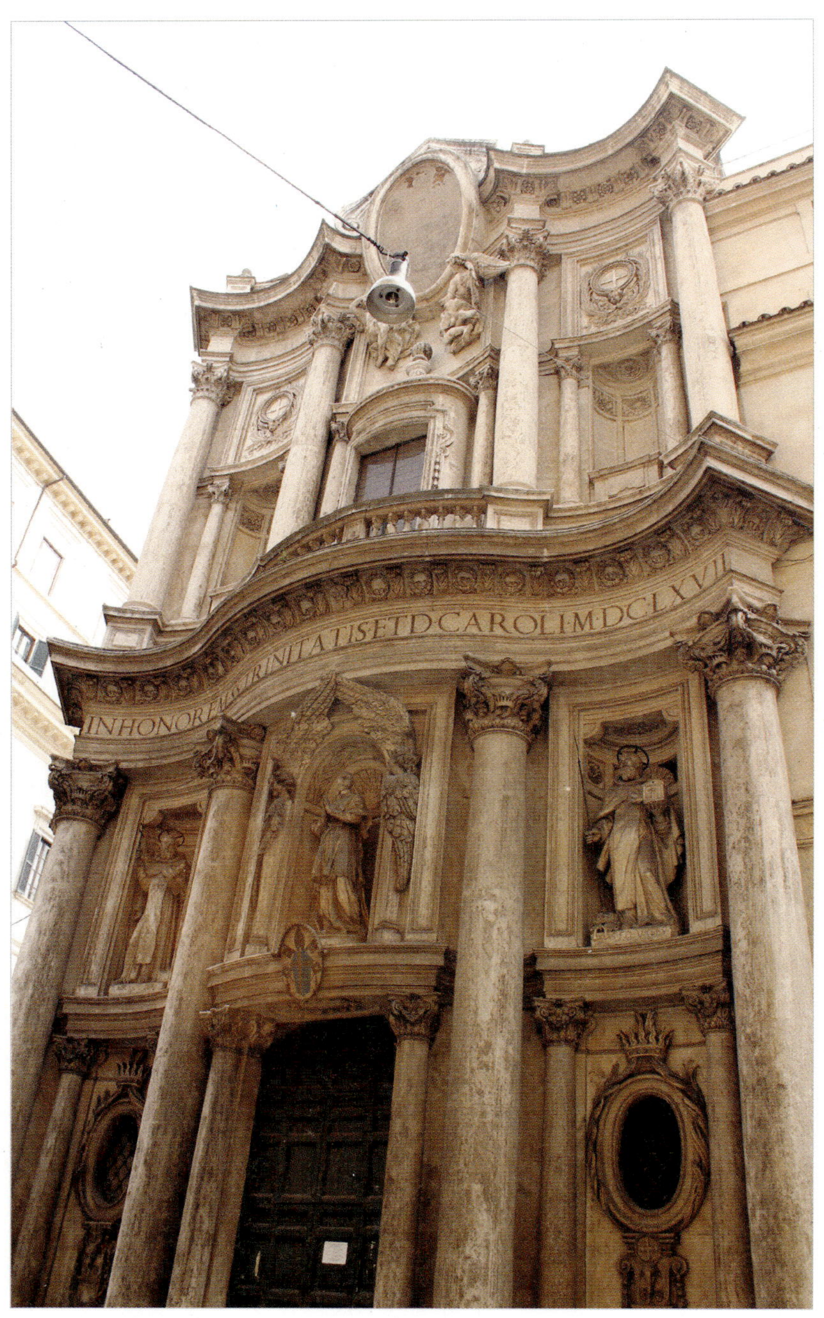

† 보로미니의 산 카를로 성당 정면

눈여겨보아 왔던 고딕에의 희미한 기억들은 독특한 요소들로 변모해 그의 작품 속에 자연스레 스며들었다. 로마에 살며 접하게 된 고대의 유적들, 스승 마데르노와 함께 했던 성 베드로 성당에서의 경험, 베르니니와 함께 일하며 터득한 바로크 양식을 한데 끌어모은 보로미니는 그만의 언어로 어디에서도 볼 수 없었던 독특한 양식의 건축물들을 만들어 냈다. 그 모든 것에 더해 오랜 세월 현장에서 직접 몸으로 부딪혀 가며 얻은 귀중한 실무 경험들은 보로미니만이 지닌 강력한 무기였다. 어린 시절부터 공사장에서 거친 석공 일을 하며 잔뼈가 굵은 보로미니는 석공이면 석공, 목공이면 목공, 주물이면 주물 등 현장에서의 실무에 대해서라면 모르는 게 없을 정도였다고 한다. 그는 자신의 작품을 상상이 아닌 현실로 구현하는 방법이 무엇인가를 제대로 알고 있었던 몇 안 되는 건축가 중 하나였다.

그림이나 조각을 감상하며 살얼음 녹듯 녹아들었던 마음은 대부분 건축에 이르러 한겨울의 빙판처럼 또다시 꽁꽁 얼어붙고야 만다. 도대체 건축물 속에도 작품 속에 녹아 들어가 있다는 예술가의 혼이 깃들어 있기는 한 것일까.

✝ 산 카를로 성당 내부에서 본 보로미니의 돔

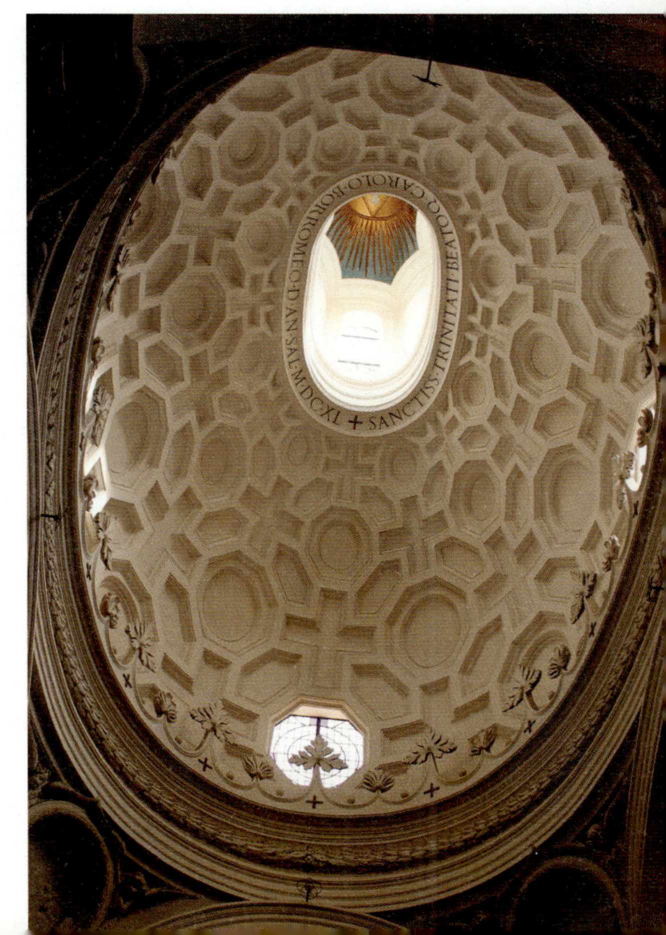

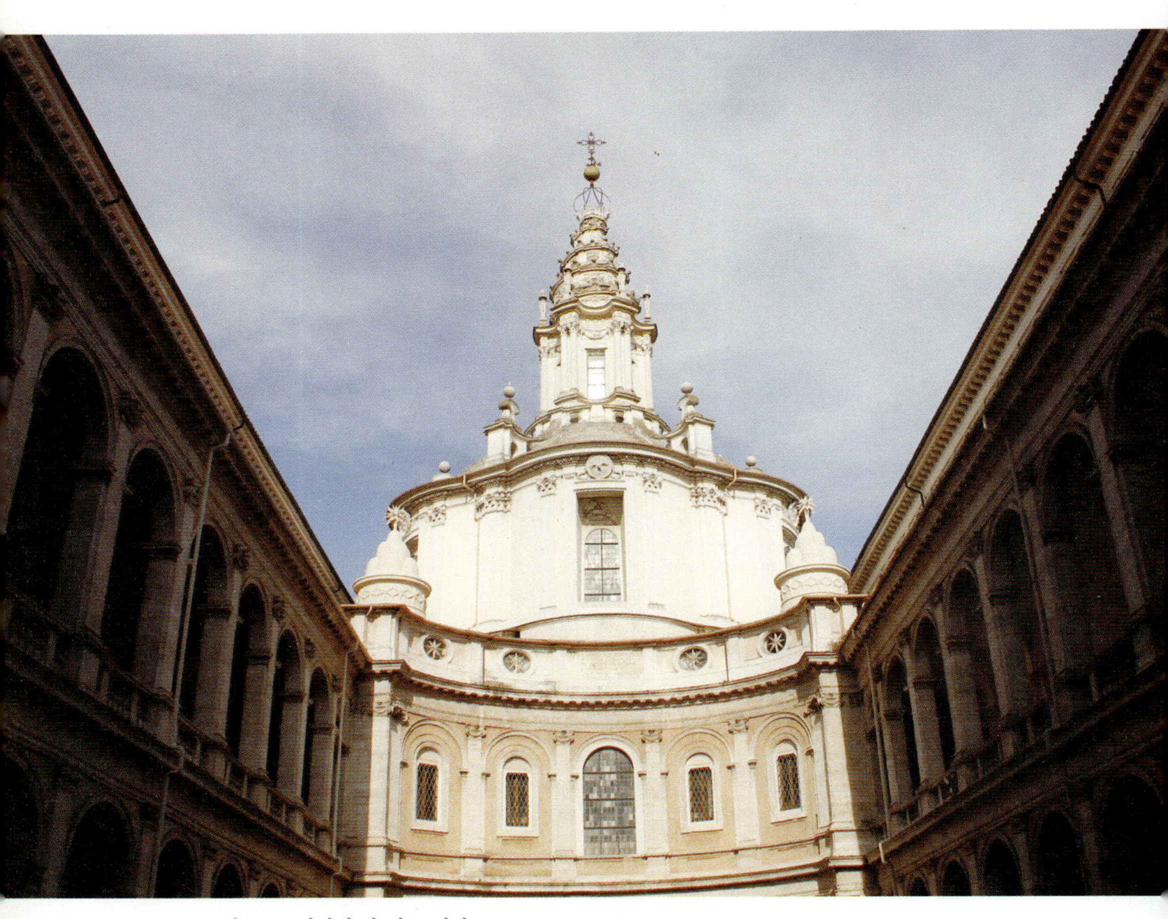

† 보로미니의 산 티보 성당

하지만 의외의 요소들이 한데 어울려 묘한 어울림을 만들어 내는 보로미니의 작품을 감상하고 있노라면 건축물 속에도 한 사람의 철학과 인생이 그대로 녹아들 수 있음을 새삼 실감하게 된다. 그의 건축물들은 짙은 양복 차림으로 바쁘게 걸어가는 수많은 직장인들의 틈바구니 속에서 반듯한 정장 차림에 산뜻한 운동화를 신은 멋쟁이 신사와 우연히 마주쳤을 때와 같은 짜릿한 쾌감을 불러일으킨다. 온갖 산전수전을 겪으면서도 본연의 우아함을 잃지 않고 꼿꼿한 자태로 서 있는 귀부인처럼 온갖 위험천만한 요소들의 결합에도 불구하고 품위를 지키는 법에 대해 잘 알고 있는 것이다. 위대한 지휘자가 만들어 내는 오케스트라의 화음이 듣는 이들의 심금을 울리는 것과 마찬가지로 한 사람의 위대한 건축가가 영혼으로부터 빚어 낸 건물 역시 보는 이들에게 감흥을 주기에 부족함이 전혀 없다.

6.

보로미니가 승승장구하고 있을 무렵, 베르니니에게는 건축가로서 최대의 위기가 닥쳐왔다. 마데르노가 제시했던 성 베드로 성당 종탑의 미적지근한 디자인이 탐탁지 않았던 우르바노 8세는 총애하는 베르니니에게 바로크 시대에 어울릴만한 새로운 종탑의 설계를 의뢰했다. 바르베리니 가문의 문장인 벌들로 화려하게 수놓아진 30미터 높이의 초대형 종탑 설계안은 우르바노 8세를 만족시키기에 충분했으나 치명적인 오류를 지니고 있었다. 문제는 종탑이 들어서게 될 바티칸 지역의 지반이었다. 테베레 강에서 가까운 바티칸의 지반은 오래도록 지속되어 온 강의 범람으로 인해 약해질 대로 약해진 데

다가 종탑이 들어서기로 되어 있던 지점은 땅 밑으로 지하수가 흘러 특히나 지반이 약한 모래로 이루어진 곳이었다. 일찍이 마데르노를 비롯해 보로미니도 종탑 건축이 초래하게 될 돌이킬 수 없는 결과에 대해 심각하게 지적한 바 있었으나 우르바노 8세의 지지에 힘입은 베르니니는 무작정 종탑의 공사를 밀어붙였다.

종탑의 공사가 시작된 지 얼마 지나지 않아 멀쩡했던 성 베드로 성당 입구에 균열이 발생하기 시작했고, 시간이 갈수록 균열이 점점 심해지자 급작스런 균열의 원인이 무리한 종탑 공사 때문이라는 의견이 나오기 시작했다. 철저한 조사를 끝마친 성 베드로 성당 건축 위원회에서는 균열의 원인이 무리한 종탑 공사 때문이라는 최종적인 결론에 도달했고 종탑 건축이 시작된 지 3년만인 1642년 7월 28일자로 베르니니의 종탑 건설을 전면 중단한다는 결정을 내렸다. 천문학적인 액수에 달하는 금적전인 손실은 물론이거니와 건축가로서의 명성에 치명적인 상처를 입은 베르니니는 순식간에 나락으로 떨어져 버리고 말았다. 베르니니가 제시했던 종탑 설계의 문제점에 대해 누구보다 앞장서서 신랄하게 비판하고 나섰던 이는 다름 아닌 보로미니였다.

여전히 성 베드로 성당의 건축 감독이라는 직함을 맡고 있긴 했으나 베르니니의 명예는 이미 땅에 떨어질 대로 떨어진 뒤였다. 진흙탕에 빠져 허우적거리던 그에게 다가와 손을 내밀어 준 고마운 은인은 베르니니 최대의 무기이자 한동안 손을 놓고 있었던 조각이었다.

로마에 있는 산타 마리아 델라 빅토리아Santa Maria della Vittoria 성당 안에 가문의 예배당을 만들고자 했던 베네치아의 대주교 페데리코 코로나로

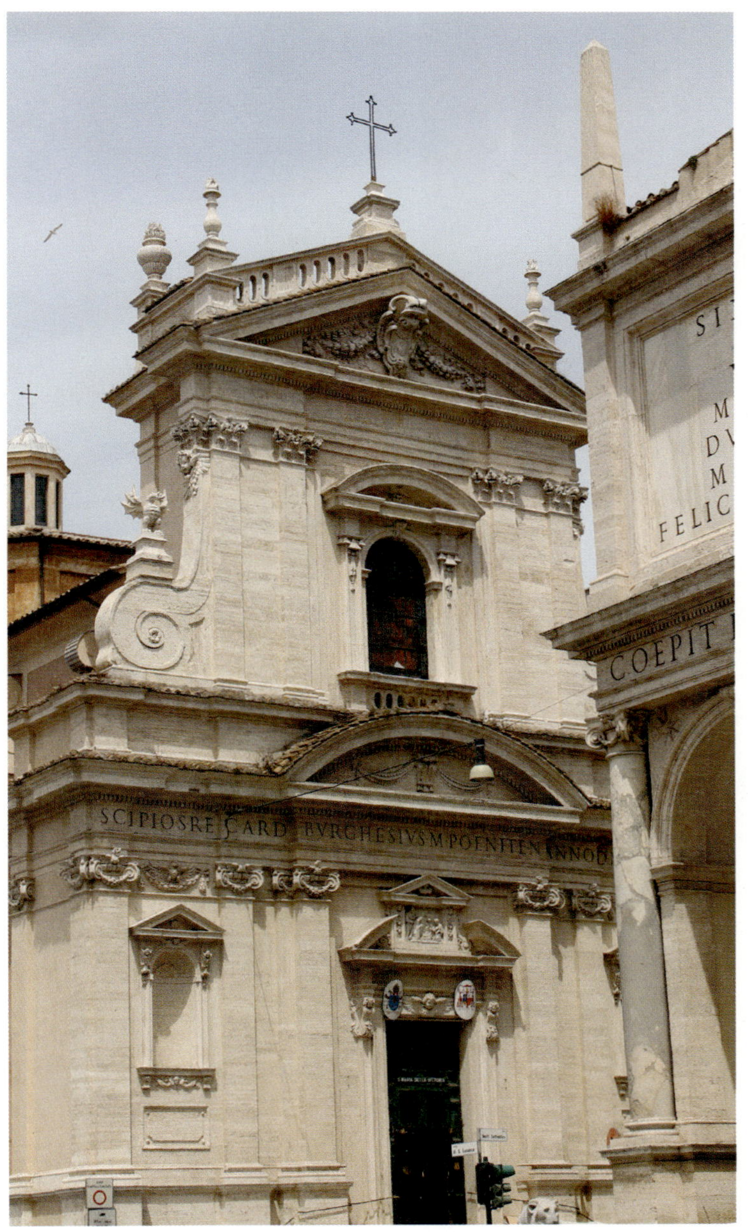

† 베르니니의 「성 테레사의 환희」가 있는 산타 마리아 델라 빅토리아 성당

Federico Coronaro 추기경이 베르니니에게 조각을 포함한 코로나로 예배당의 전체적인 장식을 의뢰한 것이다.

코로나로 예배당은 한 편의 연극이 상연되고 있는 소극장처럼 꾸며졌다. 무대 양옆으로 마련된 객석에서는 추기경과 그의 지인들이 둘러앉아 도란도란 이야기를 나누고 무대 한복판에서는 현란한 옷 주름으로 뒤덮인 구름 위에 살포시 내려앉은 테레사 성녀가 등장해 연기를 펼치고 있다. 베르니니의 「성 테레사의 환희 Santa Teresa」는 그의 작품들 중 가장 아름다운 동시에 가장 외설적인 작품으로 손꼽힌다. 테레사 성녀는 자서전을 통해 그녀가 경험했던 종교적인 황홀경에 대해 상세히 설명하고 있다. 육신을 입고 나타난 천사가 황금으로 만들어진 창으로 자신의 심장을 수차례 찔렀는데, 창이 몸에서 빠져나가는 순간 오장육부가 빠져나가는 것 같은 느낌과 함께 신에 대한 강렬한 사랑으로 온 몸이 불타올랐다고 한다. 고통과 동시에 육체를 사로잡는 희열이 어찌나 강렬했던지 끊임없이 터져 나오는 신음 소리를 도저히 참을 수 없었다고 그녀는 기록하고 있다.

작품을 바라보는 사람의 시각에 따라 다르겠지만 베르니니가 조각한 테레사 성녀의 황홀한 표정을 바라보며 비단 종교적인 감흥에만 사로잡힐 수 있는 성인군자가 과연 몇이나 될는지 상당히 의문스럽다. 엄청난 구설수와 동시에 화제를 불러일으켰던 「성 테레사의 환희」를 통해 베르니니는 녹슬지 않은 그의 실력을 다시 한 번 과시했고 종탑 설계를 통해 실추되었던 명예 또한 제자리로 되돌려놓을 수 있었다.

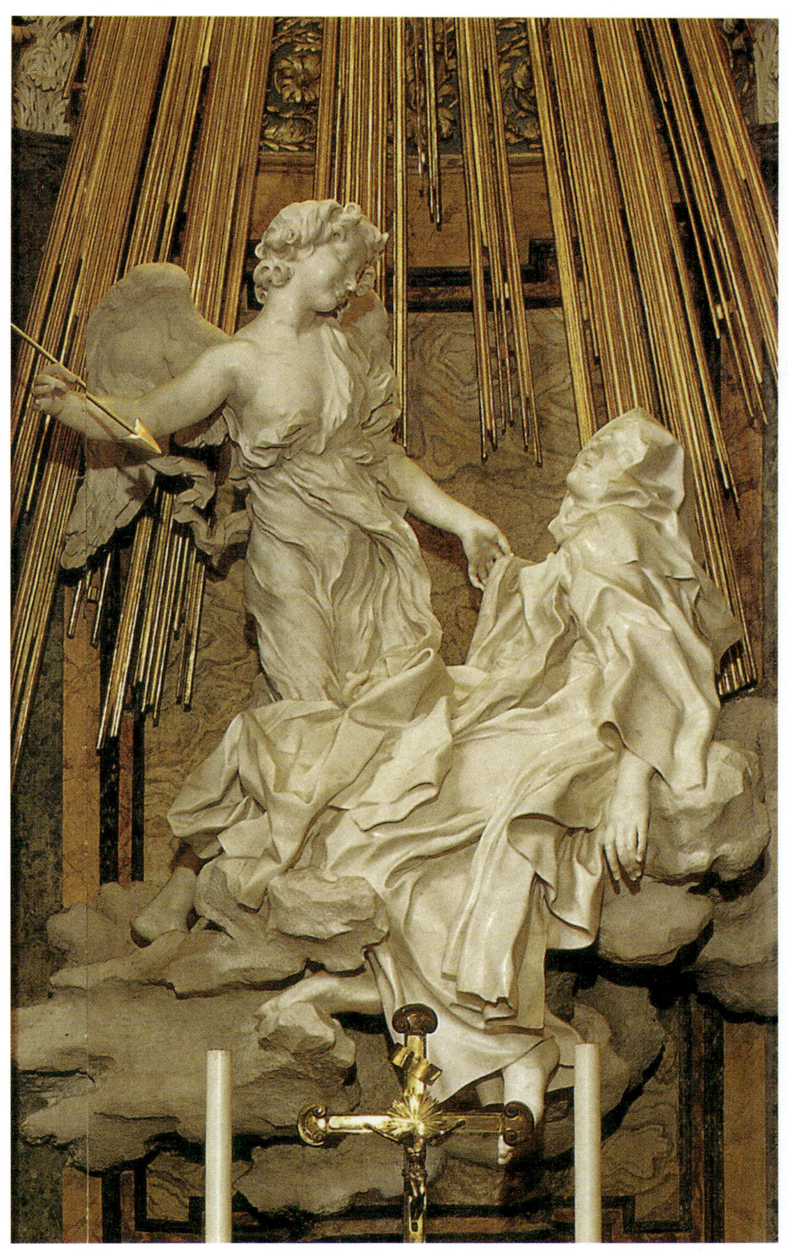

† 베르니니의 「성 테레사의 환희」

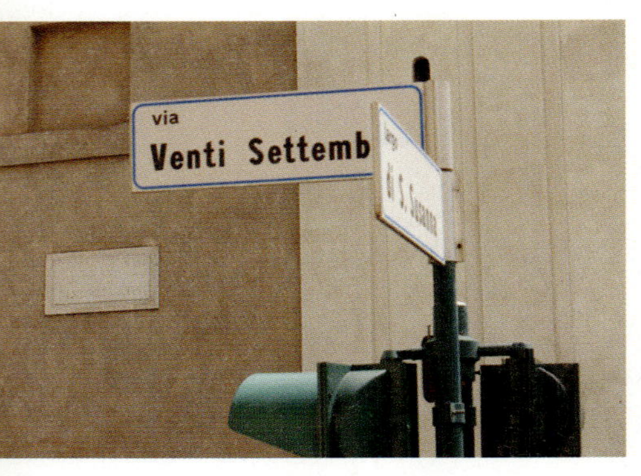

† 마데르노, 베르니니, 보로미니의 작품들을 한 눈에 볼 수 있는 9월 20일 길

7.

퀴리날레Quirinale 언덕을 향해 나 있는 9월 20일 길Via XX Settembre을 따라 걷다 보면 베르니니와 보로미니 그리고 마데르노의 작품들을 한눈에 볼 수 있다.

「모세의 분수Fontana di Mosè」에서 출발해 교황의 별장이었으나 현재 대통령 관저로 쓰이고 있는 퀴리날레 궁Palazzo Quirinale까지 내려가다 보면 가장 먼저 베르니니의 「성 테레사의 환희」를 볼 수 있는 산타 마리아 델라 빅토리아 성당이 있고 바로 아래 편에는 마데르노가 정면을 설계한 산타 수잔나Santa Susanna 성당이 있다. 조금 더 내려가 「네 개의 분수들」로 장식된 사거리에 이르면 보로미니의 작품인 산 카를로 성당이 나타난다.

세 사람의 여정은 거기서 끝이 아니다. 퀴리날레 궁에 거의 다다를 무렵 또 하나의 작은 성당이 모습을 드러낸다. 베르니니가 마지막으로 남긴 건축물로 알려진 퀴리날레의 성 안드레아Sant'Andrea al Quirinale 성당이다. 우연이었는지 필연이었는지 하필이면 보로미니의 산 카를로 성당 곁에 생애 마지막 성당을 짓게 된 베르니니는 그가 생전에 만들었던 작품들에 비해 턱없이 작고 초라한 성 안드레아 성당에 유독 강한 애착을 느꼈다. 이재에 밝다 못해 술수에마저 능했던 베르니니였지만 십 수 년에 걸쳐 진행된 성 안드레아 성당의 건축에 있어서만큼은 자신의 보수를 챙기지 않았다고 전해진다.

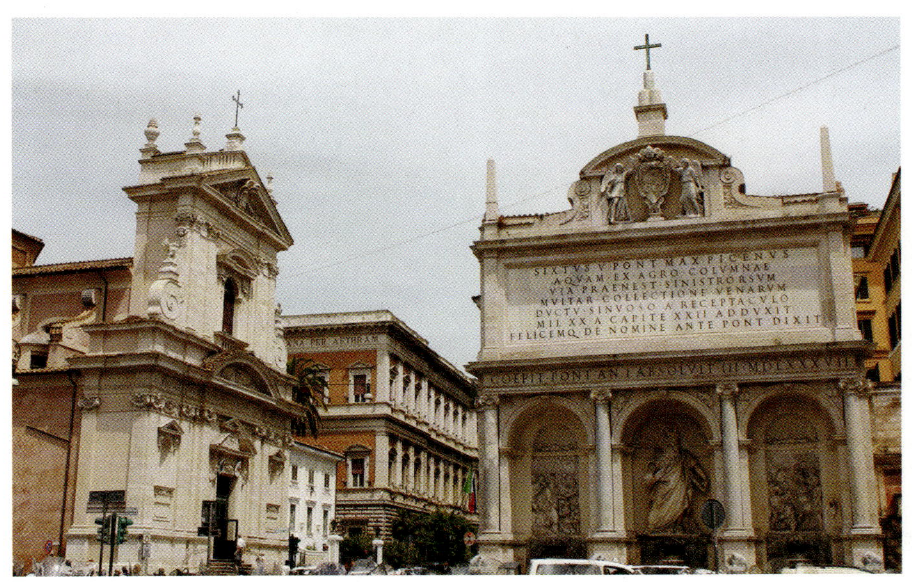

산타마리아 델라 빅토리아 성당과 모세의 분수(우)

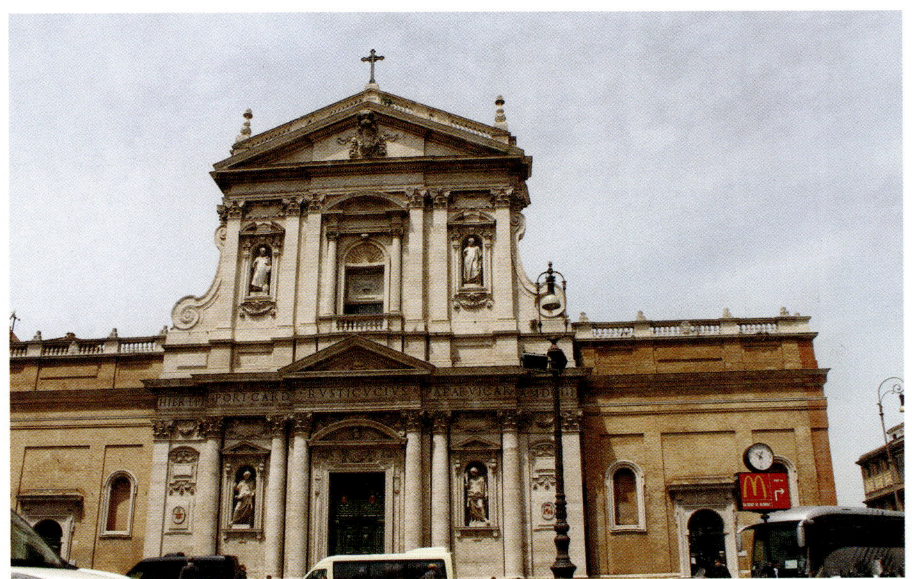

산타 수잔나 성당

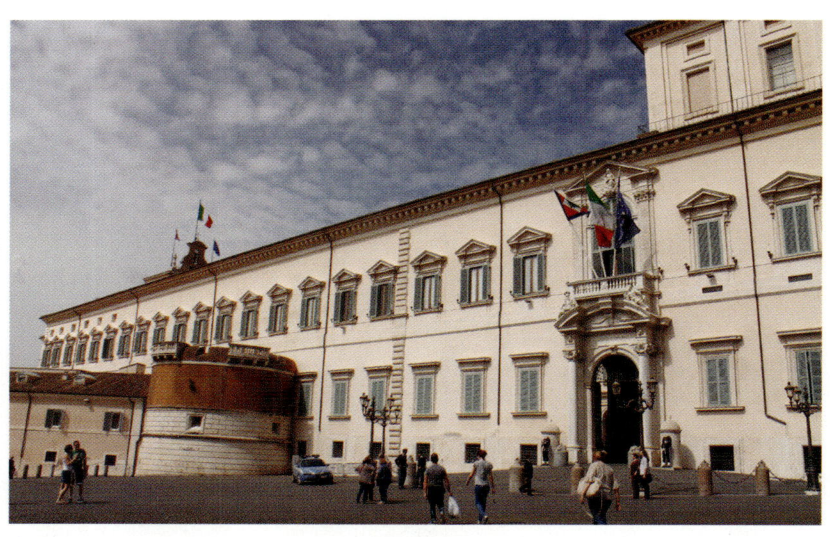

† 대통령 궁이 있는 퀴리날레Quirinale 궁과 광장

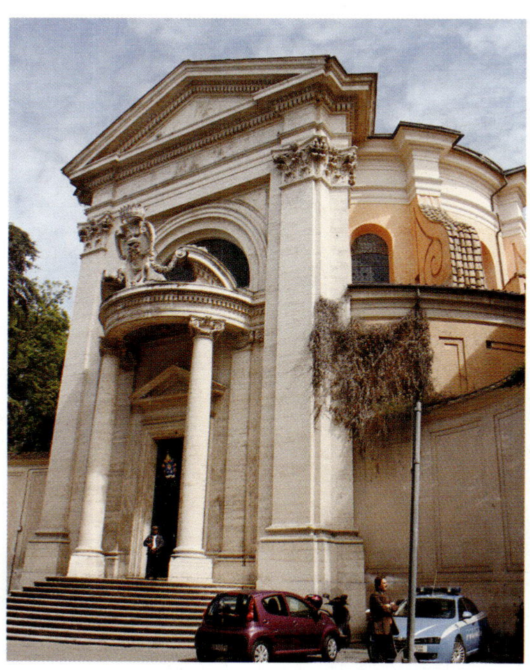

† 베르니니가 만든 퀴리날레의 성 안드레아 성당 외부

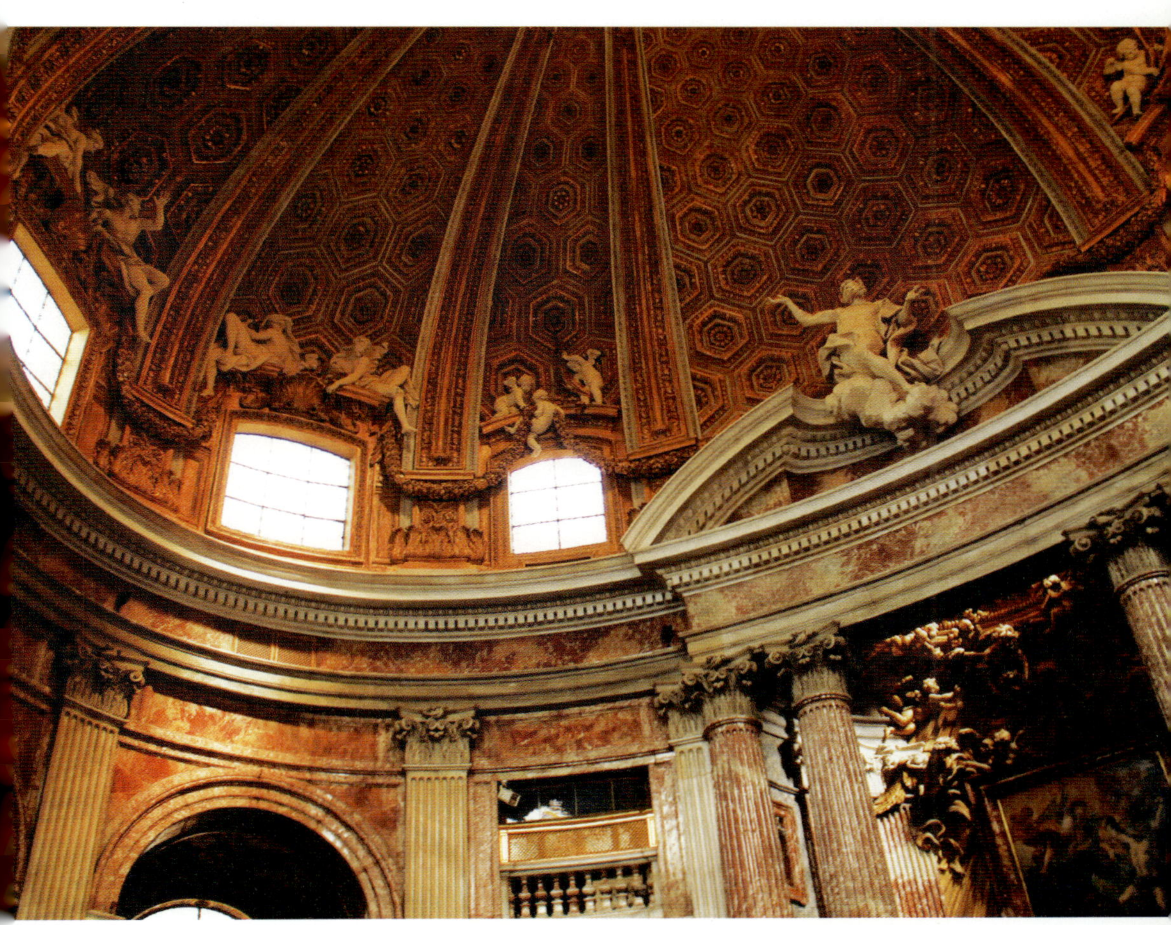

∫∫ 퀴리날레의 성 안드레아 성당 내부에서 본 베르니니의 돔

베르니니는 누구나 부러워할 만한 다복한 노년을 보냈다. 사랑하는 아내 카테리나와는 여전히 금실 좋은 부부로 지내고 있었으며 열한 명의 자녀들 중 아홉이 장성해 많은 손주들을 품에 안겨 주었다. 예순일곱이 되던 해에는 프랑스 국왕 루이 14세의 초청으로 루브르 궁전 건축에 대한 자문을 해 주기 위해 파리에 다녀오기도 했다. 비록 루브르 궁전 건축에 도움이 되지는 못했으나 베르니니는 나이가 믿기지 않을 정도로 날렵한 손놀림을 과시하며 루이 14세의 아름다운 흉상을 프랑스에 선물하고 돌아왔다. 알프스를 넘는 고된 여정에는 그의 아들 중 하나였던 도메니코가 동행했고 훗날 그는 자신의 아버지 베르니니의 전기를 집필하게 된다.

나이가 들어감에 따라 베르니니는 방탕했던 젊은 시절의 삶을 청산하고 신앙의 세계 속으로 점점 깊이 빠져들어 갔다. 성 안드레아 성당의 건축을 의뢰했던 예수회의 활동에 적극적으로 참여하며 열성적인 신앙인으로서의 삶을 살아가게 되었다. 노령의 육신을 이끌고 선뜻 나서기에는 열정보다 두려움이 앞섰던 파리행을 결심하게 된 계기도 그의 고해성사를 담당했던 예수회 신부의 충고 때문이었다. 베르니니의 마지막 건축물인 성 안드레아 성당이야말로 노년에 접어들어 새롭게 변화된 베르니니의 삶을 그대로 비추어 주는 거울과도 같은 작품이다.

8.

베르니니와 달리 보로미니의 말년은 결코 평탄치 않았다.

의뢰인들의 기분을 거슬리지 않는 범위 내에서 자신의 예술 세계를 추구

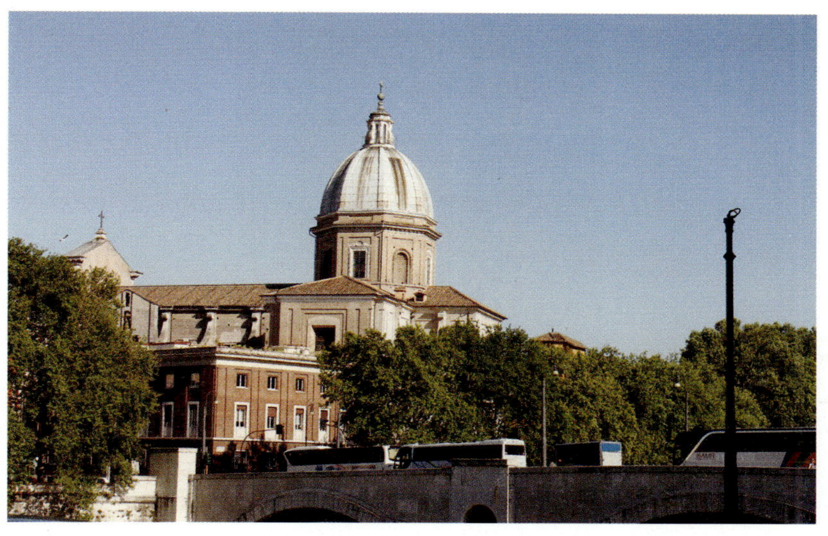

† 카를로 마데르노와 보로미니의 무덤이 있는 산 조반니 데이 피오렌티니 성당

하는 타고난 수완가였던 베르니니와 달리 보로미니는 미켈란젤로풍의 예술가들에게서 흔히 볼 수 있는 자신만의 아집으로 똘똘 뭉친 인물이었다. 예술가의 지독한 고집은 혼자만의 시간이 대부분인 회화나 조각에 있어서는 득이 되기도 하지만 여러 사람들과 부대끼며 오랜 시간 현장에서 함께 일을 해나가야만 하는 건축가에게 있어서는 치명적인 독이 되기도 한다. 베르니니가 타고난 활기와 재치로 의뢰인들에게 즐거움을 선사했다면 보로미니는 그와 정반대였다. 양보라고는 털끝만치도 모르는 지독한 완벽주의자였던 그는 일년 내내 하루도 빠짐없이 검은 옷만을 입고 다니며 주변 사람들에게 심각한 우울 바이러스를 퍼뜨리는 치명적인 인물이었다. 자신의 작품 세계를 고수하고자 끝까지 고집을 꺾지 않으려 했던 보로미니와 현실적인 면을 고려하려는 의뢰인들 사이에는 크고 작은 갈등이 끊이지 않았고 더 이상 재정적인

지원을 받지 못하게 된 보로미니의 작품들 중 상당수는 완성을 보지 못한 채 중도 하차로 끝나고 말았다. 오래 전부터 보로미니를 이해하고 지지해 왔던 몇 안 되는 지인들이 차례로 세상을 떠나면서 보로미니는 점점 더 외톨이가 되어 갔고 홀로 집 안에 틀어박혀 밖으로 나오지 않는 시간들이 차츰 더 늘어 갔다.

1667년 8월의 어느 무더운 여름 밤, 극심한 우울증에 시달리던 보로미니는 산더미처럼 쌓여 있는 책들과 여기저기 굴러다니는 건축 모형들로 발 디딜 틈도 없이 복잡한 방 안에서 날카로운 검으로 자신의 가슴을 찔렀다. 상처가 급소를 비켜 나가는 바람에 여명이 다가와서야 눈을 감은 그는 고해성사와 더불어 사랑하는 스승 마데르노의 곁에 자신을 묻어 줄 것을 당부했다. 산 조반니 데이 피오렌티니San Giovanni dei Fiorentini 성당에 마련된 카를로 마데르노의 묘소 곁에는 그의 유언대로 아무런 비문도 표식도 없이, 고단한 보로미니의 육신만이 곤히 잠들어 있다.

나보나 광장에서 마주치다

1.

오후 4시를 넘어서자 한가했던 광장 안이 붐비기 시작한다.

가게 문을 닫고 집으로 돌아가 느긋한 점심 식사를 즐기고 나온 상인들이 손님 맞을 채비를 한다. 저녁거리를 장만하기 위해 아이들의 손을 잡고 나온 아주머니들이 수다를 떠는 동안 아이들은 빵 부스러기를 주워 먹는 비둘기들을 쫓아 이리저리 뛰어다닌다. 낡은 의자 몇 개가 전부인 노천카페에서는 젊은 아가씨가 지그시 눈을 감고 앉아 늦은 오후의 햇살을 즐기고, 노인네들

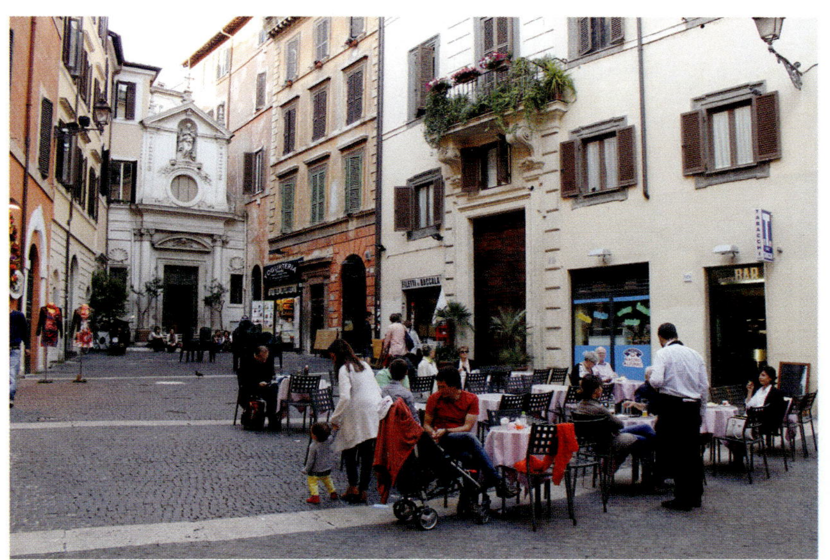

† 작은 동네 광장의 오후 풍경

은 씁쓸한 커피 한 잔을 앞에 두고 그래도 옛날이 좋았다며 달콤한 회상에 빠져든다. 풋사랑을 주체할 수 없는 새파란 연인들은 광장 한구석으로 숨어들어 밀회를 나누고, 산책을 나온 노부부는 함께할 나날들이 얼마 남지 않았음이 못내 아쉬운 듯 서로의 손을 꼭 붙잡고 느릿느릿 광장을 거닌다.

사람들의 목소리는 음악이 되고 움직임은 춤이 되어 광장 안에서는 하루도 빠짐없이 근사한 공연이 펼쳐진다. 광장을 마당 삼은 오래된 성당에서는 결혼식을 마치고 나온 부부가 깡통이 잔뜩 매달린 차에 올라 요란한 소리를 내며 출발하기도 하고 영원한 안식을 위해 먼 길을 떠나는 이의 장례 행렬을 배웅하는 격려의 박수 소리가 울려 퍼지기도 한다. 축제일이 되면 너 나 할 것 없이 우스꽝스러운 복장을 하고 광장으로 몰려나와 먹고 마시고 웃고 떠들며 늦도록 이어지는 축제의 즐거움을 한껏 만끽한다.

교실에서 책을 통해 지식을 습득한 아이들은 오후가 되면 광장으로 나와 살아가는 법에 대해 배운다. 재잘대고 깔깔대고 소리 지르고 울음을 터뜨리며 아이들은 학교에서 미처 배우지 못했던 것들을 광장 안에서 익혀 나간다. 기쁨을 나누고 슬픔을 위로하는 법, 나와 다른 사람들과 부대끼며 함께 살아나가는 법, 갓난아이 적 세례를 받았던 성당이 있는 광장에서 먼 훗날 사람들의 배웅 속에 자신의 관이 실려 나가게 될 것임을 겸허히 받아들이는 법.

첫 사랑을 만나고, 부부의 연을 맺고, 사랑하는 사람을 떠나보내는 광장은 물리적인 공간 그 이상의 존재이다. 우리가 그토록 연연해 하는 것은 어떤 장소가 아니라 그곳에 남겨진 사랑하는 사람들과의 추억인 것이다. 얄팍한 이득을 취하기 위해 소중한 추억이 깃든 공간을 다짜고짜 허물어 버리는 일을 자처하려는 파렴치한은 그리 많지 않기에 사람들이 남겨 두고 간 모래알 같은 추억들을 고스란히 주워 담으며 광장은 이제껏 살아남았다.

2.

네모반듯하거나 둥글 넙적한 여느 광장들과 달리 나보나 광장Piazza Navona은 좁고 기다란 모양의 광장이다. 가장자리가 둥글게 다듬어진 나보나 광장의 생김새는 로마에서 가장 늘씬한 미녀라 해도 손색이 없을 만큼 날렵하다. 나보나 광장은 로마의 광장들 중 가장 아늑한 곳이기도 하다. 광장 주위를 빙 그르르 둘러싸고 있는 건물들이 나보나 광장을 어린아이마냥 치마폭 안에 폭 감싸고 있기 때문이다.

† 나보나 광장 전경

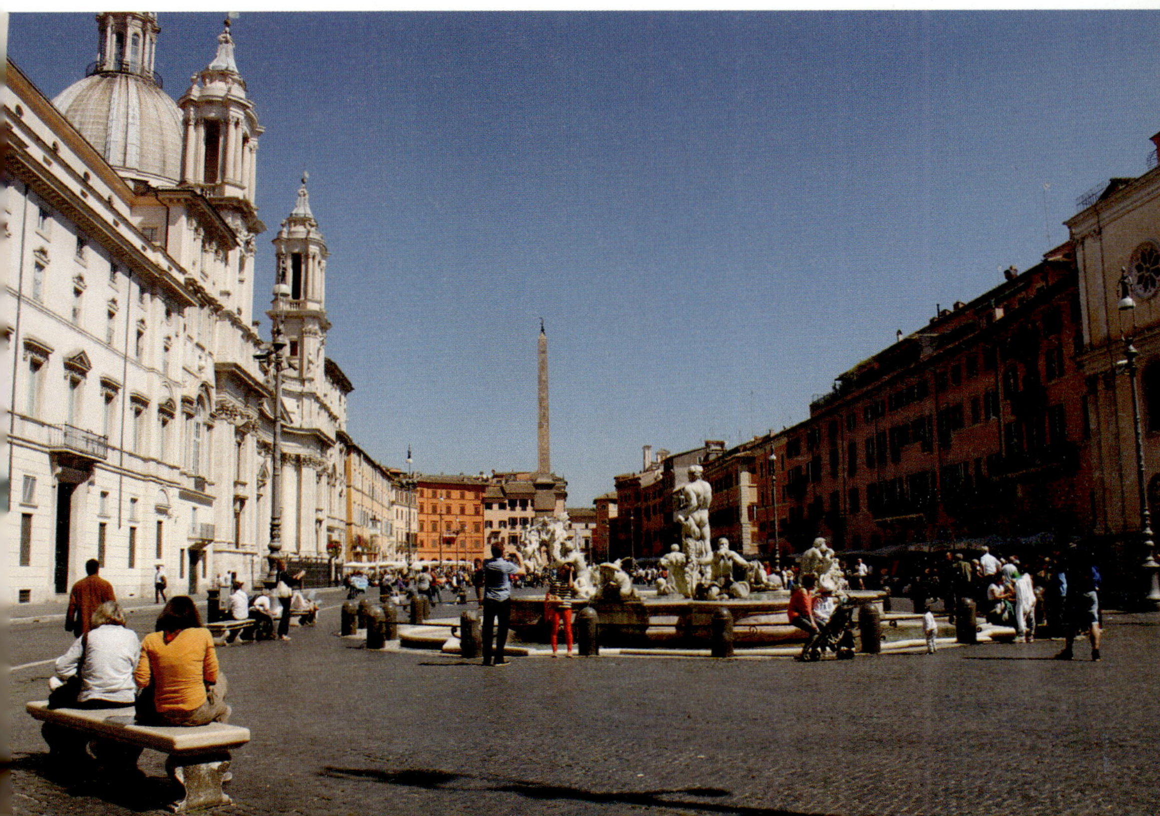

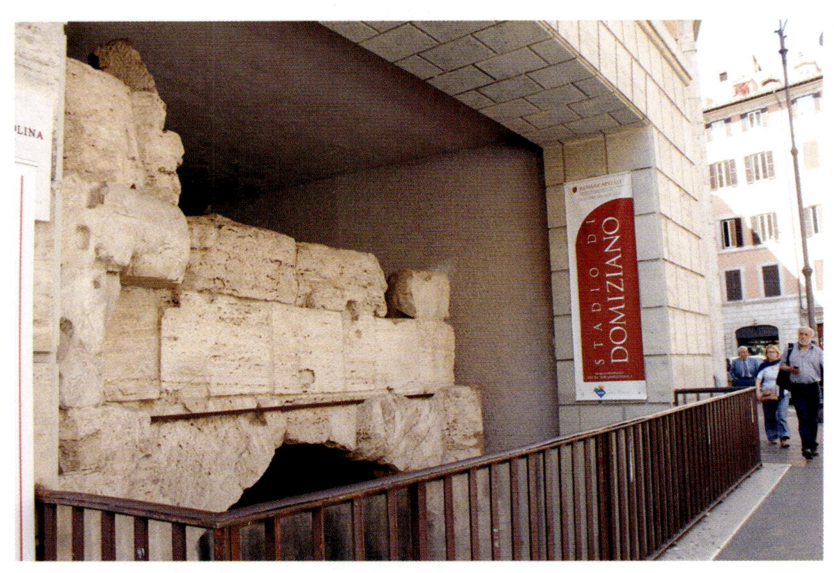

† 나보나 광장 옆 토르 상귀냐 광장에 있는 도미티아누스 황제 시대의 유적

육상 경기장의 트랙을 연상케 하는 나보나 광장은 본래 로마의 도미티아누스 황제 시대에 만들어진 경기장이었다. 로마의 황제들 중 드물게 그리스 운동 경기를 좋아했던 도미티아누스 황제는 서기 86년 '아고네agones'라는 그리스식 운동 경기를 개최하기 위해 경기장을 지었고 '아고네'라는 말이 전해져 내려오며 나보나Navona라 불리게 되었다. 광장 주위를 빙 둘러싼 건물들이 있는 자리에는 3만 명의 인원을 수용할 수 있는 계단식 관중석이 만들어져 있었다. 관중들은 아치형으로 만들어진 두 개의 출입구를 통해 경기장에 출입할 수 있었는데 나보나 광장 바로 옆 토르 상귀냐 광장Piazza Tor Sanguigna에는 지금도 로마 시대 경기장의 유적이 남아 있다.

로마가 멸망한 이후 각종 야채와 고기, 생필품들을 판매하는 시장이자 축

제일이면 퍼레이드가 펼쳐지기도 했던 나보나 광장이 본격적으로 재단장을 시작하게 된 계기는 1644년 팜필리Pamphilj 가문 출신의 한 추기경이 인노켄티우스 10세Innocenzo X라는 이름으로 교황의 자리에 즉위하게 되면서부터였다. 로마의 도리아 팜필리 미술관Galleria Doria Pamphilj에는 1650년 스페인의 화가 벨라스케스Velazquez가 그린 인노켄티우스 10세의 초상화가 걸려 있다. 벨라스케스는 못나기로 소문이 자자했던 교황의 모습을 미화하거나 과장하려 하지 않고 담담하게 그려 냈다. 먹잇감을 노리는 매의 눈처럼 날카롭게 빛나는 눈매가 인상적인 인노켄티우스 10세의 초상화는 원작도 원작이지만 영국의 화가 프란시스 베이컨Francis Bacon의 작품들을 통해서도 잘 알려져 있다.

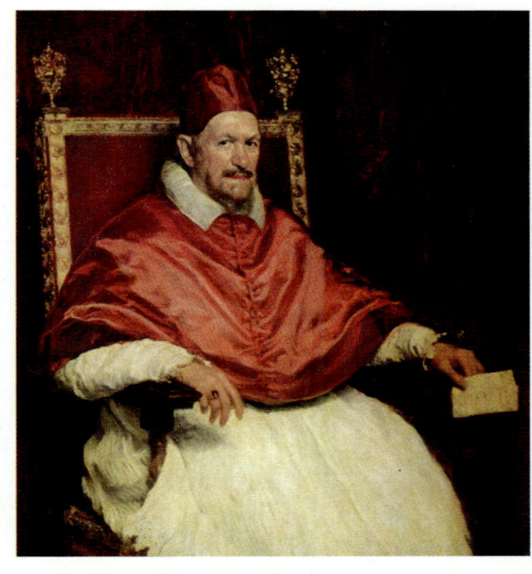

디에고 벨라스케스가 그린 「인노켄티우스 10세의 초상화」

팜필리 가문은 이탈리아에서 가장 오래된 도시들 중 하나인 구비오Gubbio로부터 1400년대에 로마로 이주해 온 가문으로, 인노켄티우스 10세는 자신의 가문에 대해 남다른 자긍심을 지니고 있었다. 팜필리 가문에서 교황이 탄생하게 된 것은 바르베리니 가문 출신의 교황 우르바노 8세의 총애를 한 몸에 받아 왔던 베르니니에게는 악재가 아닐 수 없었다. 새로운 교황은 베르니니가 바르베리니 가문을 빛내 주었던 것 이상으로 자신의 가문을 찬란하게 빛내 줄 새로운 예술가를 원했고 보로미니야말로 최고의 적임자라 여겼다. 평

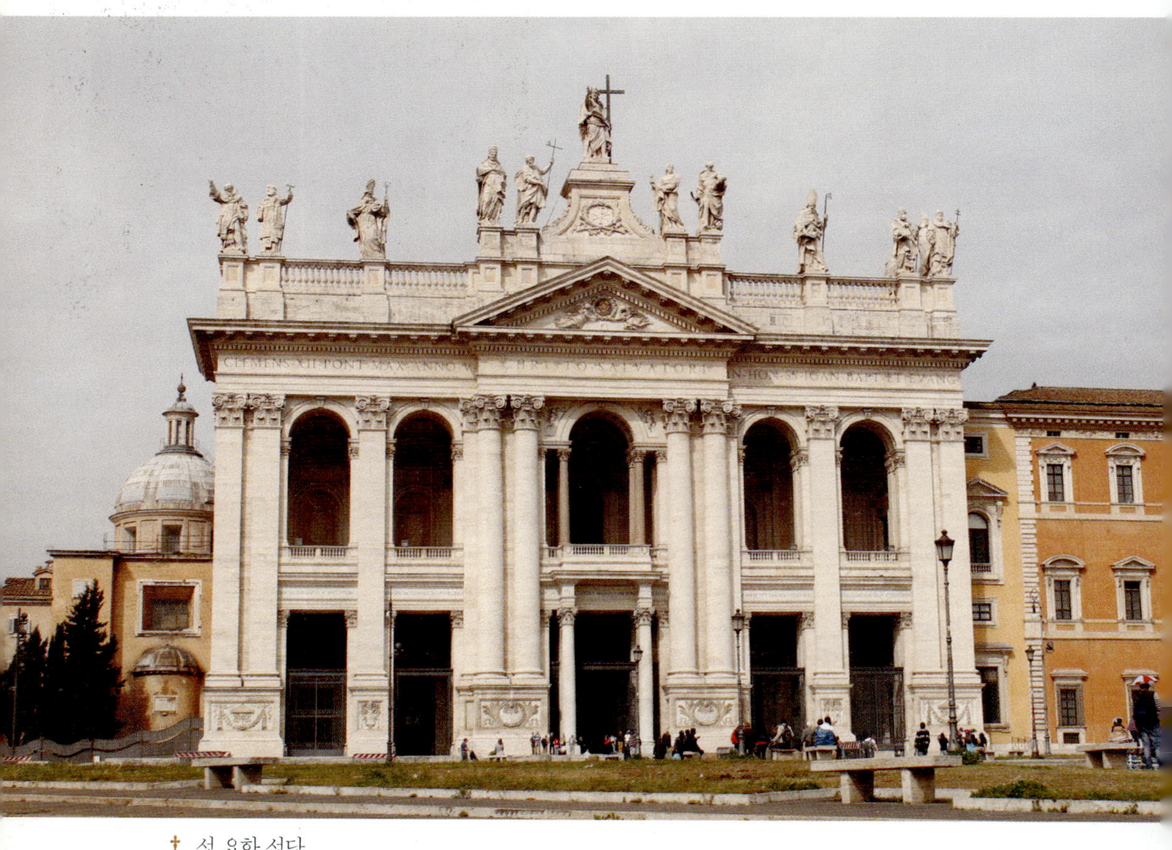

† 성 요한 성당

소 몇 안 되는 보로미니의 추종자이자 지인이었던 스파다 신부가 교황과 가장 가까운 자리에서 그를 보좌하게 되면서 베르니니의 기세에 눌려 지냈던 보로미니가 출세를 향해 질주하는 것은 시간문제일 뿐이었다.

1650년 가톨릭의 대희년이 다가옴에 따라 인노켄티우스 10세는 보로미니에게 로마의 4대 성당 중 하나인 산 조반니 인 라테라노San Giovanni in Laterano 즉, 라테라노의 성 요한 성당을 보수해 줄 것을 의뢰했다. 성당의 현재 모습은 그대로 유지하되 적절한 보수만을 원했던 교황에게 보로미니가 무한한 상상력에서 비롯된 무모한 제안을 일삼았던 것을 제외하면 공사는 순조롭게 진행되는 듯했다. 무슨 수를 써서라도 대희년이 오기 전에 공사를 마무리 짓고 싶었던 인노켄티우스 10세는 하루가 멀다 하고 성 요한 성당 공사장에 자신의 대리인을 보내 작업을 독촉했고 공사가 거의 마무리 되어 갈 무렵, 누구도 생각지 못했던 불의의 사건이 일어났다. 공사 현장에서 젊은 남자의 시신이 발견된 것이다. 숨이 끊어진 지 얼마 안 된 시신에는 온몸이 묶인 채 구타당한 흔적이 역력히 남아 있었다. 조사 결과 그는 성 요한 성당 공사 현장에서 일하던 인부였으며 성당 공사에 쓰일 대리석을 훼손하려다 발각되는 바람에 인부들로부터 심한 구타를 당한 것이었다. 인부들에게 구타를 지시했던 이는 다름 아닌 현장 감독이었던 보로미니였다. 인부들은 죽은 젊은이의 시신을 성 요한 성당 입구에 암매장하려 했다는 상세한 자백까지 덧붙이며 보로미니를 더욱 난처하게 만들었다. 보로미니의 지시가 어디까지였는지는 정확히 알 수 없으나 어찌 되었든 현장 감독이었던 그의 지시로 구타가 시작되었다는 것만은 분명한 사실이었다. 인노켄티우스 10세는 보로미니에게 책임을 물어 임시 추방령이라는 다소 가벼운 형벌을 내렸고 그와 같이 불미스러운 일이 또다시 발생할 경우 로마에서 3년간 추방할 것이라는 조건을 덧붙였다.

3.

보로미니가 성 요한 성당의 보수 공사에 몰두해 있을 무렵, 로마의 황제였던 막센티우스의 경기장Circo Massenzio 유적에서 거대한 오벨리스크가 발견되었다는 소식이 바티칸에 날아들었다. 지금까지도 로마의 중요한 광장들을 장식하고 있는 오벨리스크는 이집트의 피라미드를 장식하는 데 사용되었던 구조물로, 이집트 지역을 정복했던 로마인들이 전리품으로 취해 로마까지 운반해 온 것이었다. 비록 여러 개의 덩어리로 나누어져 있긴 했으나 오벨리스크가 발견되었다는 소식에 흥분을 감추지 못한 인노켄티우스 10세는 오벨리스크를 제대로 복원해 가문의 저택이 있는 나보나 광장을 장식하는 데 사용하기로 마음먹었다. 팜필리 가문의 안뜰과도 같았던 나보나 광장 중앙에 오벨리스크를 세우고 새로운 분수를 건설하기 위해 인노켄티우스 10세는 보로미니에게 분수 건설을 위한 상수도 공사를 의뢰했다.

† 성 요한 성당 옆 라테라노 궁 앞에 있는 로마에서 가장 큰 오벨리스크

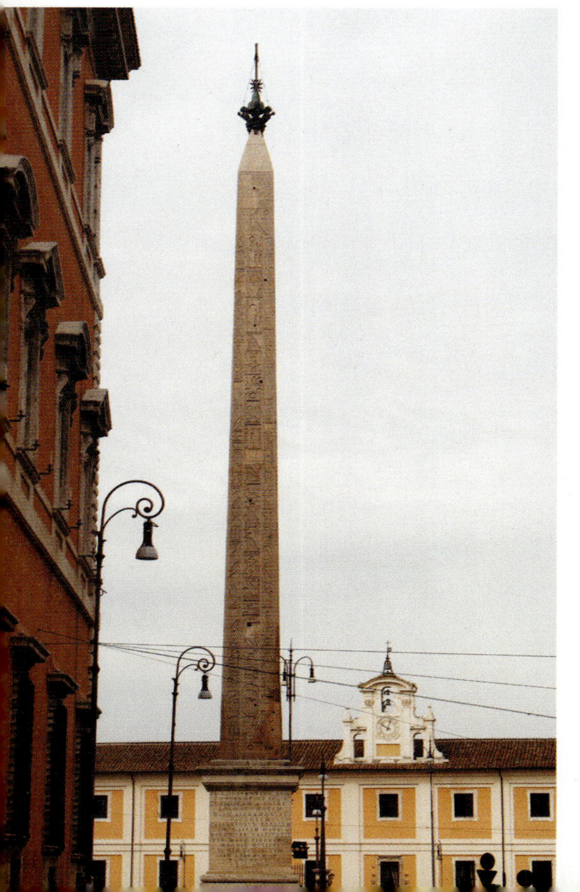

팜필리 가문의 저택 안에는 한 여인이 거주하고 있었다. 로마에서 그리 멀지 않

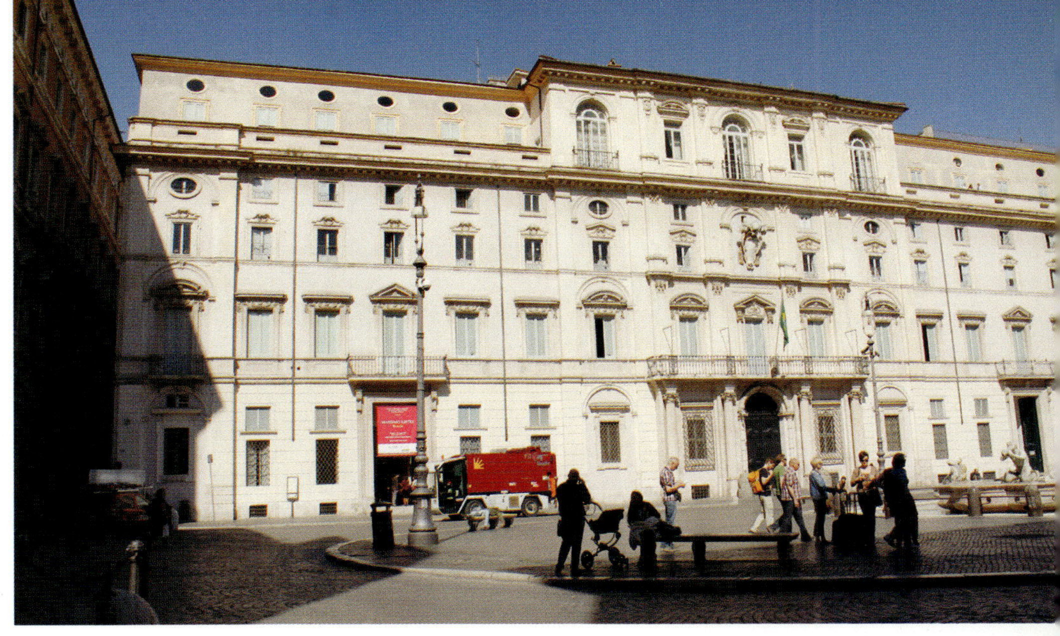

나보나광장 안 팜필리 궁. 현재는 브라질 대사관으로 쓰이고 있다.

은 도시 비테르보Viterbo 출신이었던 그녀는 인노켄티우스 10세의 동생과 결혼했으나 남편이 죽은 뒤 팜필리 가문의 저택에서 홀로 지내고 있었던 돈나 올림피아Donna Olimpia라는 여인이었다. 말하자면 교황의 제수였던 그 여인이 어찌나 교만하고 안하무인이었던지 사람들은 그녀를 올림피아라는 이름 대신 '나보나 광장의 핌파'라 불렀다. 나보나 광장 바로 뒤편 파스퀴노 광장Piazza Pasquino 안에는 '파스퀴노'라 불리는 토르소 상이 놓여 있는데 언제부터인가 사람들은 자신들이 하고 싶은 말들, 그러나 감히 입 밖에 낼 수 없는 말들을 적은 쪽지를 파스퀴노상에 몰래 붙여 놓고 줄행랑치고는 했다. '나보나 광장의 핌파'라는 그녀의 별명 역시 파스퀴노상에 붙어 있던 한 장의 쪽지에서 비롯되었다. 핌파Pimpa는 1600년대 로마에서 유행했던 희극 속에 등장하는 우쭐대기 좋아하는 인물을 뜻한다. 교황이었던 시아주버니의 권력과 남편으로부터 물려받은 막대한 유산을 무기로 돈나 올림피아는 순식간에 나보나 광장의 안주인이자 로마를 주무르는 권력의 실세로 등극했다. 나보나 광장에 있는 팜필리 저택은 그녀를 통해 교황의 환심을 얻으려는 무리들로 문지방이 닳아 버릴 정도였다. 팜필리 가문의 위용을 과시하려는 그녀와 뜻을 같이 했던 인노켄티우스 10세는 보로미니를 비롯해 바르베리니 궁의 천장화를 그렸던 피에트로 다 코르토나와 같은 당대 최고의 실력자들을 불러들여 가문의 저택을 치장하는 한편, 서민들이 사용하는 생필품에 값비싼 세금을 매겨 나보나 광장의 분수 건설을 위한 막대한 비용을 충당하기로 결정한다.

인노켄티우스 10세는 보로미니가 내놓은 분수의 아이디어를 무척이나 흡족해 했다. 보로미니에 의하면 나보나 광장의 분수는 네 개의 대륙을 대표하는 네 개의 강들, 즉 아프리카의 나일 강, 유럽의 다뉴브 강, 아시아의 갠지스 강, 아메리카의 라플라타 강을 형상화한 거대한 네 개의 조각상들로 화려하게 꾸며질 예정이었다. 처녀의 샘이라 불리는 수원지로부터 물을 끌어 오는 상수도 공사가 차질 없이 마무리 되었고 분수 제작에 필요한 모형까지 이미 만들어진 시점에서 나보나 광장의 분수 건설이 보로미니에게 맡겨질 것이라는 사실은 불을 보듯 뻔한 것이었다.

† 파스퀴노 광장에 있는 파스퀴노상

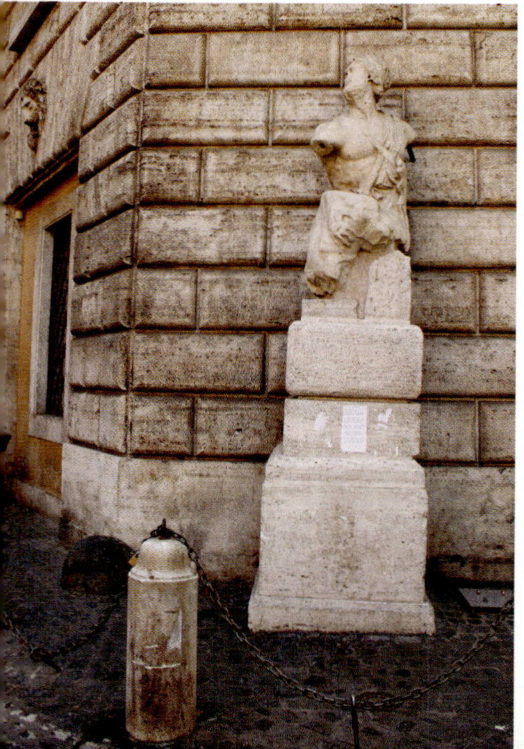

그러던 어느 날 저녁, 돈나 올림피아가 마련한 성대한 만찬에 초대받은 인노켄티우스 10세는 오랜만에 바티칸을 벗어나 팜필리 저택으로 향했다. 식사가 준비되기를 기다리며

집 안을 둘러보던 인노켄티우스 10세의 눈앞에 꿈속에서나 볼 수 있을 것만 같은 아름다운 분수의 모형이 마치 신기루처럼 모습을 드러냈다. 분수의 모형은 연회가 베풀어지는 식당으로 이어지는 길목 한편에 요염한 자태를 과시하며 보란 듯이 놓여 있었다. 눈이 부실 정도로 반짝이는 은으로 만들어진 분수의 모형은 베르니니가 돈나 올림피아를 위해 마련한 선물이었다. 그 진귀한 선물이 왜 하필 네 개의 강을 주제로 한 분수의 모형이었는지 그리고 우연찮게도 인노켄티우스 10세가 식사를 하러 가는 길목에 떡하니 놓여 있었는지 그 이유에 대해서는 더 이상 이야기할 필요도 없을 것이다. 팜필리 저택에서의 성대한 만찬을 즐긴 다음 날 아침, 인노켄티우스 10세는 베르니니를 바티칸으로 불러들였고 그를 나보나 광장 분수 건설의 책임자로 임명했다. 보로미니가 어렵사리 물길을 끌어오고 밤을 지새워 가며 아이디어를 짜낸 나보나 광장의 분수는 그리하여 베르니니의 손에 의해 만들어지게 되었다.

보로미니에게 밀려났던 세월에 대한 앙갚음이라도 하려는 듯 베르니니는 분수 건설에 사력을 다했고 1651년에 완공된 그의 분수는 지금까지도 로마에서 가장 사랑받는 분수로 남아 있다. 어쩌면 보로미니마저도 그보다 더 아름다운 분수를 만들어 내지는 못했으리라는 생각이 들 정도로 베르니니는 분수 역사에 길이 남을 만한 위대한 걸작을 만들어 냈다. 더할 나위 없는 결과에도 불구하고 공사가 진행되는 동안 베르니니의 분수 건설을 반대하는 악성 루머는 끊이지 않았다. 성 베드로 성당의 종탑 건설에 실패했던 베르니니의 잘못된 설계로 말미암아 이번에도 분수가 와르르 무너져 내릴 것이라는 악담이 공공연히 떠돌았다. 분수 앞에 모인 사람들은 오벨리스크의 육중한 무게를 견디지 못한 분수가 조만간 무너져 내릴 것이라며 너나 할 것 없이 수군댔다. 공사장을 드나들며 사람들의 이야기를 엿듣던 베르니니는 어느 날 자신의 작품을 헐뜯는 사람들에게 깜찍한 복수를 감행하기로 결심한다. 웅성거리는 사람들을 헤치며 분수 가까이 다가간 베르니니는 정말이지 심각한 문제가 있기라도 한 것처럼 잔뜩 찌푸린 표정으로 분수의 여기저기를 꼼꼼히 살폈다. 그리고는 광장을 둘러싸고 있는 건물 벽면에 미리 묶어 놓았던 밧줄들을 끌고 와 당장이라도 분수가 무너질 것처럼 오벨리스크에 칭칭 감아 놓고서는 어안이 벙벙해진 군중들 틈 사이로 유유히 광장을 빠져나갔다.

사람들의 기우와 달리 베르니니의 「네 개의 강 분수Fontana dei Quattro Fiumi」는 지금까지도 나보나 광장 한가운데를 굳건히 지키며 더위에 지친 사람들의 마음을 사로잡고 있다.

4.

분수 건설에 있어서는 베르니니에게 황망하게 밀려 났지만 보로미니 역시 나보나 광장에 자신의 흔적을 남겼다. 나보나 광장 안에는 산타그네제 인 아고네Chiesa di Sant' Agnese in Agone라는 오래 된 성당이 있었다. 서기 304년, 기독교인이라는 죄명으로 나보나 광장에 끌려왔던 '아그네제'라는 젊은 여인을 처형하기 위해 그녀의 옷을 벗긴 순간 머리카락이 자라나 그녀의 몸을 덮는 기적이 일어났고, 8세기경 그녀가 처형된 자리에 성당이 세워졌다. 인노켄티우스 10세는 낡은 성당을 허물고 그 자리에 팜필리 가문을 위한 예배당을 건

† 베르니니의 「네 개의 강 분수」 ▶

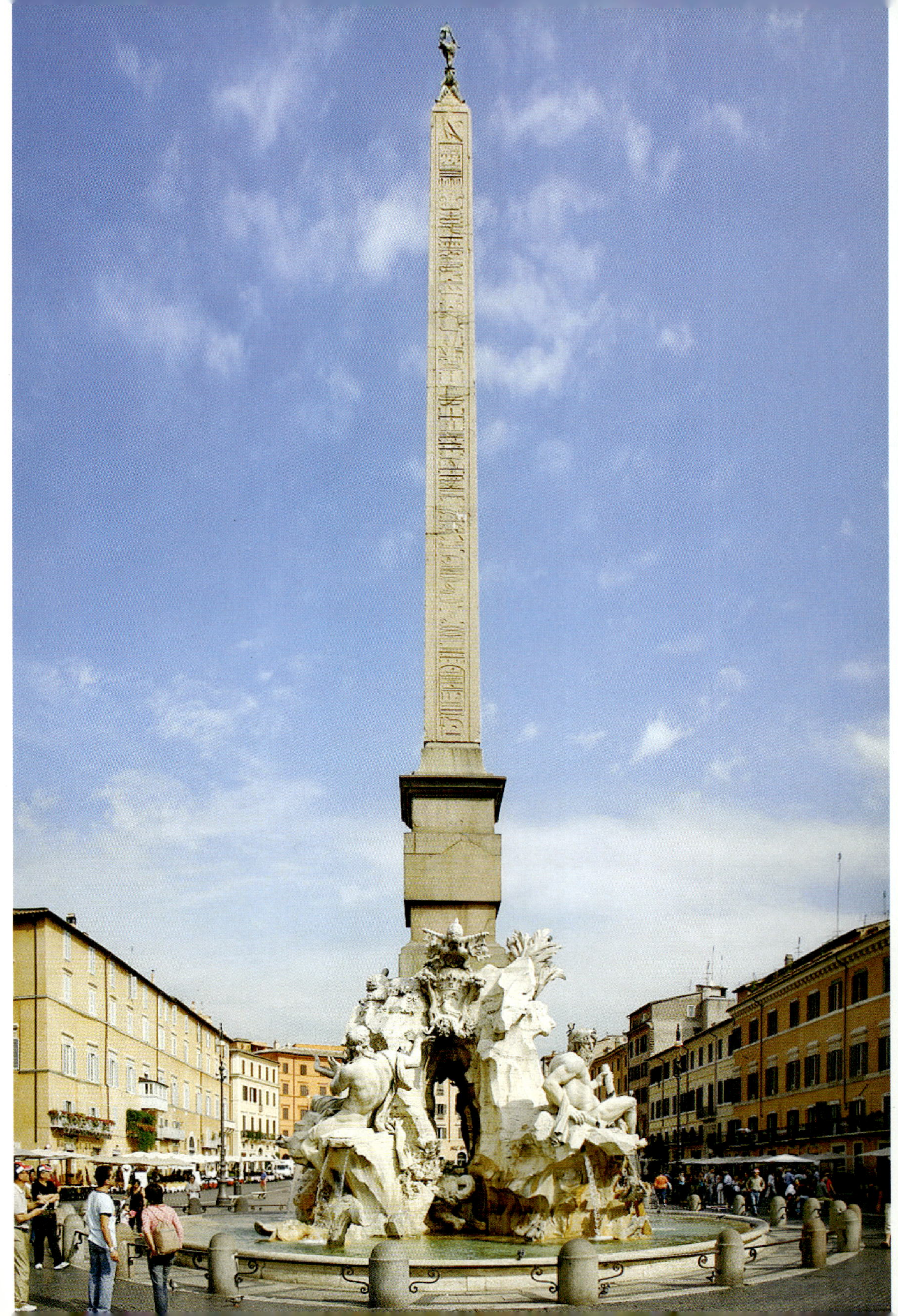

설하기로 마음먹었고 나보나 광장의 남은 땅들을 사들인 뒤 새로운 성당의 건축에 돌입했다. 조카였던 카밀로 팜필리의 추천으로 성당의 건축은 라이날디Rainaldi부자에게 맡겨졌다.

라이날디 부자는 포폴로 광장 입구에 나란히 서 있는 쌍둥이 성당을 건축한 바 있는 실력파 건축가였으나 인노켄티우스 10세는 그들의 실력을 그리 탐탁지 않게 여겼다. 일생일대의 야심작이었던 팜필리 가문의 성당이 원치 않는 방향으로 흘러가고 있다고 확신한 인노켄티우스 10세는 궁지에 몰린 심정으로 또다시 보로미니를 불러들였다. 「네 개의 강 분수」 건설에서 베르니니에게 어이없이 밀려난 보로미니와는 이미 사이가 벌어질 대로 벌어진 뒤였으나 달리 방도가 없었다. 엎질러 놓은 물을 주워 담을 수 있을 만한 능력을 지닌 인물은 아무리 생각해 보아도 단 한 명, 보로미니밖에는 없었다. 성 요한 성당 공사장에서의 불미스러운 사건이 또다시 벌어지지는 않았지만 인부들 사이에서 보로미니는 이미 신용이 바닥에 떨어질 대로 떨어진 인물이었다. 예전과 마찬가지로 또다시 공사장을 들락거리며 쉴 새 없이 작업을 독촉하는 인노켄티우스 10세와의 다툼 또한 끊임없이 이어졌다. 1653년에서 1657년까지 온갖 악조건 속에서도 산타그네제 인 아고네 성당의 공사는 비교적 짧은 기간에 무사히 마무리되었고 완공을 얼마 앞두고 있을 무렵 인노켄티우스 10세는 완성된 성당의 모습을 보지 못한 채 세상을 떠나고 말았다. 엎친 데 덮친 격으로 교황의 죽음 이후 그의 조카이자 보로미니에게 상당한 적의를 품고 있었던 카밀로 팜필리가 가문의 수장으로 떠오르면서 보로미니와 팜필리 가문과의 인연도 영원히 끊어져 버렸다.

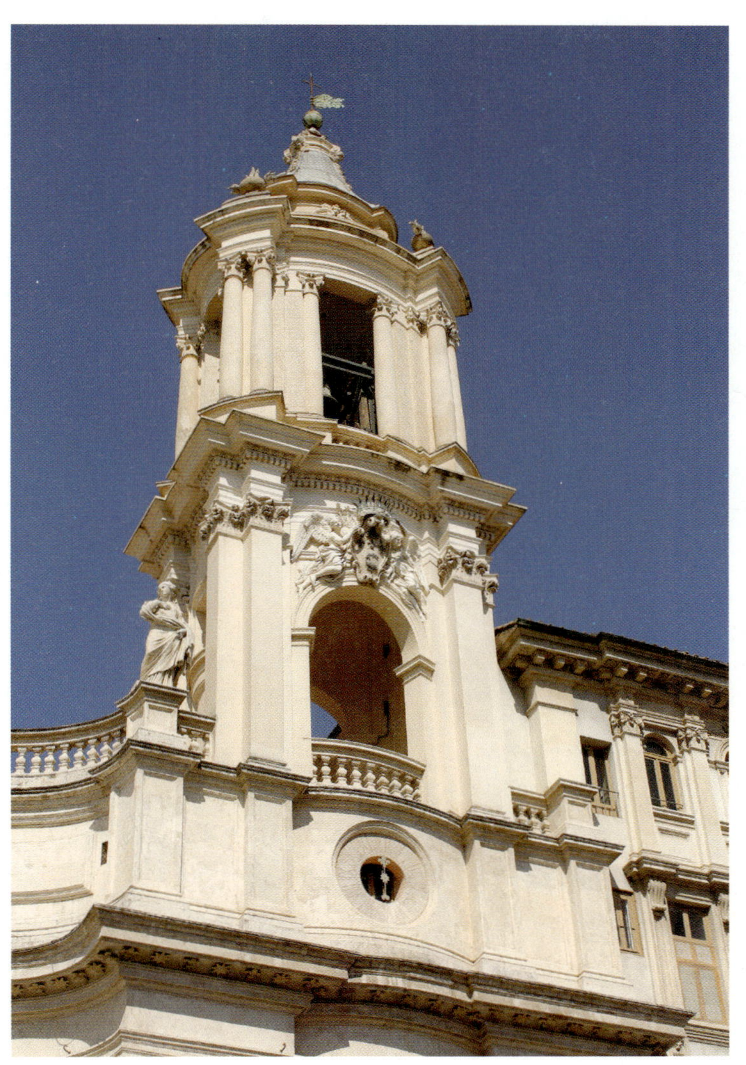

† 나보나 광장 안에 있는 보로미니의 산타그네제 인 아고네 성당

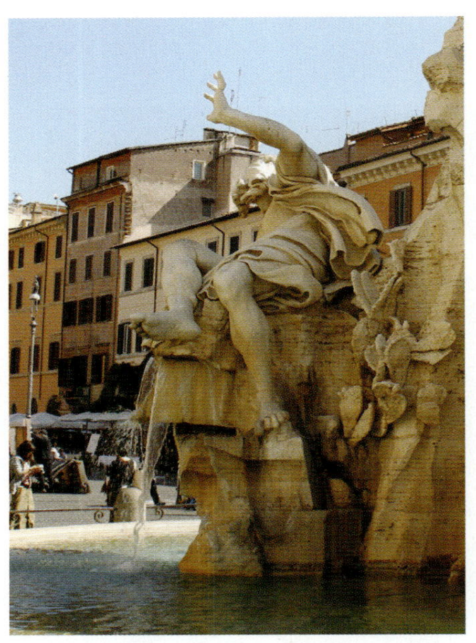

† 베르니니가 만든 「라플라타 강을 형상화한 조각상」

보로미니의 산타그네제 인아고네 성당 위에 서 있는 아네제 성녀의 조각상은 베르니니의 네 개의 강 분수가 쳐다보기도 싫다는 듯 고개를 옆으로 돌리고 있는 반면 네 개의 강들 중 라플라타 강을 형상화한 조각상은 산타그네제 성당이 무너져 내리기라도 하면 어쩌나 걱정하는 것처럼 한쪽 팔을 쳐들어 받치고 있는 모습이다. 베르니니와 보로미니의 껄끄러운 관계에 대해 잘 알고 있던 사람들이 서로에게 악의를 품은 두 남자가 일부러 한 짓이라는 낭설을 만들어 내기도 했으나 사실과는 무관한 일화이다.

아니마 제멜라Anima Gemella라는 말이 있다. '영혼의 쌍둥이'라는 뜻의 '아니마 제멜라'는 천생연분을 뜻하는 말이다. 겉모습은 비록 다를지언정 영혼만큼은 똑 닮은 그런 사람들이 있다. 살아 있는 동안 그토록 서로를 시기하고 비방했던 두 남자, 베르니니와 보로미니. 생김새는 물론 삶의 방식조차 너무나 달랐던 두 사람이지만 예술이라는 수단을 통해 최상의 아름다움에 도달하고자 했던 영혼의 몸부림만은 닮은꼴이었다. 그들의 영혼을 옭아매고 있는 복잡한 실타래를 차근차근 풀어 나가다 보면 어딘가에서 분명 서로 맞닿아 있을 것이다.

5.

카페 바로코Caffe Barocco 유리창 너머로 흐릿한 광장이 눈에 들어온다.

십 수 년 전 어느 더운 여름날, 이곳에서 처음 만난 남자와 부부의 연을 맺은 그녀는 어느덧 열 살배기 딸아이의 엄마가 되어 나보나 광장을 다시 찾았다.

정오를 알리는 성당의 종소리, 작렬하는 태양, 분수의 물방울들 그리고 그와의 첫 만남.

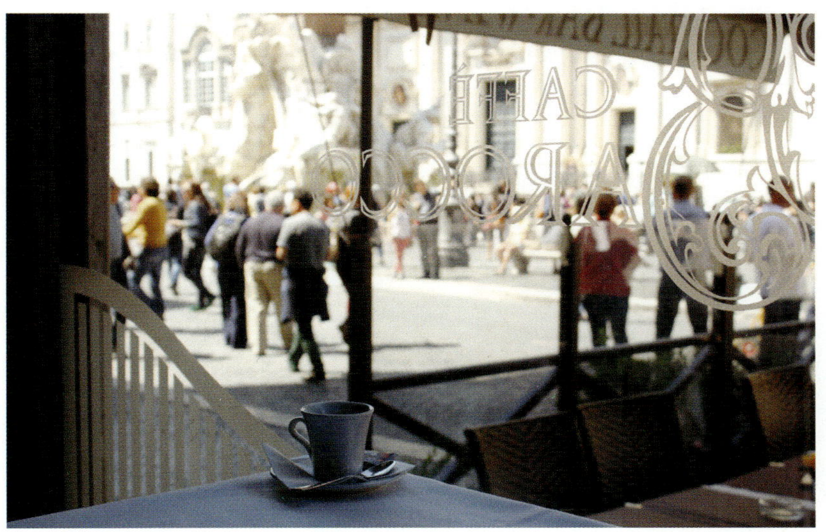

카페 바로코 유리창 너머로 보이는 나보나 광장

"Un caffe, per favore(커피 한 잔이요)!"

진한 커피 한 잔을 주문한 그녀가 물끄러미 창밖을 바라본다.

햇살이 눈부신 나보나 광장의 아침.

오늘도 빛은 자신의 온몸을 불살라 광장 바닥에 그림자를 드리울 것이다.

그림자야말로 찬란한 빛의 분신이다.

어둠이 있기에 밝음이 있고 밤이 지나기에 새벽이 찾아온다.

수많은 예술가들이 만들어 낸 위대한 작품들 역시 빛과 그림자가 공존했기에 탄생할 수 있었을 것이다. 세상이 온통 빛으로만 충만했다면 혹은 그림자로만 가득했다면 우리의 눈은 그 무엇도 볼 수 없었을 테니 말이다.

빛과 그림자 사이를 잇는 가느다란 줄 위에서 아슬아슬한 줄타기를 하며 우리는 또 하루를 살아간다. 끊임없이 엄습해 오는 현기증으로부터 벗어나고자 누군가는 붓을 들고 누군가는 시를 쓰고 누군가는 노래를 부르고 누군가는 춤을 춘다. 그리고 어떤 이는 사랑을 하고 어떤 이는 여행을 떠날 것이다. 빛과 그림자 사이 그 어딘가를 향해, 갈 바를 알지 못하는 우리의 영혼은 따로 또 같이 먼 길을 나설 것이다.

"Grazie(감사합니다)."

그녀 앞에 놓인 한 잔의 커피 속으로 설탕이 녹아든다. 사르르…….

하루가 시작된다.